高等职业教育扩招系列教材

配方施肥技术

高凤文　主编

中国农业大学出版社
·北京·

内 容 简 介

《配方施肥技术》依据农业部（现农业农村部）于 2011 年印发的《测土配方施肥技术规范》为基础，系统地阐述了测土配方施肥技术的理论依据、植物营养特性、施肥方法、田间试验布置、肥料配方设计、土壤样品的采集制备与分析、数据调查与分析及主要农作物的配方施肥技术等内容。本书可作为作物生产技术、植物保护与检疫技术和园艺技术等相关高等职业学校学生使用，也可用于农民培训和农业技术推广人员工作参考。

图书在版编目（CIP）数据

配方施肥技术/高凤文主编 . —北京：中国农业大学出版社，2020.12
ISBN 978-7-5655-2517-9

Ⅰ.①配… Ⅱ.①高… Ⅲ.①施肥-配方-高等职业教育-教材 Ⅳ.①S147.2

中国版本图书馆 CIP 数据核字（2021）第 013935 号

书　　名	配方施肥技术
作　　者	高凤文　主编

策划编辑	康昊婷	**责任编辑**	李卫峰
封面设计	郑　川		
出版发行	中国农业大学出版社		
社　　址	北京市海淀区圆明园西路 2 号	邮政编码	100193
电　　话	发行部 010-62733489，1190	读者服务部	010-62732336
	编辑部 010-62732617，2618	出　版　部	010-62733440
网　　址	http：//www.caupress.cn	**E-mail**	cbsszs@cau.edu.cn
经　　销	新华书店		
印　　刷	涿州市星河印刷有限公司		
版　　次	2021 年 2 月第 1 版　2021 年 2 月第 1 次印刷		
规　　格	787×1092　16 开本　12.25 印张　300 千字		
定　　价	37.00 元		

前　言

本教材根据国务院印发的《国家职业教育改革实施方案》（国发〔2019〕4 号），《教育部关于"十二五"职业教育教材建设的若干意见》（教职成〔2012〕9 号），以及教育部等六部门联合印发的《高职扩招专项工作实施方案》等文件精神编写而成。根据教学对象的培养目标，教材力求做到深浅适度、实用够用、重点突出、综合性强，突出科学性、实践性和针对性，作为高职扩招种植类专业的专业核心课程教材，以尽可能满足高职扩招学生的需要。

随着农业种植结构的调整，化学肥料的施用量也日益增加，土壤耕性变差、肥料利用率低、土壤板结、土壤酸碱化、土壤污染等一系列问题也随之出现，从而影响了农产品的产品产量和品质安全，也危及了人们的身体健康。针对以上问题，国家全面推广测土配方施肥技术，以突出其在粮食增产、科学施肥、农民增收、产品提质、环境保护等方面的作用。因此，为了更好地指导农民选好肥料、科学合理地用好肥料、正确恰当地施好肥料，在高职扩招的背景下，我们编写了《配方施肥技术》这本书。

《配方施肥技术》依据农业部（现农业农村部）印发的"测土配方施肥技术规范"为基础，系统地阐述了测土配方施肥技术的理论依据、植物营养特性、施肥方法、田间试验布置、肥料配方设计、土壤样品的采集制备与分析、数据调查与分析及主要农作物的配方施肥技术等内容。本教材构思新颖，内容丰富，结构合理，并将配方施肥技术与农作物的施肥结合起来，以便于广大农业种植者在生产中应用，具有很强的真实性和实用性，是高等职业教育的专用教材，也可作为现代青年农场主培育及农技人员岗位培训的教材，还可供从事农业相关工作的专业人员作为参考用书。

本教材由高凤文担任主编，任学坤、杨晓贺担任副主编，赵姝、徐文平、王学顺、李小为参与编写。编写分工为：徐文平负责编写模块一，高凤文负责编写模块二，任学坤负责编写模块三，赵姝、李小为负责编写模块四，杨晓贺和王学顺负责编写模块五。全书由高凤文统稿。本教材中的部分内容参考了相关著作和教材，在此向相关作者表示衷心感谢。

由于配方施肥技术和农作物施肥技术的内容广泛、地域性差别很大，快速发展的现代农业对科学施肥也提出了更高的要求，加之编者水平有限，编写时间仓促，教材中的错误和不妥之处，衷心希望广大读者及时发现并提出宝贵意见。

编　者

2020 年 9 月

目　录

模块一

配方施肥理论基础

【知识目标】

通过本模块学习,学生掌握测土配方施肥的概念和内容,了解测土配方施肥的意义和作用,熟悉测土配方施肥的理论依据。

【能力目标】

学生掌握植物必需营养元素判断标准,具备运用测土配方施肥基本原理结合当地实际情况指导测土配方施肥工作的能力。

项目一　配方施肥概述

俗话说:"庄稼一枝花,全靠粪(肥)当家",可见肥料对植物生长发育来说是非常重要的。植物所需的养分一部分来源于土壤供应,另一部分来源于人工施入的肥料,尤其对于现代农业,农作物的优质、高产,除了品种因素外,肥料因素起着主要作用,肥料的作用占 30%～50%。但是,肥料的不足、过量,或是肥料中各养分不平衡,都会影响农作物的品质与产量。随着我国化肥工业的发展,施肥的负面效应也在不断增加,其中因为大量施用肥料引发了一系列的问题:水体的富营养化及地下水污染,大气污染,有害物质在土壤中积累,降低土壤质量,破坏土壤的性状,导致农产品污染,危及食品安全等。随着"优质、高产、高效、生态、安全"农业的发展,转变施肥观念、科学施肥成为今后的一项长期性任务。推广测土配方施肥技术,对于提高肥料利用率、减少肥料浪费、保护农业生态环境、保证农产品质量安全、实现农业可持续发展具有深远的意义。

一、测土配方施肥的概念

测土配方施肥是以土壤测试和肥料田间试验为基础,根据作物的需肥规律、土壤供肥性能和肥料效应,在合理施用有机肥料的基础上,提出氮、磷、钾及中微量元素的施用数量、施肥时期和施肥方法。通俗地讲,测土配方施肥就是在农业科技人员的指导下科学施用配方肥料。测土配方施肥技术的核心是调节和解决作物需肥与土壤供肥之间的矛盾,有针对性地补充作物所需的营养元素,作物缺什么元素补什么元素,需要多少补多少,实现各种养分的平衡供应,满足作物的需要,达到提高肥料利用率和减少肥料用量,提高作物产量,改善作物品质,节支增收的目的。

测土配方施肥来源于测土施肥和配方施肥。测土施肥是根据土壤中不同的养分含量和植物吸收量来确定施肥量的一种方法。测土施肥本身包括有配方施肥的内容,并且得到的"配方"更确切、更客观。配方施肥除了进行土壤养分测定外,还要根据大量田间试验获得肥料效应函数等,这是测土施肥没有的内容。虽然配方施肥和测土施肥的侧重面有所不同,但它们具有共同的目的,所以也概括称为测土配方施肥。

二、测土配方施肥的内容

测土配方施肥技术包括"测土、配方、配肥、供应、施肥"5 个核心环节和"野外调查、田间试验、土壤测试、配方设计、校正试验、配方加工、示范推广、宣传培训、数据库建设、效果评价、技术创新"11 项重点内容。

(一)测土配方施肥技术的核心环节

1. 测土

测土是指在广泛的资料收集整理、深入的野外调查和典型农户调查,掌握耕地的立地条件、土壤理化性质与施肥管理水平的基础上,按平均每 100～200 亩(1 亩≈667 m²)农田确定取样单元及取样农户地块,采集有代表的土样 1 个;对采集的土样进行有机质、全氮、碱解氮、有效磷、缓效钾、速效钾及中微量元素等养分的化验,为制定配方和田间肥料试验提供基础数据。

2. 配方

配方以开展田间肥料小区试验,摸清土壤养分校正系数、土壤供肥量、作物需肥规律和肥料利用率等基本参数,建立不同施肥分区主要作物氮、磷、钾肥料效应模式和施肥指标体系为基础,再由专家分区域、分作物根据土壤养分测试数据、作物需肥规律、土壤供肥特点和肥料效应,在合理配施有机肥的基础上,提出氮、磷、钾及中微量元素等肥料配方。

3. 配肥

依据施肥配方,配肥是以各种单质或复混肥料为原料配制配方肥料。目前,在推广上有两种模式:一是农民根据配方建议卡自行购买各种肥料配合施用;二是由配肥企业按配方加工配方肥料,农民直接购买施用。

4. 供应

测土配方施肥技术最具活力的供肥模式是通过肥料招投标,以市场化运作、工厂化生产和网络化经营将优质配方肥料供应到户、到田。

5. 施肥

施肥方制定、发放测土配方施肥建议卡到户或供应配方肥到点,并建立测土配方施肥示范区,通过树立样板田的形式来展示测土配方施肥技术效果,以引导农民应用测土配方施肥技术。

(二)测土配方施肥技术的重点内容

测土配方施肥技术的实施是一个系统工程,整个实施过程需要农业教育、科研、技术推广部门与广大农户或农业合作社、农业企业等相结合。配方肥料的研制、销售、应用相结合,现代先进技术与传统实践经验相结合。从土样采集、养分分析、肥料配方确定、按配方施肥、田间试验示范监测到修订配方,形成一个完整的测土配方施肥技术体系。

1. 田间调查

田间调查是指资料收集整理和田间定点采样调查相结合,典型农户调查与随机抽样调查相结合,通过广泛的田间调查和取样地块农户调查,掌握耕地地理位置、自然环境、土壤状况、生产条件、农户施肥情况以及耕作制度等基本信息进行调查,以便有的放矢地开展测土配方施肥技术工作。

2. 田间试验

田间试验是获得各种作物最佳施肥量、施肥时期、施肥方法的根本途径,也是筛选、验证土壤养分测试技术、建立施肥指标体系的基本环节。通过田间试验,我们可掌握各个施肥单元不同作物优化施肥量,基、追肥分配比例,施肥时期和施肥方法;摸清土壤养分校正系数、土壤供肥量、农作物需肥参数和肥料利用率等基本参数;构建作物施肥模型,为施肥分区和肥料配方提供依据。

3. 土壤测试

土壤测试是制定肥料配方的重要依据之一。随着我国种植业结构不断调整,高产作物品种不断涌现,施肥结构和数量发生了很大的变化,土壤养分库也发生了明显改变。通过开展土壤氮、磷、钾及中、微元素养分测试,了解土壤供肥能力状况。

4. 配方设计

肥料配方设计是测土配方施肥工作的核心。通过总结田间试验、土壤养分数据等,划分不同区域施肥分区。同时,我们根据气候、地貌、土壤、耕作制度等相似性和差异性,结合专家经验,提出不同作物的施肥配方。

5. 校正试验

为保证肥料配方的准确性,最大限度地减少配方肥料批量生产和大面积应用的风险,试验应在每个施肥分区单元设置配方施肥、农户习惯施肥和空白施肥 3 个处理,以当地主要作物及其主栽品种为研究对象,对比配方施肥的增产效果,校验施肥参数,验证并完善肥料施用配方,改进测土配方施肥技术参数。

6. 配方加工

配方落实到田间是提高和普及测土配方施肥技术的关键环节。目前不同地区有不同的模式,其中最主要的也是最具有市场前景的运作模式就是市场化运作、工厂化加工、网络化经营。这种模式适应我国农村农民科技水平低、土地经营规模小、技物分离的现状。

7. 示范推广

示范推广为促进测土配方施肥技术能够落实到田间地点,就要既解决测土配施肥技术市场化运作的难题,又让广大农民亲眼看到实际效果,这样可解决限制测土配方施肥技术推广的"瓶颈"问题。因此有必要建立测土配方施肥示范区,为农民创建窗口、树立样板,全面展示测土配方施肥技术效果,将测土配方施肥技术物化成产品,从而打破技术推广的最终障碍。

8. 宣传培训

测土配方施肥技术宣传培训是提高农民科学施肥意识、普及技术的重复手段。农民是测土配方施肥技术的最终使用者。农技推广人员迫切需要向农民传授科学施肥方法和模式。同时还要加强对各级技术人员、肥料生产企业、肥料经销商的系统培训,逐步建立技术人员和肥料经销持证上岗制度。

9. 数据库建设

我们还需运用计算机技术、地理信息系统和全球卫星定位系统,按照规范化测土配方施肥数据字典,以田间调查、农户施肥状况调查、田间试验和分析化验数据为基础,实时整理历年土壤肥料田间试验和土壤监测数据资料,建立不同层次、不同区域的测土配方施肥数据库。

10. 效果评价

农民是测土配方施肥技术的最终执行者和落实者,也是最终受益者。效果评价可检验测土配方施肥的实际效果,及时获得农民的反馈信息,不断完善管理体系、技术体系和服务体系。同时,科学地评价测土配方施肥的实际效果必须对一定的区域进行动态调查。

11. 技术创新

技术创新是保证测土配方施肥工作长效性的科技支撑。重点开展田间试验方法、土壤养分测试技术、肥料配制方法、数据处理方法等方面的创新研究工作才能不断提升测土配方施肥技术水平。

三、测土配方施肥的意义和作用

(一)测土配方施肥的意义

1. 测土配方施肥技术是推进科技兴农工作的需要

2005 年,中央一号文件提出要"推广测土配方施肥,推行有机肥综合利用与无害化处理,引导农民多施用农家肥",从 2005 年开始,农业农村部在全国组织开展了测土配方施肥行动,并与财政部联合开展了"测土施肥试点补贴资金项目",大大推动了测土配方施肥技术在全国的广泛开展。全国已累计推广测土配方施肥技术 0.73 亿 hm^2。

2. 测土配方施肥技术是实现农业发展方式转变、粮食增产、农业绩效与农民增收的需要

近 20 年来,我国越来越多的种植品种转移到高附加值的设施经济作物及名优特农产品上来,导致化肥用量日益增加,有机肥施用量急剧减少。结果造成了土壤板结、结构变差;土壤微生物功能下降、土壤生态系统脆弱;耕地的生产能力和抵御自然灾害能力严重下降,从而影响了农产品的质量安全,影响了农业效益和农民收入的提高,而且严重影响了生态环境。实践证明,实行测土配方施肥技术,对于提高果蔬与粮食单产、降低成本、保证农产品稳定增产和农民持续增收具有重要现实意义;对于提高肥料利用率、减少肥料浪费、保护农业生态环境、保证农产品质量安全、实现农业可持续发展具有深远的历史意义。

3. 测土配方施肥技术是保护生态环境,促进农业可持续发展的需要

土肥是农业基础,直接关系到农业的可持续发展。目前,我国年化肥用量已经达到了5 000 多万 t,占世界化肥总用量的 30% 以上。但利用率仅为 35% 左右,远低于发达国家水平,浪费资源的同时还造成环境污染。无论是为了提高农业生产能力,促进农业节本增收、农民节支增收,还是为了从源头上解决食品安全问题,减少污染、保证生态安全,我们都需加强土肥科技的创新支持,转变农业发展方式,发展低碳、生态、高效、循环农业。测土配方施肥技术的应用推广正是其中的关键。

(二)测土配方施肥的作用

肥料及其科学施用技术是农业生产发展的重要技术支撑。化肥工业的发展和施肥技术的应用,对加快农业生产发展,确保农产品供给、促进农民增收发挥了重要作用。推广应用测土配方施肥技术,不但有利于在耕地面积减少、水资源约束趋紧、化肥价格居高不下、粮价上涨空间有限的条件下,促进增粮增收目标的实现,而且有利于加强以耕地产出能力为核心的农业综合生产能力的建设。搞好测土配方施肥、提高科学施肥水平,不仅是促进粮食稳定增产、农民持续征收的重大举措,也是节本增效、提高农产品质量的有力支撑,更是加强生态环境保护、促进农业持续发展的重要条件。推广应用配方施肥技术在当前解决我国"三农"问题中的作用主要表现在:提高肥料利用率、提高作物产量、改善农产品品质、培肥地力保障农业持续发展、保护环境、节支增收等方面。

1. 提高农作物产量,增加收入

提高作物产量、增加施肥效益是测土配方施肥的首要目的。配方施肥增加产量有 3 种形式:一是调肥增产,即在不增加化肥投资的前提下,调整化肥中氮、磷、钾及微肥的比例,纠正偏施,提高产量;二是减肥增产,即在高肥高产地区,通过农田土壤有效养分测试,掌握土壤供肥状况,减少化肥投入量,科学调控作物营养均衡供应,达到增产或平产的效果,节约成本;三是增肥增产,即在化肥施用量水平很低或单施一种养分肥料的地区,农作物产量未达到最大利润施肥点或者土壤最小养分已成为限制作物产量提高的因子,适当提高肥料用量或配施某一养分元素肥料可大幅度增加作物产量。

2. 培肥地力,提高农作物的抗逆性

测土配方施肥不仅直接表现在作物增产效应上,还体现在培肥土壤、提高土壤肥力,改善土壤理化性质,维持土壤的持续生产力。生产实践表明,作物的许多病害是由于偏施肥料引起的,尤其是偏施氮肥。采用测土配方施肥可以调控土壤和作物的营养,起到防治作物病害的作用。如在缺硼土壤上配合施用硼肥后,对防治油菜"花而不实"、棉花"蕾而不花"有明显作用;在缺锌土壤上配合施用锌肥后,对防治水稻僵苗、玉米"白苗病"等生理性病害均有明显作用。此外,测土配方施肥还能提高作物的耐旱、耐寒、抗冻性能,特别是磷、钾肥对提高作物的抗逆性的作用最大。

3. 改善农产品质量,保护生态环境

测土配方施肥的推广应用,一方面大大减少了因施肥不当对环境造成的危害,如氮肥用量过多造成的地下水硝态氮含量超标、蔬菜亚硝酸盐等有害成分增加却不耐储存等导致农产品质量下降的危害;氮、磷肥营养流失造成河流、水库等水体富营养程度加重等。另一方面由于配方施肥营养比例协调,增强了作物抵御病虫害的能力,相应地减少了农药的应用,改善了农产品品质,保护了生态环境。

4. 提高化肥利用效率

我们所施用的化学肥料,一般情况下,氮肥当季利用率为 30%～45%、磷肥只有 20%～30%、钾肥最高也只有 50%左右,其余部分均通过挥发、淋溶、固定等原因损失。除一些不可避免的因素外,这些损失很大程度上与不合理施用有关。根据不同作物的需肥特性,缺啥补啥、缺多少补多少,才能够更好发挥肥料利用效率。

测土配方施肥技术利用肥料效应函数,可以比较不同作物、土壤的肥效,为区域间、作物间合理分配有限肥源提供确切的依据,对指导地区间、作物间肥料的分配具有重要的作用,并指导轮作制度中肥料在各种作物上的分配。

5. 节约能源消耗

化肥是资源依赖型产品。化肥生产需消耗大量的天然气、煤、石油、电力和有限的矿物资源。节省化肥生产性支出对于缓解能源的紧张矛盾具有十分重要的意义,节约化肥就是节约资源。

项目二　我国测土配方施肥取得的工作成效

一、我国测土配方施肥技术的发展

测土是最直接了解土壤养分情况的手段。早在 1930—1940 年间，张乃凤等就对我国 14 个省的 68 个实验点进行了地力测定。这可以说是我国最早的测土施肥研究工作。20 世纪 50 年代到 70 年代中期，我国科技工作者对土壤田间速测指导施肥技术进行了研究和推广应用。当时的技术体系注重用简单的土壤速测方法在田间进行土壤快速测试并用于指导施肥，由于精确度不高，速测结果也只能简单地分出土壤肥力的高低。

中华人民共和国成立后，党和国家高度重视科学施肥工作，1950 年全国土壤肥料工作会议在北京召开，会议提出将科学施肥作为发展粮食生产的重要措施之一。随后我国重点推广了氮肥，加强了有机肥料建设。1957 年我国成立了全国化肥网，开展了氮肥、磷肥肥效试验研究。1959—1962 年组织开展了第一次全国土壤普查工作和第二次全国氮、磷、钾三要素肥效试验研究。1979 年开展了第二次全国土壤普查，摸清了我国耕地基本信息。1981—1983 年组织开展了第三次全国化肥肥效试验研究。对氮、磷、钾及中微量元素肥料的协同作用进行了系统研究。随后，我国开展了因缺补缺、配方施肥和平衡施肥技术的研究和推广工作。

配方施肥是我国 20 世纪 80 年代形成的农业新技术。其推广应用，标志着我国农业生产中科学计量施肥的开始。1983 年原农牧渔业部农业局在广东省湛江市召集 14 个省、市、自治区和科研单位肥料工作的专家，就配方施肥的科学性、可行性进行了论证；随后原农牧渔业部农业局在全国范围内组织试验、示范和推广。1986 年 5 月原农牧渔业部农业局又在山东省沂水县召开全国配方施肥技术经验交流会，并制定了配方施肥技术规范。我国广大土壤肥料工作者在第二次全国土壤普查工作中积累了大量数据，基本查清了我国土壤情况，为科学施肥工作奠定了基础。同时，广泛开展了肥料田间试验和土壤有效养分测定。湖北、广东两省针对农民偏施氮肥和投肥效益下降等现象，根据土壤养分含量状况、作物需肥规律以及肥料效应，首先提出氮、磷、钾肥料配合施用和适时施用技术，成效显著。

到 20 世纪 90 年代，我国有 7 个县参与了联合国计划开发署援助的国际平衡施肥项目；同时，建立了 33 个平衡施肥示范县。2000 年，全国组织实施了"百县千村"测土配方施肥项目。2005 年，中央一号文件明确提出"搞好沃土工程建设，推广测土配方施肥"，为贯彻落实 2005 年中央 1 号文件有关推广测土配方施肥的精神，农业农村部分别于春秋两季召开了全国测土配方施肥春季行动和秋季行动卫星视频动员大会，并下发了《关于开展测土配方施肥春季行动的紧急通知》，制订了《测土配方施肥春季行动方案》和《测土配方施肥秋季行动方案》。测土配方施肥行动受到社会的广泛关注。各地积极响应，行动迅速，通过广泛宣传发动，创办示范样板，不仅促进了农民施肥观念的转变，而且形成了一些推广测土配方施肥技术的好模式，实现了测土配方施肥行动的主要目标。在测土配方施肥行动过程中，全国共建立测土配方施肥示范县 1 200 多个，示范面积 8 000 万亩，带动面积 2.5 亿亩。进村入户技术服务 30 多万人次，培训农民 6 000 多万人，发放施肥建议卡 8 800 万份，每亩增收节支 25 元。仅春季行动就测试土壤样品 34.2 万个，为农民免费速测土样 31.9 万个，布置田间肥效试验 2 659 个。该行动初步摸清了实施区的土壤养分含量，为当前和今后测土配方施肥技术的推广打下了基础。

测土配方施肥最后一个环节的"配方肥"有两个解决方案:一种是大配方形式的复合肥;一种是"现配现用"的配方肥料。编号为 GB/T 31732—2015 的《测土配方施肥配肥服务点技术规范》国家标准规范的就是在"现配现用"的配方肥料领域,规定了配肥服务点的场地与区域要求、设备及其配套设施、物料控制与管理、配肥过程控制、质量管理要求和服务要求。

二、测土配方施肥技术推广中存在的技术问题

测土配方施肥技术是一项公认的、经实践证明了的节本增效技术,应大力普及应用。但是经调查发现,实施测土配方施肥工作中仍存在一些问题,这些问题严重影响到测土配方施肥技术的推广应用。在这些问题中,除了对测土配方施肥认识不足外,主要还存在以下技术上的问题。

(一)化肥用量与施用效果的关系问题

近 20 年来,土地化肥用量增长了 80%,而作物产量只提高了 10% 左右,化肥用量的增加与作物产量的提高不相称。在农业生产实际中,大多数农民仍认为化肥用得越多,产量就越高,收入就越多。而目前的实际情况是化肥投入大了,效益却很低,甚至是亏本。

(二)化肥与有机肥的关系问题

目前,作物施肥已由往日的以有机肥为主,改为以化肥为主,有机肥亩用量只有 1t 左右。在施肥上,绝大多数农民图省事,注重化肥的施用,忽视了有机肥的施用。这直接导致耕地土壤肥力下降,土壤生态环境破坏,土壤理化性状变差,最终影响了作物产量的提高和农产品质安全。

(三)大量元素与微量元素的关系

作物生长发育所必需的营养元素有 17 种,其中氮、磷、钾需求量比较大,而铜、铁、锰、锌、硼、铝、氯等需求较少,称为微量元素。在农业施肥上,绝大部分农民重视大量元素的施用,而忽视了微量元素的施用。即使有部分农民认识到微量元素的重要性,也施用缺乏的微量元素,但施用的方法不科学、不合理,应用效果不理想,致使有些作物在大量元素十分充足的情况下,其产量却逐年下降。

(四)测土配方施肥技术推广应用阶段性与长期性的关系问题

测土配方施肥技术是一项长期的、动态的技术措施。调查中发现,大多数农民误认为测土施肥技术应用一两年就行了,以后再不用进行,这种认识是错误的。其实配方施肥技术不是一成不变的,它是随着作物产量的提高、土壤肥力的变化及其他生产条件的改变而不断更新和完善的一项技术。

项目三 配方施肥技术的理论依据

一、配方施肥技术的理论依据

(一)矿质营养学说

矿质营养学说认为无机物质是植物生长发育所需要的最原始、最基本的养分。这一学说由德国著名的化学家、国际公认的植物营养科学的奠基人李比希提出。1840年,李比希在伦敦召开的英国有机化学学会上发表了题为《化学在农业和生理学上的应用》的著名论文,提出了植物矿质营养学说,否定了当时流行的腐殖质营养学说。李比希认为,矿物质是营养植物的基本成分,进入植物体内的矿物质为植物生长和形成产量提供了必需的营养物质,而腐殖质是在有了植物以后而不是在植物出现以前出现在地球上的,因此植物的原始养分只能是矿物质。

(二)养分归还学说

19世纪中叶,德国化学家李比希提出了养分归还学说。其要点是:第一,随着植物的每次收获(包括籽粒和茎秆)必然要从土壤中带走一定量的养分;第二,如果不归还养分于土壤,地力必然会逐渐下降,影响产量;第三,要想恢复地力就必须归还从土壤中取走的全部东西。用发展的观点看,主动补充从土壤中带走的养分,对恢复地力、保证植物持续增产有重要意义,但也不是李比希强调的那样,要归还从土壤中取走的全部养分,这是不必要的,而应该有重点地向土壤归还必要的养分就可以了;第四,为了增加产量,就应该向土壤施加灰分元素。这一观点说明了李比希当时只认识到要归还矿质养分的重要性,而对有机肥料则认识不足。事实说明,施用有机肥料(如绿肥)绝不仅仅是补偿植物所需要的矿质养分,更是植物所需氮素的重要来源。此外,有机肥料还有独特的改土作用。因此,为了增加产量,向土壤施加矿质元素(灰分)和氮素同样是重要的。

总之,李比希提出的养分归还学说,尽管有一些片面观点,但就其实质而言这个学说对于如何恢复土壤肥力,提高植物产量起到了积极作用,为合理施肥奠定了理论基础。

(三)营养元素同等重要与不可替代律

1. 作物体的元素组成

作物体的组成成分是很复杂的。一般作物体由水分和干物质两部分构成。干物质又可分为有机物和矿物质两部分。

一般新鲜的作物体含水量为75%～95%。幼嫩植株的含水量较高,衰老植株的含水量较低。叶片含水量较高,茎秆含水量较少,种子含水量更少。新鲜植株除去水分的部分就是干物质,其中有机物质占植物干重的90%～95%,矿物质占5%～10%。

有机物质主要为脂肪、淀粉、蔗糖、纤维素、半纤维素和果胶等碳水化合物,以及蛋白质和氨基酸等含氮化合物。它们是由碳(C)、氢(H)、氧(O)、氮(N)等元素组成。作物体燃烧后的残留部分称为灰分,组成十分复杂,含有磷(P)、钾(K)、钙(Ca)、镁(Mg)、硫(S)、铁(Fe)、锰(Mn)、锌(Zn)、铜(Cu)、钼(Mo)、硼(B)、氯(Cl)、硅(Si)、钠(Na)、钴(Co)、硒(Se)、铝(Al)、溴

（Br）、碘（I）、钒（V）、镍（Ni）等元素。

现代分析技术研究表明，几乎自然界里存在的元素在作物体内都能找到。然而，由于作物种类和品种的差别，以及气候条件、土壤肥力、栽培技术的不同，都会影响到作物体内元素的组成。如生长在盐土上的植物含钠较多，海水中生长的海带含有较多的碘等。从作物种类上来看，豆科植物含有较多的氮和钾，甜菜中积累较多的硼和钠，小麦、水稻等禾谷类作物含有较多的硅，马铃薯含钾多。从植物的不同器官比较，籽粒中氮、磷含量比茎秆高，而茎秆中的钙、硅、氯、钠和钾含量高于籽粒。这就说明，作物体内吸收的元素，一方面受植物的基因所决定；另一方面还受环境条件所影响。同时也说明，作物体内所含的灰分元素并不全部都是作物生长发育所必需的。有些元素可能是偶然被作物吸收的，甚至还能大量的积累；而有些元素作物对其需要量虽然极微，却是作物生长不可缺少的营养元素。因此，作物体内的元素可分为必需营养元素和非必需营养元素。

2. 作物必需营养元素及确定标准

通过营养液培养法来确定作物生长发育必需的营养元素较为可靠。方法是在培养液中系统地减去作物灰分中某些元素，而作物不能正常生长发育，这些缺少的元素无疑是作物营养中所必需的。若省去某种元素后，作物照常生长发育，则此元素是非必需的。1939年阿诺（Arnon）和斯托德（Stout）提出了判定植物必需营养元素的三条标准：

第一，该元素对所有植物的生长发育是不可缺少的，缺乏这种元素植物就不能完成生活史；第二，缺乏该元素后，植物表现出特有的症状，只有补充该元素后，这种症状才能消失；第三，该元素必须直接参与植物的新陈代谢或物质构成，对植物起直接作用，而不是改善植物生长环境的间接作用。

根据这一标准，国内外公认的高等植物所必需的营养元素有17种，即氢、氧、碳、氮、磷、钾、硫、钙、镁、铁、铜、硼、锰、锌、钼、氯和镍。

3. 必需营养元素的分级

（1）按必需营养元素在植物体内的质量分数分组

各种必需营养元素在植物体内的质量分数相差很大。根据在植物体内质量分数的高低，一般将植物必需营养元素划分为大量营养元素和微量营养元素。大量营养元素的质量分数在0.1%以上（占干重），它们包括碳、氢、氧、氮、磷、钾、钙、镁和硫，共9种；微量元素的质量分数少于0.1%，有的只有0.1 μg/g，它们是铁、铜、硼、锌、锰、钼、氯和镍，共计8种。

（2）按必需营养元素的一般生理功能分组

K. Mengel和E. A. Kirkby（1982）根据元素在植物体内的生物化学作用和生理功能将植物必需营养元素划分为4组。

第一组包括碳、氢、氧、氮和硫。它们是构成有机物质的主要成分，也是酶促反应过程中原子团的必需元素。这些元素在氧化还原反应中被同化。碳、氢、氧等在光合作用中被同化形成有机物，氮和硫的同化过程也是植物新陈代谢的基本过程。

第二组包括磷、硼、硅，它们都以无机离子或酸分子的形态被植物吸收，并可与植物体中的羟基化合物进行酯化反应形成磷酸酯、硼酸酯等，磷酸酯还参与能量转化。

第三组包括钾、钠、钙、镁、锰和氯等。它们以离子形态被植物吸收，并以离子形态存在于细胞的汁液中，或被吸附在非扩散的有机离子上。主要功能：调节细胞渗透压，活化酶，或作为酶的辅酶（基），或成为酶与底物之间的桥键元素，维持生物膜的稳定性和选择透性。

第四组包括铁、铜、锌和钼等。它们主要以配位态存在于植物体内，构成酶的辅基，除钼以外也常常以螯合物或络合物的形态被吸收。它们通过原子化合价的变化传递电子。

4. 肥料三要素

(1)必需营养元素的来源

在 17 种必需营养元素中碳、氢和氧是植物从空气和水中取得的;氮素除豆科植物可以从空气中固定一定数量的氮素外,一般植物主要是从土壤中取得氮素;其余的 13 种营养元素都是从土壤中吸取的,这就是说土壤不仅是支持植物的场所,而且还是植物所需养分的供给者。进一步研究表明,不仅各种植物对土壤中各种元素的需要量不同,而且土壤供应各种营养元素的能力也有差异。这主要是受成土母质种类和土壤形成时所处环境条件等因素的影响,使它们在养分的含量上有很大差异,尤其是植物能直接吸收利用的有效态养分的含量,更是差异悬殊。因此,土壤养分供应状况往往对作物产量有直接影响。

(2)肥料三要素

在土壤的各种营养元素之中,除了碳、氢、氧外,氮、磷、钾三种元素是植物需要量和收获时所带走较多的营养元素,而它们通过残茬和根的形式归还给土壤的数量却又是最少的,一般归还比例(以根茬落叶等归还的养分量占该元素吸收总量的百分数)还不到 10%,而一般土壤中所含的能为植物利用的这三种元素的数量却都比较少。因此,养分供求之间不协调明显地影响着植物产量的提高。为了改变这种状况,逐步地提高植物的生产水平,需要通过肥料的形式补充给土壤,以供植物吸收利用。所以,人们就称它们为"肥料三要素"或"植物营养三要素"或"氮、磷、钾三要素"。自 19 世纪以来,人们非常重视研究三要素的增产增质作用,这就促进了氮、磷、钾化肥工业的迅速发展,补充了土壤中氮、磷、钾养分的亏缺,提高了产量。

5. 必需的营养元素与植物生长

植物体在整个生育期中需要吸收各种必需营养元素,数量有多有少,它们之间差异很大。也只有保持这样的数量和比例,植物体才能健康地生长发育,为人类生产出尽可能多的产量。否则某一种必需营养元素不足或缺乏,就会影响植物体的生长发育,导致生产最终没有产量。所以,必需营养元素与植物生长发育是紧密相关的。生产上,土壤中各种有效养分的数量并不一定就符合植物体的要求,往往需要通过施肥来调节,使之符合植物的需要,这就是养分的平衡。土壤养分平衡是植物正常生长发育的重要条件之一。

值得注意的是,随着化肥工业的发展,化肥施用的水平不断地提高,在单一施用氮肥的情况下,很多地区的土壤已表现出缺磷、缺钾,或缺微量元素。养分的平衡被破坏,植物的生长受到明显的抑制,产量不能提高。我们把人为施肥造成的养分比例不平衡,称为养分比例失调。养分比例失调会严重影响植物对其他营养元素的吸收和体内代谢过程,最后导致产量降低,品质下降。

另有研究表明,某些元素能部分的代替另一元素的作用,如硼能部分消除亚麻缺铁症,钠可以减少甜菜和意大利黑麦草的需钾量。然而必须指出这种代替是部分的和短时间的,只能代替必需营养元素的非专一性功能,而不能代替其特殊生理功能。

(四)最小养分律

最小养分律是李比希在 1840 年《化学在农业和生理学上的应用》一书中提出来的。这一理论的中心意思:植物为了生长发育需要吸收各种养分,但是决定植物产量的却是土壤中那个相对含量最小的养分因素,产量也在一定限度内随着这个因素的增减而相对的变化,如果无视这个限制因素的存在,即使继续增加其他营养成分也难以再提高植物产量。图 1-1 为最小养分律示意图,图中标明的氮、磷、钾的柱状图的高度表示土壤对作物的养分需求的满足程度,而不是土壤中相应养分的绝对含量。图 1-1(1)表明氮的供应满足程度最低,氮是限制作物生长的养分因子,作物产量水平受氮的限制;图 1-1(2)表明氮的供应增加后,它不再是限制作物生长的养分因子,磷成为新的养分限制因子;图 1-1(3)表明增加氮和磷的供应后,钾的相对供应量低而成为养分限制因子,作物的产量受钾的供应状况限制。同时,当氮是养分限制因子时,即使大量增施磷、钾肥作物产量均不能提高,只有施用氮肥增加氮的供应,作物产量才能提高,如图 1-1 所示。

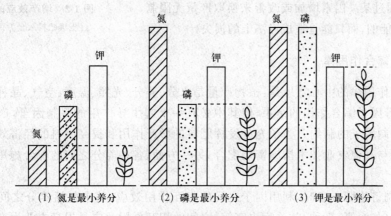

图 1-1　最小养分律示意图

(《作物施肥原理与技术》,谭金芳,2003)

应用最小养分律要注意以下几点:第一,最小养分不是指土壤中绝对含量最少的养分,而是指植物对各种养分的需要来说土壤中相对含量最少的那种养分;第二,最小养分是限制植物生长发育和提高产量的关键,因此,在施肥时,必须首先补充这种养分;第三,最小养分不是固定不变的,而是随条件变化而变化的,当土壤中某种最小养分增加到能够满足植物需要时,这种养分就不再是最小养分了,另一种元素又会成为新的最小养分;第四,如果不针对性的补充最小养分,即使其他养分增加再多,也难以提高植物产量,而只能造成肥料的浪费。

总之,最小养分律指出了植物产量与养分供应上的矛盾,表明了施肥应有针对性。就是说,要因地制宜地、有针对性地选择肥料种类,缺什么养分,施什么肥料。

(五)报酬递减律与米氏学说

报酬递减律是一个经济学上的定律。目前对该定律的一般表述是:从一定土地上所得到的报酬随着向该土地投入的劳动和资本量的增大而有所增加,但达到一定程度后,随着投入的劳动和资本量的增加,单位投入的报酬增加却在逐渐减少。即最初的劳动和投资所得到的报酬最高,以后递增的单位投资和劳力所得报酬是逐次递减的。

这一定律的诞生对工业、农业及其他行业都具有普遍的指导意义,最先引入农业上的是德国农业化学家米采利希等人。科学实验进一步证明,当施肥量(特别是氮)超过适量时,植物产量和施肥量之间的关系呈抛物线模式(图 1-2),这就是米氏学说。也就是说,产出的多少并不总是和投入呈直线正相关的。即其他养分充足时,由于增施某种养分,产量也随之增加,但增加并不完全是直线的,随着养分的不断增加而产量的增加率却逐渐下降。在达到最高产量后,产量则不再增加,此时意味着产量的增加为零,所以应该根据植物对肥料的效应曲线来确定获得高产的最佳施肥量,而不是无限制的增加施肥量。如果不注意研究投入和产出的关系,一味盲目大量施肥,必然会出现"增产不增收"的现象。

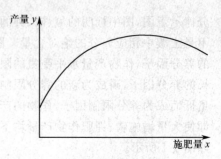

图 1-2　增产效应的抛物线
(《土壤肥料》、金为民、2009)

一般来说,在一定的地力条件下,通过人为因素的努力,产量是能够提高的,但是增产幅度是不可能无限的。换句话来说,通过某一因素增加或改善来换取产量无限制的提高是不可能的,而只能是造成经济上的损失。

(六)因子综合作用律

因子综合作用律的中心意思是:植物产量是水分、养分、光照、温度、空气、品种以及耕作条件、栽培措施等因子综合作用的结果,但其中必有一个起主导作用的限制因子,产量在一定程度上受该种限制因子的制约。为了充分发挥肥料的增产作用和提高肥料的经济效益,一方面,施肥措施必须与其他农业技术措施密切配合;另一方面,各种养分之间的配合施用能使养分平衡供应。

总之,在制订施肥方案时,利用因子之间的相互作用效应,其中包括养分之间以及施肥与生产技术措施(如灌溉、良种、防治病虫害等)之间的相互作用效应是提高农业生产水平的一项有效措施,也是经济合理施肥的重要原理之一。发挥因子的综合作用具有在不增加施肥量的前提下,提高肥料利用率、增进肥效的显著特点。

(七)植物营养连续性和阶段性

植物在整个生长周期中,要经历几个不同的生长发育阶段。在这些阶段中,除种子营养期和植物生长后期根部停止吸收养分的阶段外,其他阶段都要从土壤中吸收养分,通常把植物从土壤中吸收养分的整个时期,称为营养期。在植物的营养期中,不同生育阶段植物对养分的吸收有不同的特点,主要表现在对营养元素的种类、数量和比例等方面有不同的要求。植物吸收养分的一般规律是:植物生长初期吸收养分少,到营养生长与生殖生长并进时期,吸收养分逐渐增多,到植物生长的后期又趋于减少。

研究证明,植物在不同的生育时期,对养分吸收的数量是不同的。而有两个时期,如能及时满足植物对养分的要求,则能显著提高植物产量和改善产品品质。这两个时期即植物营养的关键时期,也就是植物营养的临界期和植物营养最大效率期。

1. 植物营养的临界期

在植物生长发育过程中,有一时期虽对某种养分要求的绝对量不多,但要求迫切,不可缺少。如果此时缺少这种养分,就会明显影响植物的生长与发育,即使以后补施该种养分再多,也很难弥补由此而造成的损失。这个时期被称为植物营养的临界期。不同植物,不同营养元素的临界营养期是不同的。如水稻、小麦磷素营养临界期在三叶期,棉花在二、三叶期,油菜在五叶期以前。水稻氮素营养临界期是三叶期和幼穗分化期;棉花的营养临界期是现蕾初期;小麦和玉米一般在分蘖期、幼穗分化期;钾营养临界期累积资料很少。据日本资料显示,水稻钾营养临界期在分蘖期和幼穗形成期。由此看出,植物的营养临界期一般出现在生长的前期(幼苗期),即由种子营养向土壤营养转折的时期,此时种子中贮存的养分大部分已被消耗,而幼小根系吸收能力较弱,急需土壤中有较多的养分供其利用,如果此时土壤营养不能满足其需要,对植物的产量会有一定的影响,所以施足基肥,施好种肥,轻施苗肥,对满足植物营养临界期的需要、提高植物产量是有科学道理的。

2. 植物营养的最大效率期

在植物生长发育过程中,有一个时期植物对养分的需要量最多,吸收速率最快,产生的肥效最大,增产效率最高,这一时期就是植物营养的最大效率期,也称强度营养期。不同植物的最大效率期是不同的,如玉米氮素营养的最大效率期,一般在喇叭口至抽雄初期;棉花的氮、磷最大效率期在盛花始铃期。对于同一植物,不同营养元素的最大效率期也不一样,例如甘薯,氮素营养的最大效率期在生长初期,而磷、钾则在块根膨大期。

植物的临界营养期和营养最大效率期,是整个营养期中的两个关键施肥时期,在这两个时期保证植物适当养分,对提高植物产量有重要意义。但植物生长发育的各个阶段是相互联系、彼此影响的。因此既要注意关键时期的施肥,要考虑各阶段的营养特点,注意氮、磷、钾肥的配合比例,采取基肥、种肥、追肥相结合的施肥方法,因地制宜地制定施肥计划,以充分满足植物对养分的需要。

二、测土配方施肥应遵循的原则

推广测土配方施肥技术在遵循矿质养分学说、养分归还学说、报酬递减律、因子综合作用律、必需营养元素同等重要和不可替代律、作物营养关键期等基本原理的基础上,还需要遵循以下基本原则。

(一)氮、磷、钾相配合

氮、磷、钾相配合是测土配方施肥技术的重要内容。随着产量的不断提高,在土壤高强度消耗养分的前提下,施肥必须强调氮、磷、钾相互配合,并补充必要的微量元素,才能获得高产稳产。

(二)有机与无机相结合

实施测土配方施肥必须以有机肥料为基础,增施有机肥料可以增加土壤有机质含量,改善土壤理化性状,提高土壤保水保肥能力,增强土壤微生物活性,促进化肥利用率的提高。因此,必须坚持多种形式的有机肥料投入,才能够培肥地力,实现农业可持续发展。

(三)大量、中量、微量元素配合

各种营养元素的配合是配方施肥的重要内容。随着产量的不断提高,在耕地高度集约利用的情况下,必须进一步强调氮、磷、钾肥的相互配合,并补充必要的中量、微量元素,才能获得高产稳产。

(四)用地与养地相结合,投入与产出相平衡

要使作物-土壤-肥料形成物质和能量的良性循环,必须坚持用养结合,投入产出相平衡。破坏或消耗了土壤肥力就意味着降低了农业再生产的能力。

【模块小结】

本模块主要介绍了测土配方施肥概念、内容和测土配方施肥技术工作的意义和作用,以及测土配方施肥技术的理论依据。

测土配方施肥是以土壤测试和肥料田间试验为基础,根据作物的需肥规律、土壤供肥性能和肥料效应,在合理施用有机肥料的基础上,提出氮、磷、钾及中、微量元素的施用数量、施肥时期和施肥方法。

测土配方施肥技术包括"测土、配方、配肥、供应、施肥"5 个核心环节和"田间调查、田间试验、土壤测试、配方设计、校正试验、配方加工、示范推广、宣传培训、数据库建设、效果评价、技术创新"11 项重点内容。

测土配方施肥技术在遵循矿质养分学说、养分归还学说、报酬递减律、因子综合作用律、必需营养元素同等重要和不可替代律、作物营养关键期等基本原理的基础上,还需要遵循以下基本原则:氮、磷、钾相配合;有机与无机相配合;大量、中量、微量相配合;用地与养地相结合。

【模块巩固】

1. 配方施肥的概念及其内容是什么?

2. 植物必需营养元素的种类及其判定标准有哪些?

3. 怎样理解必需营养元素之间的同等重要和不可替代律?这对指导合理施肥有何实践意义?

4. 最小养分律的含义是什么?在生产上有何指导意义?

5. 植物吸收养分的两个关键时期是在什么时候?对施肥有什么意义?

6. 测土施肥技术应遵循的基本原则有哪些?

模块二

测 土

【知识目标】

通过本模块学习,学生了解土壤物质的基本组成;掌握土壤物质对植物生长与土壤肥力的作用;熟悉土壤基本性质以及对植物生长与土壤肥力的作用。

【能力目标】

学生具备运用土壤组成和土壤性质合理调节土壤、培肥土壤的能力,能够熟练完成土壤样品的测试工作。

项目一　土壤的基本组成

土壤是由裸露在地表的岩石矿物经自然和人为因素作用后,通过一系列的物理、化学及生物反应转化而来的产物。但其物质组成、内部结构、生物性质和岩石矿物既有相同的也有相异的方面。

土壤是由固体、液体(水分)及气体三相物质组成的,其中液体和气体存在于土壤孔隙之中。固体物质主要包括矿物质和有机质。土壤水分中含有多种无机、有机离子及分子,形成土壤溶液。土壤中气体的物质种类与大气相似。土壤的组成成分并不是孤立存在,而是密切联系,相互影响,共同作用于土壤肥力的。不同土壤的组成成分是不同的。

一、土壤矿物质

土壤矿物质是土壤的主要组成物质,构成了土壤的"骨骼"。土壤矿物质的组成、结构和性质如何,对土壤物理性质、化学性质以及生物与生物化学性质等均有深刻的影响。土壤矿物质是其含有所有无机物质的总和。

(一)矿物组成

土壤矿物质来自土壤母质,其矿物组成按其成因可分为原生矿物和次生矿物两类。在风化过程中没有改变化学组成而遗留在土壤中的一类矿物称为原生矿物。土壤中的原生矿物主要是石英和原生铝、硅酸盐类两类。原生矿物在风化和成土作用下,新形成的矿物称次生矿物。次生矿物种类很多,有成分简单的盐类,包括各种碳酸盐、重碳酸盐、硫酸盐、氯化物等;也有成分复杂的各种次生铝硅酸盐;还有各种晶质和非晶质的含水硅、铁、铝的氧化物。各种次生铝硅酸盐和氧化物被称为次生黏土矿物,是土壤黏粒的主要组成部分。

土壤矿物质的化学组成很复杂,包括地壳中绝大部分元素。氧、硅、铝、铁、钙、镁、钠、钾、钛、碳 10 种元素占土壤矿物总质量的 99% 以上,这些元素中氧、硅、铝、铁等 4 种元素含量最多。如以氧化物的形态来表示,二氧化硅、三氧化二铝和三氧化二铁,三者之和通常约占土壤矿物部分总质量的 75% 以上。

(二)土壤矿物粒级

土壤颗粒按粒径的大小和性质的不同分成若干级别,称为土壤粒级。同一粒级范围内土粒的矿物成分、化学组成及性质基本一致,而不同粒级土粒的性质有明显差异。土粒根据大小不同可分为石砾、砂粒、粉砂粒和黏粒 4 个基本粒级。不同国家和地区的土壤利用方式和农民的生产习惯不同,对粒级的划分标准稍有差异。表 2-1 中列出了目前国际上通行的 2 种粒级分类标准(国际制和卡庆斯基制)。

表 2-1　常用土粒分级标准

国际制		粒径/mm	卡庆斯基制			粒径/mm
粒级名称		粒径/mm	粒级名称			粒径/mm
石砾		>2		石块		>3
				石砾		3~1
砂粒	粗砂粒	2~0.2	物理性砂粒	砂粒	粗砂粒	1~0.5
					中砂粒	0.5~0.25
	细砂粒	0.2~0.02			细砂粒	0.25~0.05
粉砂粒		0.02~0.002		粉粒	粗粉粒	0.05~0.01
					中粉粒	0.01~0.005
					细粉粒	0.005~0.001
黏粒		<0.002	物理性黏粒	黏粒	粗黏粒	0.001~0.000 5
					中黏粒	0.000 5~0.000 1
					细黏粒	<0.000 1

(《土壤肥料》,金卫民,2001)

同一粒级范围内土粒的矿物成分、化学组成及性质基本一致,而不同粒级土粒的性质有明显差异。石砾及砂粒是风化碎屑,几乎全部由原生矿物组成,其所含矿物成分和母岩基本一致,粒径大,抗风化,养分释放慢,有效养分贫乏;粉粒颗粒较小,容易进一步风化,绝大多数也是由抗风化能力较强的石英组成,其矿物成分中有原生的也有次生的,粒间孔隙毛管作用强,毛管水上升速度快,营养元素含量比砂粒丰富;黏粒颗粒极细小,主要由次生矿物组成,粒间孔隙小,吸水易膨胀,使孔隙堵塞,毛管水上升极慢,干时收缩坚硬,湿时膨胀,保水保肥性强,营养元素丰富。

(三)土壤质地

土壤中各粒级土粒含量(质量)的百分率的组合称为土壤质地(土壤的颗粒组成、土壤的机械组成)。土壤质地所呈现的物理性质主要体现在不同粒级对土壤水分、土壤空气、土壤热量、耕性及肥力的影响,因此它是生产上反映土壤肥力状况的一个重要指标。

1. 土壤质地的分类

按照各粒级土粒含量的不同对土壤质地类型进行划分称为土壤质地分类。一般将土壤质地分成砂土、壤土和黏土3个基本等级。与土壤粒级分类一样,也有许多种质地分类标准,如表2-2和表2-3所示。

表 2-2　国际制土壤质地分类制

质地分类		颗粒组成(重量%)		
类别	质地名称	黏粒	粉砂粒	砂粒
砂土	砂土和壤土	0~15	0~15	85~100
壤土	砂壤土	0~15	0~15	55~85
	壤土	0~15	30~45	40~55
	粉砂壤土	0~15	45~100	0~40
黏壤土	砂黏壤土	15~25	0~30	55~85
	黏壤土	15~25	20~45	30~55
	粉砂黏壤土	15~25	45~75	0~40
黏土	砂黏土	25~45	0~20	55~75
	粉砂黏土	25~45	45~75	0~30
	壤黏土	25~45	0~75	10~55
	黏土	45~65	0~55	0~55
	重黏土	65~100	0~35	0~35

(土壤肥料,金卫民,2001)

表 2-3　卡庆斯基质地分类标准

质地名称		物理性黏粒(<0.01 mm,%)		
		灰化土	草原土、红壤、黄壤	碱化土、碱土
砂土	松砂土	0~5	0~5	0~5
	紧砂土	5~10	5~10	5~10
	砂壤土	10~20	10~20	10~20
壤土	轻壤土	20~30	20~30	15~20
	中壤土	30~40	30~45	20~30
	重壤土	40~50	45~60	30~40
黏土	轻黏土	50~65	60~75	40~50
	中黏土	65~80	75~85	50~65
	重黏土	>80	>85	>65

2. 土壤质地与土壤肥力的关系

土壤质地首先影响土壤的孔隙性质及养分含量性,进一步作用于土壤的通透性、保肥性、供肥性、土壤温度状况及耕性等性质。根据土壤质地不同所反映出来的肥力特性也不同,主要表现为：

（1）砂质土

砂质土含砂粒多，黏粒少，粒间多为大孔隙，土壤通透性良好，透水排水快，但缺乏毛管孔隙，土壤持水量小，蓄水保水抗旱能力差。由于砂质土主要矿物为石英，本身缺乏养分元素，又缺乏胶体，土壤保蓄养分低，养分易流失。因而表现为砂质土养分贫乏，保肥耐肥性差，施肥时肥效来得快且猛，但不持久。

（2）黏质土

黏质土壤含黏粒较多而砂粒含量极少，颗粒细小，粒间孔隙小，通透性不良，但保水保肥能力强；养分丰富，有机质含量高；黏质土壤热容量大，所以昼夜温差变化小，土温变化慢，耕性差，种子不易出苗，可能产生缺苗断垄现象。

（3）壤质土

这类土壤由于砂黏适中，兼有砂土类、黏土类的优点，消除了砂土类和黏土类的缺点，是农业生产上质地比较理想的土壤。它既有一定数量的大孔隙，又有相当多的毛管孔隙，故通气透水性良好，又有一定的保水保肥性能，含水量适宜，土温比较稳定，黏性不大，耕性较好，宜耕期较长。

3. 不同质地土壤的利用与改良

（1）各种作物对土壤质地的要求

不同作物对土壤质地有一定的适应性（表2-4）。大部分农作物对质地的适应范围较广，但部分园艺植物，特别是部分花卉植物对质地的适应范围较窄。

（2）不同土壤质地的改良

根据各地经验总结，改良土壤质地有以下措施：

①增施有机肥料。增施有机肥料，提高土壤有机质含量，既可改良砂土，也可改良黏土，这是改良土壤质地最有效和最简便的方法。

②掺砂掺黏、客土调剂。如果砂土地（本土）附近有黏土、河沟淤泥（客土），可搬来掺混；黏土地（本土）附近有砂土（客土）可搬来掺混，以改良本土质地的方法，称为客土法。

③翻淤压砂、翻砂压淤。有的地区砂土下面有淤黏土，或黏土下面有砂土，这样可以采取表土"大揭盖"翻到一边，然后使底土"大翻身"，把下层的砂土或淤黏土翻到表层来使砂黏混合，改良土性。

④引洪放淤、引洪漫沙。在面积大、有条件放淤或漫沙的地区，可利用洪水中的泥沙改良砂土和黏土。所谓"一年洪三年肥"，可见这是行之有效的办法。

⑤根据不同质地采用不同的耕作管理措施。如砂土整地时畦可低一些，垄可放宽一些，播种宜深一些，播种后要镇压接墒，施肥要多次少量，注意勤施。

表2-4　主要植物对质地的适应性

植物种类	土壤质地	植物种类	土壤质地
水稻	黏土、黏壤土	大豆	黏壤土
小麦	壤土、黏壤土	豌豆、芸豆	黏土、黏壤土
大麦	壤土、黏壤土	油菜	黏壤土
粟	砂壤土	花生	砂壤土

续表2-4

植物种类	土壤质地	植物种类	土壤质地
玉米	黏壤土	甘蔗	黏壤土、壤土
黄麻	砂壤土至黏壤土	西瓜	砂壤土
棉花	砂壤土、黏壤土	柑橘	砂壤土至黏壤土
烟草	砂壤土	桃	砂壤土至黏壤土
甘薯、茄子	砂壤土、壤土	枇杷	黏壤土、壤土
马铃薯	砂壤土、壤土	苹果	黏壤土、壤土
萝卜	砂壤土	梨	黏壤土、壤土
莴苣	轻壤土至黏壤土	葡萄	砾质壤土
甘蓝	砂壤土至黏壤土	茶	砾质黏壤土、壤土
白菜	黏壤土、壤土	桑	壤土、黏壤土

二、土壤有机质

在土壤固相组成中,除了矿物质之外,就是土壤有机质,它是土壤肥力的重要物质基础。土壤有机质泛指土壤中来源于生命的物质,其含量因土壤类型不同而差异很大,高的可达20%以上,低的不足 0.5%。耕层土壤有机质含量通常在 5%以下。土壤有机质含量虽然很少,但在土壤肥力上的作用却很大,它不仅含有各种营养元素,而且还是土壤微生物生命活动的能源。此外,它对土壤水、气、热等肥力因素的调节,对土壤理化性质及耕性的改善都有明显的作用。

(一)土壤有机质的来源与存在形式

自然土壤的有机质主要来源于生长在土壤上的高等绿色植物(包括地上部分和地下的根系),其含量达 80%以上,其次是生活在土壤中的动物和微生物。农业土壤有机质的重要来源是每年施用的有机肥料和每年作物的残茬和根系以及根系分泌物。通过各种途径进入土壤中的有机质,不断被土壤微生物分解,所以土壤有机质一般呈 3 种形态。

1. 新鲜有机质指土壤中未分解的动、植物残体。

2. 半分解的有机质指有机质已被微生物分解,多呈分散的暗黑色小块。

3. 腐殖质指有机残体在土壤腐殖质化的过程中形成的一类褐色或暗褐色的高分子有机化合物。腐殖质与矿物质土粒紧密结合,不能用机械方法分离。它是土壤有机质中最主要的一种形态,占有机质总量的 85%～90%,对土壤物理、化学、生物学性质都有良好作用。我们通常把土壤腐殖质含量高低作为衡量土壤肥力水平的主要标志之一。

(二)土壤有机质的组成和性质

土壤有机质的化学组成和各组分的含量,因植物种类、器官、年龄等的不同而有很大差异。主要有以下 5 类有机化合物:

1. 糖类化合物

糖类化合物包括单糖、双糖和多糖类，它是广泛地分布在植物中的一类化合物。单糖在水中溶解度很大，在植物残体被分散时，能被水淋洗流失。这类化合物被分解后产生二氧化碳、水；在氧气不足的条件下，糖类产生有机酸，甚至产生还原性的有毒物质。

2. 纤维素和半纤维素

纤维素需用较强的酸或碱溶液处理才能水解；半纤维素在稀酸或稀碱溶液下处理即可水解。它们均能被微生物分解。

3. 木质素

木质素是复杂的有机化合物，不容易被细菌和化学物质分解，但在土壤中可不断地被真菌、放线菌分解。

4. 含氮化合物

有机态含氮化合物主要为蛋白质，各种蛋白质经水解后，一般可产生多种不同的氨基酸。少部分比较简单而可溶性的氨基酸可被微生物直接吸收，但是大部分含氮化合物是需要经过微生物分解后，才能被利用。

5. 脂肪、树脂、蜡质和单宁

这类有机化合物属于复杂的化合物，不溶于水，而溶于醇、醚及苯中。在土壤中，这类物质抵抗化学分解和细菌的分解的能力比较强。此外，有机质中还含有一些灰分元素，如钙、镁、钾、钠、硅、磷、硫、铁、铝、锰等，还含有少量的碘、锌、硼、氟等。这些元素在生物的生活中起着巨大作用。

(三)土壤有机质的作用

1. 提供植物生长所需养分

土壤有机质中含有极为丰富的氮、磷、硫等植物营养元素，同时也含有钾、钙、镁、铁等几乎包括植物和微生物所必需的其他各种营养元素。这些营养元素在矿质化过程中被释放出来，供植物、微生物生活之需。

2. 改善土壤理化性质

有机质均能形成植物生产理想的团粒结构，无论对质地过砂或没有结构的土壤，还是对质地过于黏重为大块状结构的土壤。因此，有机质具有使砂土变紧、黏土变松的能力，从而使土壤具有良好的孔隙性、通透性、保蓄性和适宜耕作性。

3. 提高土壤的保肥性

土壤有机质的主要成分是腐殖质，它是一种良好的胶体，带有负电荷，能与阳离子作用生成盐；如果这些营养离子不吸附在腐殖质和土壤胶体的表面，则易随水淋失或者与土壤中的一些阴离子生成植物难以吸收利用的难溶性盐；由于腐殖质的带电量远大于土壤的无机胶体，因此，它具有强大的保肥能力。

4. 促进植物生长发育

土壤有机质可以释放许多物质，对植物有刺激作用。腐殖质中某些物质，如胡敏酸、维生素、激素等还可刺激植物生长。土壤有机质释放某些酶可加速种子发芽和对养分的吸收，能促进作物生长。

5. 减缓土壤污染

土壤有机质中腐殖质能吸附和溶解某些农药,并能与重金属离子形成溶于水的络合物,随水排出土壤。腐殖质有助于消除土壤中的农药残毒和重金属污染,起到净化土壤的作用,减少其对植物的毒害和对土壤的污染。

6. 促进微生物的活动

土壤有机质是大部分土壤微生物生长所需的碳源和能源,因此,有机质含量越高的土壤,微生物的活性越强,土壤肥力一般也越高。

(四)增加土壤有机质的途径

1. 增施有机肥料

有机肥的种类和数量都很多,如粪肥、厩肥、堆肥、青草、幼嫩枝叶、饼肥、蚕沙、鱼肥等,可以通过增施有机肥料来提供有机质物质来源。

2. 秸秆还田

作物秸秆含纤维素、木质素较多,在腐解过程中,腐殖化作用比豆科植物进行慢,能形成较多的腐殖质。因此,秸秆直接还田是增加土壤有机质和提高作物产量的一项有效措施。

3. 广辟有机肥源,保护环境

农业生产中有机肥不仅不能局限于农村的生产和生活的产物,而且应充分利用工业生产中废弃物处理的产物,如污泥、沼气池残渣等。废水处理后剩余的污泥如何处置目前也是一个较大的环境问题,其在农业中的利用也是当前肥料研究中的一个热点。

三、土壤生物

土壤生物是指生活在土壤中的有机体,其类型包括动物、植物和微生物。它们直接或间接参与了土壤中几乎所有的物理、化学、生物学反应,对土壤肥力意义重大,尤其是微生物与植物的关系非常密切,对植物的生长非常重要,有的微生物甚至成为植物生命体的一部分。

(一)土壤动物

每公顷的土壤中约含有几百千克的各类动物,其中占优势的类群是蚯蚓、线虫、昆虫、蚂蚁、蜗牛等。这些动物以其他动物的排泄物、植物以及无生命的物质作为食料,在土壤中打洞挖槽搬运大量的土壤物质,改善了土壤的通气性、排水性和土壤结构性状,与此同时,还将作物残茬和森林枝叶浸软嚼碎,并以一种较易为土壤微生物利用的形态排出体外。

(二)土壤植物

土壤植物是土壤的重要组成部分,就高等植物而言,主要是指高等植物的地下部分,包括植物根系和地下块茎。

(三)土壤微生物

1. 土壤微生物的种类与特点

土壤微生物包括细菌、真菌、放线菌、藻类和原生动物等 5 个类群。其中,细菌数量最多,放线菌、真菌次之,藻类和原生动物数量最少。

（1）细菌

土壤细菌占土壤微生物总数量的 70％～90％，主要是腐生性种类，少数是自养性的。它们个体小、数量大，与土壤接触的表面积特别大，是土壤中最活跃的生物因素，时刻不停地与周围进行着物质交换。细菌在土壤中的分布以表层最多，随着土层的加深而逐渐减少，厌氧性细菌的含量比例，则在下层土壤中增高。

（2）放线菌

土壤中放线菌的数量也很大，仅次于细菌，占土壤中微生物总数的 5％～30％。它们以分枝的丝状营养体蔓绕于有机物碎片或土粒表面，扩展于土壤孔隙中，断裂成繁殖体或形成分生孢子，数量迅速增加，放线菌的一个丝状营养体的体积比一个细菌大几十倍至几百倍。因此，放线菌数量虽较少，但在土壤中的生物量相近于细菌。放线菌多发育于耕层土壤中，随着土壤深度而减少。

（3）真菌

真菌是土壤微生物中的第三大类，广泛分布于耕作层中。土壤真菌有藻状菌、子囊菌和担子菌，尤多半知菌类。真菌菌丝比放线菌宽几倍至十几倍。因此土壤中真菌的生物量比细菌和放线菌并不少。真菌的菌丝体发育在有机物残片或土壤团粒表面，向四周扩散，并蔓延于孔隙中产生孢子。土壤真菌大多是好气性的，在土壤表层中发育。一般耐酸性，在 pH 为 5.0 左右的土壤中细菌和放线菌的发育受限制，真菌仍能生长并提高其数量比例。

（4）藻类

土壤中存在着许多藻类，大多数是单细胞的硅藻或呈丝状的绿藻和黄藻。它们多发育于土面或近地面的表土层中。光照和水分是影响它们发育的主要因素。在温暖季节中，积水的土面上藻类大量发育，其中主要有衣藻、原球藻、小球藻、丝藻和绿球藻等绿藻以及黄褐色的各种硅藻，水田则发育有水网藻和水绵丝状绿藻，有利于土壤积累有机物质。生存在较深土层中的一些藻类，失去叶绿素，进行腐生生活。

（5）原生动物

土壤中的原生动物，包括纤毛虫、鞭毛虫和根足虫等类。它们都是单细胞的，并能运动的微生物。原生动物形体大小差异很大，通常以分裂方式进行无性繁殖。原生动物以有机物为食料，它们吞食有机物的残片，也捕食细菌，单细胞藻类和真菌的孢子。

2. 土壤微生物的作用

（1）提供土壤养分

土壤微生物将进入土壤的生命残体和其他有机物质分化成为无机物质或小分子有机质，并释放出大量矿物质及无机、有机酸性物质，为植物生长提供所需养分。

（2）改善土壤质量

土壤微生物可以有效打破土壤板结，促进团粒结构的形成，改良土壤的通气状况，改善土壤质量。

（3）促进植物生长

土壤微生物中部分菌种具有分泌抗生素和多种活性酶的功能，可促进或者刺激植物生长。如土壤微生物生命活动产生的生长激素以及维生素类物质对植物的种子萌发及正常的生长发育能产生良好的影响。

（4）防治土壤病虫害

土壤中某些微生物在不同程度上具有抑制病毒和致病性细菌、真菌的作用，在一定条件下可以成为植物病原菌的拮抗体。某些微生物还能把土壤中有毒的 H_2S、CH_4 等转化成无毒物质，如硫化细菌能将 H_2S 转化为硫酸盐。

四、土壤水分

土壤水分是土壤的重要组成部分，是植物吸水的主要来源。土壤的水分主要来自降水、灌溉和地下水。它以固态、液态和气态 3 种形态存在。植物直接吸收利用的是液态水，它是植物在土壤中进行各种活动不可缺少的条件。土壤水并非纯净水，而是稀薄的溶液，不仅溶有各种溶质，而且还有胶粒悬浮或分散于其中。土壤水的变化对土壤肥力起着重要的作用。

（一）土壤水分类型

按水的物理状态及水分在土壤中所受作用力的不同，将土壤水基本划分为吸湿水、膜状水、毛管水和重力水 4 种类型。

1. 吸湿水

土粒依据分子引力和静电引力，从土壤空气中吸收的气态水称为吸湿水。吸湿水是最靠近土粒表面的一层水膜（图 2-1）。土壤吸湿水量的大小，主要取决于土粒比表面积和空气相对湿度。土壤质地越细，有机质含量越多，吸湿性水量越大。空气相对湿度愈大，吸湿水量越多。在水汽饱和的空气中，土壤吸湿水可达最大值。此时土壤含水率，称为吸湿系数或最大吸湿量。

2. 膜状水

土粒吸附周围的液态水在土粒周围形成一层膜状的液态水即膜状水。膜状水的内层紧靠吸湿水，吸附力强，随着水膜加厚吸附力逐渐减弱。膜状水能以缓慢的速度向液态转移，只有少部分能被植物吸收利用。通常在膜状水没有完全被消耗之前，植物已呈凋萎状态。当植物产生永久性凋萎时的土壤含水量，称为凋萎系数。它包括全部吸湿水和部分膜状水，是可利用水的下限（图 2-2）。

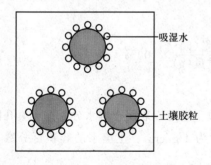

图 2-1　土壤吸湿水

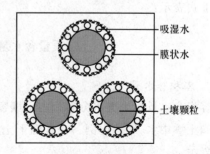

图 2-2　土壤膜状水

3. 毛管水

毛管水是指土壤依靠毛管引力的作用保持在毛管孔隙中的水。毛管水是土壤中最宝贵的水分，也是土壤的主要保水形式（图 2-3）。根据毛管水在土壤中存在的位置不同，可将毛管水分为毛管悬着水和毛管上升水。毛管悬着水是指地下水位较低的土壤,当降水或灌溉后,水分下移,但不能与地下水联系而"悬挂"在土壤上层毛细管中的水分;毛管上升水是指地下水随毛管引力作用而保持在土壤孔隙中的水分。

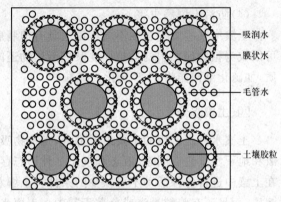

图 2-3　土壤毛管水

毛管悬着水达到最大量时的土壤含水量,称为田间持水量。它代表在良好的水分条件下灌溉后的土壤所能保持的最高含水量,是判断旱地土壤是否需要灌溉和确定灌溉量的重要依据。

4. 重力水

超过田间持水量的水将在重力作用下向下渗透,这一部分不能被土壤保持而在重力作用下用向下流动的水,称为重力水。旱田土壤若在 50 cm 以上深处出现黏土层,在降雨量大时可能出现内涝,引起土壤缺氧、通气不良,产生还原物质,对根系发育不利,同时多余的重力水向下运动时还带走土壤养分,所以对旱作来说,重力水一般是多余的。而在水田中被犁底层或透水性差的土层阻滞的重力水对作物生长是有利的。

土壤重力水达到饱和状态,即土壤全部孔隙都充满水时的土壤含水量叫土壤全持水量(又叫饱和持水量),它是吸湿水、膜状水、毛管水和重力水的总和。土壤全持水量一般用于稻田淹灌和测田间持水量时的灌水定额的计算。

(二)土壤水分的表示方法

土壤水分的表示方法主要有质量含水量、容积含水量、相对含水量等。

1. 质量含水量

质量含水量指土壤中水分质量占烘干土质量的百分数,是常用的土壤含水量表示方法。可用下式表示:

$$土壤质量含水量 = \frac{水分质量(g)}{烘干土质量(g)} \times 100\%$$

2. 容积含水量

容积含水量指土壤水分容积占土壤容积的百分数。它可以表明土壤水分占据土壤孔隙的程度和土壤中水、气的比例。在常温下土壤水的密度为 1 g/cm³。土壤水的容积百分数可用下式表示:

$$土壤容积含水量 = \frac{水的体积}{土壤体积} \times 100\% = 土壤质量含水量 \times 土壤容重$$

3. 相对含水量

相对含水量指土壤含水量占田间持水量的百分数。可用下式表示:

$$土壤相对含水量 = \frac{土壤实际含水量（质量\%）}{土壤田间持水量（质量\%）} \times 100\%$$

适宜植物生长的土壤相对含水量是田间持水量的70%～80%。

(三)土壤水分的运动

自然界的水分进入土壤后并非固定不变，而是处于不停地运动之中。气态水的扩散、凝结和液态水的蒸发、运转、渗吸、渗漏等都直接影响着土壤肥力和作物的生长发育。

1. 土壤水分的蒸发

土壤水分经汽化并以水汽的形态扩散到近地面的大气中的过程，叫作土壤水分蒸发或跑墒。无论是饱和水、毛管水或膜状水都可因蒸发而损失，土壤水分蒸发是非生产性消耗，对于旱田应采取措施，尽量减少水分蒸发。

2. 土壤水分的扩散和凝结

由于土壤含水量一般都在最大吸湿量以上，所以土壤孔隙中的水汽经常处于饱和状态，并在温度、压力等因素影响下发生凝结和扩散。土壤中的水汽总是由水汽压高处向低处移动，推动水汽运动的动力是水汽压梯度，它是由温度和土壤水吸力梯度引起的。水汽由水多向水少的地方扩散，由暖处向冷处移动。

土温常随气温的变化而变化，亦有昼夜和季节的差异。在夏季，我们常看到傍晚已经晒干的表土层，翌日清晨又回潮起来，农民把这种在清晨能够回潮的土壤叫夜潮土。由于昼夜温差大，夜间底土暖于表土，水汽便由下向上移动，遇冷凝结成水所致。夜潮土在干旱地区，一昼夜能增加4～8 mm水分，可明显提高抗旱能力，所以在农业上具有一定的意义。同样，在冬季当土壤表层冻结，下层的水分不断向冻层移动，通过冷凝并结成冻块而聚积起来。当春暖化冻时，上层的水溶解了，而下层被未融化的冰粒所堵塞，解冻水不能下渗，此时表土很湿并出现返浆现象。充分利用返浆水对易发生春旱的北方地区播种保苗有重要意义，进行顶凌耙地，就是为了利用这部分返浆水。

五、土壤空气

土壤空气如同土壤水分和养分一样，也是土壤肥力的重要因素之一。土壤空气的数量和组成直接影响到种子的萌发、根系的发育、微生物的活动以及土壤的理化性质。

(一)土壤空气的组成特点

土壤空气主要来自大气，它占据于土壤的孔隙之中，其组成基本上与大气相似，但是，由于土壤中植物根系和微生物生命活动的影响及其他生物化学作用的结果，使土壤空气和大气在组成和含量上存在一定的差异。

土壤空气中CO_2含量比大气高十几倍甚至几百倍。主要是因为土壤中有机质分解释放出大量的CO_2，根系和微生物的呼吸作用释放出CO_2，土壤中碳酸盐溶解会释放出CO_2；土壤空气O_2含量比大气低，主要是因为根系和微生物的呼吸作用需要消耗O_2，有机质的分解也会消耗掉O_2；土壤空气相对湿度比大气高。除表层干燥土壤外，土壤空气湿度一般都在99%以上，处于水汽饱和状态，而大气只有在多雨季节才接近饱和；土壤空气中含有较多的还原性气体。当土壤通气不良时，土壤含O_2量下降，有机质在微生物作用下进行厌氧分解，产生大量的还原性气体比如 CH_4、H_2 等,而大气中一般还原性气体很少;土壤空气的组成不是固定不变的,比如土壤水分、土壤微生物活性、土壤深度、土壤温度、土壤 pH、栽培措施等都会影响到土壤空气的组成,而大气的组成相对比较稳定。

(二)土壤空气的交换与调节

土壤通气性又称土壤透气性,是指土壤空气与近地层大气进行气体交换以及土体内部允许气体扩散和流动的性能。它使得土壤空气能够不断地更新,从而使得土体内部各部位的气体组成趋于一致。土壤维持适当的通气性,也是保证土壤空气质量、提高土壤肥力、使植物根系正常生长所必需的。

1. 土壤空气交换

土壤空气交换有两种形式:

(1)气体的整体交换

气体整体交换也称土壤气体的整体流动,是指由于土壤空气与大气之间存在总的压力梯度而引起的气体交换,是土体内外部分气体的整体相互流动。土壤空气的整体交换常受温度、气压、刮风、降雨或灌溉水的影响,例如白天土壤温度升高,土壤空气受热后体积膨胀,部分气体被挤压出土体;夜间土壤温度下降,土壤空气冷却后体积缩小,大气整体进入土体。大气压增加时,土壤空气受压缩使体积变小,近地层大气渗入土壤;大气压降低则使土壤空气体积膨胀,部分土壤空气逸出土体。风也可以将大气吹入土壤或把表土空气整体抽出。降雨或灌水时,土壤水分含量增加,使土壤孔隙中的气体整体挤出;反之,当土壤水分减少时,近地层新鲜空气又整体补充入土。可见,土壤空气的整体交换方式为时短暂,而土壤中经常进行的主要气体交换方式是土壤空气扩散。

(2)气体扩散作用(主要方式)

由于土壤空气中的 O_2 的浓度低于大气,而 CO_2 的浓度则高于大气,因而使大气中的氧气进入土壤,CO_2 则由土壤进入大气。这是因为,气体运动的规律总是由浓度大(水压高)处向浓度小(水压低)处运动,浓度差愈大,扩散速度愈快。由于土壤中生物活动的结果,因而土壤空气中 CO_2 的浓度总是高于大气,而 O_2 的浓度总是低于大气,所以土壤中不断地吸收 O_2,放出 CO_2 的扩散作用,永远不会停止。旱地和水田的土壤空气交换的方式有所不同。旱地主要靠气体的扩散,气体从浓度高处向浓度低处扩散。有时,也因温度、气压和土壤水分的变化而使土壤空气与大气进行整体交换,但这种交换是次要的。水田土壤中因大小孔隙都被水占据,空气含量少,扩散作用弱。所以空气的交换主要是大气中 O_2 溶于水后随灌溉水而进入土壤。排水晒田、中耕也可促进水田空气交换与更新。各地经验证明"爽水田"一般均是高产水稻生长的基本条件。土壤孔隙状况,特别是非毛管孔隙的多少,是影响空气交换的主要因素。一般土壤质地较砂、结构较好、有机质含量较高、水分含量较少的土壤都有利于进行空气交换。

2. 土壤空气状况的调节

(1)开沟排水,消除渍害旱地

作物的渍害主要是由地面水、浅层水和地下水造成的。地面水渍涝,多在地势低平的平原湖区,或相对地形较低的部位出现。浅层水危害是由暴雨或长期阴雨或灌水量过大等情况下引起的。地下水危害主要在地下水位高的平原湖区易发生。防治渍害的措施主要是开沟排水。开挖截水沟、撇水沟拦截外来水是预防和消除地面水危害的根本措施。做好田间沟路的开挖和清理,如厢沟、腰沟、围沟、排水沟等,以消除浅层水和地面水危害。消除地下水危害主要通过是开挖深沟大渠、深沟窄厢、埋设地下暗沟、暗管以及垄作等方式来达到降低地下水位,排除渍涝。各种作物对地下水位的限度要求,如表2-5。

表2-5 各种旱作物对地下水位的限度要求

作物	地下水位/m	作物	地下水位/m
棉花	1.0～1.4	小麦	0.5～0.6
大豆	0.5～0.6	油菜	0.8～1.0
大麦	0.6～0.7		

因此必须根据不同作物的要求,将地下水位降到最高限度以下,以消除地下水危害。此外,改善土壤本身的条件,如掺砂改黏,增施有机肥,增加土壤大孔隙,加深耕层,破除隔离层等都有助于通气排水,增强土壤抗渍能力。

(2)改善环境条件,合理灌溉排水

稻田由于长期淹水,水层中溶解的氧气已被水稻根的呼吸和有机质的氧化、分解而大量消耗,氧气得不到及时更新。因此,稻田的通气性差,Eh 值低。所以,稻田灌水宜浅水勤灌,这有利于稻田土壤的气体交换和 O_2 的补给,减少还原性有毒物质危害。排水晒田能显著改变稻田土壤的氧化还原状态。排水前,整个耕作层除表面数毫米至 1 cm 土层以外,都处于还原状态,晒田后,耕层含水量降低,空气透入,Eh 值升高,还原性有毒物质因氧化而消除;同时晒田还可以促进好气性细菌的活动和有机质矿质化,使土壤有效养分增加;此外,晒田还对土壤的整个理化性状和田间小气候状况都产生良好的影响。

(3)合理施用有机肥

有机质,特别是新鲜易分解的有机质,是土壤中的强还原剂。微生物分解有机质时大量消耗 O_2 而降低 Eh 值。因此,在渍水情况下,大量施用绿肥后,经常出现 Eh 值迅速下降的情况,特别是在高温条件下,因微生物的旺盛活动使土壤中氧气含量急剧下降,而 CO_2、CH_4 等气体则大量产生,从而产生各种有毒物质而影响植物正常生长。因此,绿肥压青或施用其他新鲜易分解的有机肥时,应注意施肥量或配合其他难分解的粗有机质,以免分解过快而引起氧化还原电位值急速下降。同时,农户可利用排水晒田,提高氧化程度;也可采取施用石灰、石膏等措施,促使浮泥沉实,改善土壤物理性状,加速排除有毒物质,促进秧苗扎根生长。

(三)土壤空气对土壤肥力和作物生长的影响

土壤空气对土壤肥力和作物生长的影响,主要有以下几个方面。

1. 影响种子的发芽

土壤空气中 O_2 的浓度提高可促进种子发芽,CO_2 浓度过高可抑制种子发芽。一般讲种子正常萌发要求 O_2 的浓度在 10% 以上,如果土壤空气含氧气量低于 5%,萌发就要受到抑制。种子萌发是一个非常活跃的生长过程,旺盛的物质代谢和活跃的物质运输,需要旺盛的有氧呼吸作用提供能量。因此,氧气浓度的高低对种子萌发是极为重要的。在生产中,播种过深,土壤渍水,雨后土壤板结等原因都会使种子接触不到充分的氧气,影响种子的发芽率。

2. 影响植物根系生长与吸收功能

土壤通气良好时,植物根系长,颜色浅,根毛多;通气不良时,根系则短而粗,根毛大量减少。据研究,当土壤空气中的氧气浓度降到10%以下时,番茄的生育显著变劣,根系发育受到影响,小于5%则绝大部分作物的根系停止发育,10%～20%氧气浓度对黄瓜、茄子、番茄生育的影响没有明显差异。土壤通气良好,根系吸收矿质营养就多,见表2-6。

表 2-6　土壤空气中氧浓度对营养元素吸收的影响

试验区氧浓度	元素	2%	5%	10%	20%
番茄 (单株吸收量,mg)	N	280.1	526.5	550.2	524.9
	P	31.3	64.1	85.0	88.3
	K	252.3	561.9	686.2	674.6
黄瓜 (单株吸收量,mg)	N	317.4	445.8	555.3	720.1
	P	35.2	70.7	90.1	102.1
	K	253.4	472.5	660.6	762.8
茄子 (单株吸收量,mg)	N	297.2	459.0	623.3	618.4
	P	27.9	45.9	58.0	58.0
	K	296.5	554.2	691.7	697.1

3. 影响微生物活性与有毒物质的产生

土壤中空气的含量对微生物活动有显著影响。氧气充足时,好氧微生物活动旺盛,有机质分解速度快,土壤速效养分的含量高;当氧气不足时,土壤中厌氧微生物活动旺盛,有利于有机质的腐殖化,增加土壤腐殖质含量,但易产生大量的还原性气体和低价的铁、锰离子等还原性物质,从而使作物受到抑制或被毒害。此外,在不良通气条件下,因 O_2 不足,CO_2 过多,土壤酸度增加,适于致病的霉菌生长,作物易感染病害。

4. 影响土壤的氧化-还原状况

土壤通气良好时呈氧化状态,通气不良时则为还原状态。可用氧化还原电位表示,氧化还原电位的高低反映土壤氧化还原水平和土壤中物质转化与存在的状态。如果土壤通气过强,氧化还原电位达 700 mV 以上,而其他条件又适宜时,则有机质分解迅速,还有可能造成速效养分的损失。若是土壤通气不良,氧化还原电位在 -100 mV 以下,则还原过程旺盛,土中会出现大量 Fe^{2+}、Mn^{2+} 和其他还原性物质,其浓度过高时都会对植物产生毒害。

据测定,土中 Fe^{2+} 的含量随土壤还原性加强、氧化还原电位值降低而增加。水稻在土壤含 Fe^{2+} 达 50 mg/100 g 干土时,其生长就受到阻碍;Fe^{2+} 含量达 100 mg/100 g 干土时,水稻甚至会死亡。

项目二　土壤的基本性质

一、土壤孔隙性

土壤孔隙性是土壤的一项重要的物理性质,对土壤肥力有多方面的影响。土壤的孔隙性反映了土壤的孔度大小、孔隙的分配及其在各土层中的分布情况等方面。土壤中孔性隙如何,决定于土壤质地、有机质等多方面因素,调节土壤孔性,使其有利于土壤肥力的发挥和作物的生长发育,是土壤耕作管理的重要任务之一。

(一)土粒密度和土壤容重

1. 土壤密度

单位容积的固体土粒(不包括粒间孔隙)的烘干土质量,叫作土粒密度或土壤密度,单位是 g/cm^3。密度大小,主要取决于土壤矿物质颗粒组成和腐殖质含量的多少,特别是腐殖质含量的多少。一般土壤的密度在 $2.60 \sim 2.70 \ g/cm^3$ 范围内,通常取其平均值 $2.65 \ g/cm^3$,一般土壤有机质的密度为 $1.25 \sim 1.40 \ g/cm^3$,故土壤中有机质含量愈高,土粒密度愈小;又因有机质一般都富集在表层,愈深入下层它的含量愈少,所以土壤的密度,在一定范围内,往往随土层深度的增加而增加。

2. 土壤容重

土壤容重是指在田间自然状态下,单位体积土壤(包括粒间孔隙)的烘干土壤质量。单位也是 g/cm^3。土壤容重的数值大小随孔隙而变化,不是常数,大体在 $1.00 \sim 1.80 \ g/cm^3$ 之间,它与土壤内部性状,如结构、腐殖质含量及土壤松紧状况有关。如质地不同,土壤容重的数值大小也不同。

土壤容重是一个十分重要的基本数据。它不但可用于计算土壤孔度,还有多种的用途,在土壤调查、土壤分析和施肥以及农田基建、水利设计中均需要用到它。

(1)根据容重判断土壤的松紧状况

在土壤质地相似的条件下,容重的大小可以反映土壤的松紧度。而土壤的稳定容重值或稳定松紧度(在土壤耕作后经过一段时期沉实而趋向稳定的容重数值),可以反映耕地土壤的熟化程度和结构性。容重小,表明土壤疏松多孔,结构性良好;反之,容重大则表明土壤紧实板硬而缺少团粒结构。不过,由于黏土干裂或动物洞穴、植物根孔的存在,也会使容重降低。各种作物对土壤松紧度有一定的要求,过松或过紧均不相宜。土壤过紧,妨碍植物根系伸展,在土壤容重达到一定数值时,可以造成植物完全不能扎根。土壤过松则漏风跑墒,也不利于作物的生长发育。这时适当进行镇压,可以减少土壤水分损失,保持土温的稳定。

适宜于作物生长发育的土壤松紧度,因气候条件、土壤类型、质地和作物种类而异。一般来说,旱作物的耕层土壤容重在 $1.1 \sim 1.3 \ g/cm^3$ 的范围内,能适应多种作物生长发育的要求。

(2)计算土壤重量

每 hm^2 的耕层土壤有多少重量,可根据土壤的平均容重来计算;同样,要在一定面积土地上挖土或填土,需要挖去或填上多少土壤,也可根据容重来计算。

例如,$1 \ hm^2$(即 $6.67 \times 15 \times 10^6 \ cm^2$)土地的耕层厚度为 $20 \ cm$,容重为 $1.15 \ g/cm^3$,则它的总重量为:

$$6.67 \times 15 \times 10^6 \times 20 \times 1.15 \approx 2.3 \times 10^9 (g) = 2.3 \times 10^6 (kg)$$

(3)计算土壤中一定土层内各种组分的数量

根据土壤容重的数据,我们可以计算单位面积土地的土壤含水量、有机质含量、养分含量和盐分含量等。以上数据可作为灌溉排水、养分和盐分平衡计算以及施肥设计的依据。这是把土壤分析得到的某一成分的数据(占土重的%或 PPM 数)换算成为一定面积内土壤中的重量。

例如,上例中的土壤耕层,现有土壤含水量为 5%,要求灌水后达到 25%,则每公顷的灌水量定额应为:

$$2.3\times10^6\ kg\times(25\%-5\%)=4.6\times10^5\ kg$$

根据土壤容重的数值,我们可以把土壤分析的数据(以土壤重量为基础)换算成以土壤容积为基础的,反之亦可。

(4)计算土壤孔隙度

土壤孔度是土壤孔隙的数量标度,是指单位体积自然状态的土壤中所有孔隙容积占土壤总容积的百分数。

$$土壤孔度(\%)=\frac{密度-容重}{密度}\times100\%=\left(1-\frac{容重}{密度}\right)\times100\%$$

此公式的推导过程如下:

$$土壤孔度(\%)=\frac{孔隙体积}{土壤体积}\times100\%=\frac{土壤体积-土粒体积}{土壤体积}\times100\%$$

$$=\left(1-\frac{土粒体积}{土壤体积}\right)\times100\%=1-\left(\frac{土粒质量/土粒密度}{土质量/土壤容重}\right)\times100\%$$

$$=\left(1-\frac{土壤容重}{土粒密度}\right)\times100\%$$

土壤孔隙度的变幅一般在 30%~60% 之间,适宜的孔隙度为 50%~60%。

(二)土壤孔隙类型及其性质

大体上把土壤孔隙分为 3 级:非活性孔隙、毛管孔隙和通气孔隙。

1. 非活性孔隙

这是土壤孔隙中最微细的孔隙,孔径约为 0.002 mm 以下。在这样细小的孔隙中,几乎充满着土粒吸附水(束缚水),留给毛管水和空气的空间极少或无,水分移动极慢而极难被植物利用,通气性也很差。所以,把这种土壤孔隙叫作非活性孔隙或无效孔隙。

2. 毛管孔隙

这是指土壤中毛管水所占据的孔隙。这种孔隙具有毛管作用,而且孔隙中的水的毛管传导率大,易于被植物吸收利用。

实验表明,在直径小于 8 mm 的玻管中,就可显现微弱的毛管作用。在土壤中,当量孔径<0.06 mm 的孔隙中,毛管现象已相当明显。在土壤当量孔径为 0.02~0.002 mm 的孔隙中,毛管水活动强烈,这部分孔隙就叫作土壤毛管孔隙。植物细根、原生动物和真菌等已难进入毛管孔隙中,但植物根毛和一些细菌可在其中活动。

3. 通气孔隙

这种孔隙比较粗大,其当量孔径大于 0.02(或作 0.06)mm,这种孔隙中的水分,可在重力作用下排出,因而成为通气的过道,所以叫作通气孔隙或非毛管孔隙。在下雨或灌溉时,通气孔隙发达的土壤可以大量吸收雨水或灌溉水,使之不易造成地表径流或上层滞水。

(三)孔隙在土体中的分布

土壤的通气性、保水性、透水性以及植物根系的伸展,不仅受大小孔隙搭配的影响,而且也与孔隙在土体中的垂直分布即孔隙的层次性有密切关系。譬如,犁底层的土壤处于黏闭状态,无效孔隙较多而通气孔隙甚少,影响通气和透水,妨碍根系的下扎。剖面下部有厚砂层的土壤,由于该层通气孔隙偏多,在一定的条件下,容易造成漏水漏肥。华北平原的"蒙金土",指上层土壤质地稍轻,具有适当数量通气孔隙,利于透水通气,下层质地较黏,毛管孔隙占优势,利于保水保肥,是比较理想的土体孔隙分布类型。

(四)土壤松紧和孔隙状况与土壤肥力、作物生长的关系

1. 土壤松紧和孔隙状况与土壤肥力

土壤孔隙的大小和数量影响着土壤的松紧状况,而土壤松紧状况的变化又反过来影响土壤孔隙的大小和数量,二者密切相关。土壤紧实时,总孔隙度小,其中小孔隙多,大孔隙少,土壤容重增加;土壤疏松时,土壤孔隙度增大,容重则下降。

土壤的松紧孔隙状况,密切影响着土壤保水透水能力,土壤疏松时保水与透水能力强,而紧实的土壤蓄水少,渗水慢,在多雨季节易产生地面积水与地表径流;但在干旱季节,由于土壤疏松则易透风跑墒,不利水分保蓄,故群众多采用耙、耱与镇压等办法使土壤紧实,以保蓄土壤水分。松紧和孔隙状况由于影响水、气含量,也就影响养分的有效化和保肥供肥性能,还影响土壤的增温与稳温,因此土壤松紧孔隙状况对土壤肥力的影响是巨大的。

2. 土壤松紧和孔隙状况与作物生长

各种植物对土壤松紧和孔隙状况的要求是不相同的,因为各种作物、蔬菜、果树等的生物学特性不同,根系的穿透能力不同,如小麦为须根系,其穿透能力较强,当土壤孔隙度为38.7%,容重为 1.63 g/cm³ 时,根系才不易透过。蔬菜中的黄瓜,其根系穿透能力较弱,当土壤容重为 1.45 g/cm³,孔隙度为 45.5% 时,即不易透过。山西运城地区群众的植棉经验是:当0～5 cm 土壤表层,容重为 1.2～1.3 g/cm³ 时,就嫌紧实,超过 1.3 g/cm³ 时就会造成缺苗,一般以 1～1.2 g/cm³ 时为宜。甘薯、马铃薯等作物,在紧实的土壤中根系不易下扎,块根、块茎不易膨大,故在紧实的黏土地上,产量低而品质差。在果树中,李树对紧实的土壤有较强的忍耐力,故在土壤容重为 1.55～1.65 g/cm³ 的坡地土壤能正常生长;而苹果与梨树则要求比较疏松的土壤。另外,同一种作物,在不同的地区,由于自然条件的悬殊,故对土壤的松紧和孔隙状况要求是不同的,据研究小麦在东北嫩江地区,最合适的土壤容重为 1.3 g/cm³。中国科学院土壤调查队土壤物理组在河南长葛与北京郊区研究,认为土壤容重为 1.14～1.26 g/cm³,总孔隙度为 52%～56%,大孔隙在 10% 以上,毛管孔隙 43%～45% 时最适于小麦生长,产量最高,当孔隙度小于 50% 时小麦产量即显著降低。

过于紧实的黏重土壤,种子发芽与幼苗出土均较困难,出苗一般较疏松土壤迟 1～2 d,特别是播种后遇雨,幼苗出土更为困难,易造成缺苗断垄,因此紧密黏重土壤播种量要适当加大。耕层"坷垃"较多,土壤孔隙过大的土壤,植物根系往往不能与土壤密接,吸收水肥均感困难,作物幼苗往往因下层土壤沉陷将根拉断出现"吊死"现象。有时由于土质过松,植物扎根不稳,容易倒伏,因此在干旱季节,在过松与孔隙过大的土壤上播种,往往采取深播浅盖镇压措施,保墒、提墒,以利作物苗齐苗壮。根据山西农业大学的测定,认为土壤容重在 1.1～1.2 g/cm³ 较适宜于作物种子萌发出苗和根系生长;同时指出不同墒情对土壤松紧和孔隙状况要求不同,墒情差时要求土壤紧实些,墒情好时,要求土壤疏松些,较有利于幼苗出土。不同作物,对土壤松紧孔隙状况要求也不同,通常玉米要求松些,而谷子则要求土壤紧些,所以,土壤松紧孔隙状况

与作物生长是密切相关的。

二、土壤结构性

自然界中土壤固体颗粒完全呈单粒状况存在是很少见的。而是在内外因素的综合作用下，土粒相互团聚成大小、形状和性质不同的土团、土块、土片等团聚体，这些团聚体称为土壤结构，或叫土壤结构体。土壤结构是成土过程的产物，故不同的土壤及其发生层都具有一定的土壤结构。而土壤结构性是指土壤中单粒和复粒（包括结构体）的数量、大小、形状、性质及其相互排列和相应的孔隙状况等的综合特性。它是一项重要的土壤物理性质，土壤结构性的好坏，往往反映在土壤孔性（孔隙的数量和质量）方面，结构性也是孔性好坏的基础之一。

（一）土壤结构体的类型和特点

根据土壤结构体的大小、形状和发育程度可分为：

1. 块状结构

块状结构体属立方体型，纵轴与横轴大体相等，边、面一般不明显，但也不呈球形，内部较紧实。按照其大小，又分为大块状（轴长 3 cm 以上，北方农民称为"坷垃"）、块状和碎块状（5～0.5 mm）。此类结构体多出现在有机质缺乏而耕性不良的黏质土壤中，一般表土中多大块和块状结构体，心土和底土中多块状和碎块状结构体。块状结构的内部，孔隙小，土壤紧实而不透气，微生物活动微弱，植物根系也不易穿插进去。块状结构还影响播种质量，使地面高低不平，播种深浅不一，有的露籽，有的种子压在土块下面难以出苗。经过耙地及中耕后，一部分块状结构可变成较小的碎块状结构，碎块状结构的性状比块状结构为好，对农作物的生长较有利。

2. 核状结构

结构体长、宽、高三轴大体近似，边、面棱角明显，较块状小，大的直径为 10～20 mm 或稍大，小的直径为 5～10 mm，群众多称之为"蒜瓣土"。核状结构一般多以石灰与铁质作为胶结剂，在结构面上往往有胶膜出现，故常具水稳性，在黏重而缺乏有机质的底土层中较多。

3. 柱状和棱柱状结构

纵轴远大于横轴，在土体中直立，棱角不明显的叫作柱状结构体，棱角明显的叫棱柱状结构体。柱状结构体常出现于半干旱地带的心土和底土中，以碱土和碱化层中的最为典型。它的内部比较紧实，结构体内孔隙少，但结构体之间有明显裂隙。棱柱状结构体常见于黏重而有干湿交替的心土和底土中（如水稻土的潴育层中）。干湿交替较少的，棱柱体较大，干湿交替愈频繁则棱柱状愈小。这是由于多次湿胀干裂，在土体黏结较为薄弱的面上发生裂隙而成。当渗滤水沿着结构体之间的裂隙下渗时，所携带的胶体物质可沉积在其面上，干后形成胶膜包被结构体，使之更加稳固。这种结构体内部也相当紧实。

4. 片状结构

横轴远大于纵轴，呈扁平薄片状，常出现于森林土壤的灰化层和老耕地的犁底层中。此外，在雨后或灌水后所形成的地表结壳和板结层，也属片状结构体，它们都比较紧实。这种结构体不利于通气透水，会阻碍种子发芽和幼苗出土，还加大土壤水分蒸发。因此，生产上要进行雨后中耕松土，以破除地表结壳。

5. 团粒结构

团粒结构包括团粒和微团粒。团粒指的是近似球形,疏松多孔小团聚体,直径为 0.25～10 mm。粒径在 0.25 mm 以下的则称为微团粒。农业生产上最为理想的团粒结构粒径为 2～3 mm。根据团粒结构经水浸泡后的稳定程度分为水稳性团粒结构和非水稳性团粒结构(粒状结构)。我国东北地区的黑土含大量优质的水稳性团粒结构,粒径大于 0.25 mm 的水稳性团粒结构可高达 80％以上。而我国绝大多数的旱地土壤耕作层多为非水稳性的团粒结构。

(二)土壤结构性的改善和恢复

团粒结构是旱田土壤最理想的结构,但无论团粒怎样稳定,在自然因素和农业措施的作用下,不可避免地要遭受破坏,不能经久维持。为此,必须经常采取措施使这些破坏作用减至最小,并促进新的团粒形成。另外,表土或表土下经常出现的坷垃(大土块),板结层的片状结构和碱土的柱状结构等也需要设法改良之。因此,如何采取有效而全面的措施来恢复和创造团粒结构,是提高土壤肥力的一个重要问题,一般的途径有:

1. 精耕细作,增施有机肥料

精耕细作,增施有机肥料是我国目前绝大多数地区创造良好结构的主要方法。通过晒垡、冻垡以及在适耕期内进行深耕、耙、耱等耕作措施,使土壤散碎良好,促进团粒结构的形成。通过耕作形成的团粒,大多为非水稳性的。如果注意及时耕作和精耕细作,使这种非水稳性团粒在破坏后能及时恢复,也能使土壤在作物生长期间保持较好的孔性。我国大部分旱田土壤由于缺乏有机物质,主要就是通过非水稳性团粒的不断恢复来保持土壤良好的孔性。

2. 合理灌溉

大水漫灌或畦灌都易引起团粒破坏,使土壤板结龟裂。在这种情况下,团粒内会闭蓄较多的空气,当这些闭蓄空气在水压的作用下发生"爆破"时,团粒易于散碎,散碎后的细土粒具有较强的黏结性和胀缩性,在淹水后再干燥便会产生板结、龟裂现象。

细流沟灌可以通过毛管作用逐渐地驱逐垄上团粒内的空气,可以较少发生闭蓄空气的爆破。地下灌溉对于团粒结构的破坏作用最小。进行喷灌,也要注意控制水滴大小和喷水强度,尽量减轻对团粒结构的破坏。在尚无地下灌溉和喷灌条件的地区,对于密植作物只能采用畦灌,宜改大畦为小畦,以减轻破坏作用,并尽量在灌后及时松土。

3. 扩种绿肥或牧草,实行合理轮作

作物本身的根系活动和相应的耕作管理制度,对土壤结构性可以起很好的影响。一般来说,不论禾本科或豆科作物,一年生作物或多年生牧草,只要生长健壮,根系发达,都能促进土壤团粒形成,只是它们的具体作用仍有很大区别。绿肥对于改良结构,提高肥力也有积极的作用,水稻和冬季绿肥轮作与稻麦轮作相比在土壤有机质和水稳性团粒的数量上均明显增多。

4. 石灰、石膏等的施用

酸性土施用石灰,钠离子饱和度高的碱土施用石膏,均有改良土壤结构性的效果。此外,在黄土高原地区,不少地方有施用绿矾(成分为 $FeSO_4 \cdot 7H_2O$)的习惯,施用过绿矾的土壤,一般都发虚变松,这可能与铁离子对结构性质的改善有关,但还不能定论。因为 Ca^{2+} 与 H^+ 的凝聚能力相差不大,所以 Ca^{2+} 改良酸性土的结构性,可能是间接地起作用,即它影响土壤有机质的分解和腐殖化。

5. 土壤结构改良剂的应用

土壤结构改良剂是根据团粒结构形成的原理,利用植物残体、泥炭、褐煤等为原料,从中抽取腐殖酸、纤维素、木质素等物质,作为团聚土粒的胶结剂;或是模拟天然团粒胶结剂的分子结构和性质所合成的高分子聚合物,如聚乙烯醇、聚丙烯酰胺及其衍生物等。前一类制剂称为天然土壤结构改良剂,后一类则称为合成土壤结构改良剂。由于结构改良剂还可用于固沙和防止水土流失,故也称为土壤稳定剂。

结构改良剂的优点:使用浓度低(一般为 0.01%～0.1%)。形成结构的速度快,能提高土壤贮水率和渗透率,减少土壤蒸发,改善土壤物理性,且效果可维持 2～3 年之久。对改良盐碱土理化性状以及防止水土流失,均有很大作用。但是这些改良剂不能代替有机、无机肥料。使用方法有干施和液施两种,施后需要耕耙土壤,使其与土壤充分混匀。

三、土壤物理机械性与耕性

(一)物理机械性

土壤物理机械性是多项土壤动力学性质的统称,包括土壤的黏结性、黏着性、可塑性、胀缩性以及其他受外力作用后(农机具的切割、穿透和压板作用等)而发生形变的性质。在农业生产中主要影响土壤耕性。

1. 土壤黏结性

土壤黏结性是指土粒与土粒之间相互黏结在一起的性能。土壤的黏结性越强,耕作阻力越大,耕作质量越差。土壤质地、土壤水分、土壤有机质等是影响土壤黏结性的主要因素。质地越黏重,土壤的黏结性就越强;反之,则相反。土壤有机质可以提高砂质土壤的黏结性,降低黏质土壤的黏结性。

2. 土壤黏着性

土壤的黏着性是指土粒黏附于外物上的性能,是土粒-水膜-外物之间相互吸附而产生的。土壤黏着性越强,则土壤易于附着于农具上,耕作阻力越大,耕作质量越差。土壤黏着性与土壤黏结性的影响因素相似,也是土壤质地、土壤水分、土壤有机质等因素。质地越黏重,土壤的黏着性就越强;反之,则相反。干燥的土壤无黏着性,当土壤含水量达到一定程度时,土粒表面有了一定厚度的水膜,就具有了黏附外物的能力,随着含水量的增加黏着性增强,达到最高时后又逐渐降低,可见土壤含水量过高或过低都会降低黏着性。土壤有机质可降低黏质土壤的黏着性。

3. 土壤可塑性

土壤可塑性是指一定含水量范围内可以被塑造成任意形状,并且在干燥或者外力解除后仍能保持所获得形状的能力。干燥的土壤不具有可塑性。土壤出现塑性时的含水量为下塑限或塑限,塑性消失时的含水量为上塑限或流限,二者之差为塑性指数。土壤塑性受土壤质地、有机质含量、交换性阳离子组成、含盐量等影响。可塑性强的土壤耕作性往往不好。

4. 土壤胀缩性

土壤吸水体积膨胀,失水体积变小,冻结体积增大,解冻后体积收缩的这种现象,称为土壤的胀缩性。影响胀缩性的主要因素是土壤质地、黏土矿物类型、土壤有机质含量、土壤胶体上代换性阳离子种类以及土壤结构等。一般具有胀缩性的土壤均是黏重而贫瘠的土壤。

（二）土壤耕性

土壤耕性是一系列土壤物理性质和物理机械性的综合反映,如土壤黏结性、黏着性、可塑性、胀缩性、结构性、孔隙松紧状况等。耕性的好坏,密切影响耕作质量及土壤肥力。

1. 衡量耕性好坏的标准

土壤耕性,是土壤在耕作时反映出来的特性,它是土壤的物理性与物理机械性的综合表现,我国农民在长期的生产实践中,认为土壤耕性的好坏,应当根据以下 3 个方面:

（1）耕作难易

农民群众把耕作难易作为判断土壤耕性好坏的首要条件,凡是耕作时省工省劲易耕的土壤,群众称之为"土轻""口松""绵软"。而耕作时费工费劲难耕的土壤,群众称之为"土重""口紧""僵硬"等。通常黏质土,有机质含量少及结构不良的土壤耕作较难,土壤的耕作难易不同,直接影响着耕作效率的高低。

（2）耕作质量好坏

土壤经耕作后所表现出来的耕作质量是不同的,凡是耕后土垡松散,容易耙碎,不成坷垃,土壤松紧孔隙状况适中,有利于种子发芽出土及幼苗生长的,谓之耕作质量好,相反即称为耕作质量差,同样是衡量土壤耕性好坏的标准。

（3）适耕期长短

耕性良好的土壤,适宜耕作时间长,表现为"干好耕、湿好耕、不干不湿更好耕"。而耕性不良的土壤则适耕期短,一般只有一两天,错过适耕期不仅耕作困难,费工费劲,而且耕作质量差,表现为"早上软、晌午硬、到了下午锄不动",群众称为"时晨土"。适耕期长短与土壤质地及土壤含水量密切相关,壤质、砂壤质及砂质土壤适耕期长,而黏质土壤适耕期短。适耕期长短与土壤质地及土壤含水量密切相关（表 2-7）。

表 2-7　土壤湿度与耕性关系

土壤湿度	干燥	湿润	潮湿	泞湿	多水	极多水
土壤状态	坚硬	酥软	可塑	黏韧	浓泥浆	薄浆
主要性状	具有固体的性质,不能捏合成团,强黏结性	松散无可塑性,黏结性低,不成块	有可塑性,但无黏着性	有可塑性和黏着性	成浓泥浆,可受重力影响而流动	成悬浮体,如液体一样易流动
耕作阻力	大	小	大	大	大	小
耕作质量	成硬土块	成小土块	成大土块	成大土块	成浮泥状	成泥浆
宜耕性	不宜	宜	不宜	不宜	不宜	宜稻田耕耙

2. 改良土壤耕性

影响土壤耕性的因素最主要的是土壤质地、土壤水分与土壤有机质含量。土壤质地决定着土壤比表面积的大小,水分决定着土壤一系列物理机械性的强弱,土壤有机质除影响土壤的比表面积外,其本身疏松多孔,又影响土壤物理机械性的变化,所以土壤耕性改良,应当从以下 5 个方面进行:

（1）增施有机肥料

有机肥料能够提高土壤有机质含量，有机质使土壤疏松多孔，并能和矿物质土粒结合，形成有机无机复合胶体，从而形成良好的土壤团粒结构，减小土粒的接触面积，降低黏质土的黏结性、黏着性与可塑性，而对砂质土则略有增加，因此增施有机肥料，对砂、黏、壤土的耕性均有改善。

（2）掌握耕作时土壤适宜含水量

我国农民在长期的生产实践中总结出许多确定适耕期的简易方法，如北方旱地土壤宜耕的状态是：一是眼看，雨后和灌溉后，地表呈"喜鹊斑"，即外白里湿，黑白相间，出现"鸡爪裂纹"，半干湿状态是土壤的宜耕状态。二是犁试，用犁试耕后，土垡能抛撒而不黏附农具，即为宜耕状态。三是手感，扒开二指表土，取一把土能握紧成团，在 1 m 高处松手，落地后散碎成小土块的，表示土壤处于宜耕状态，应及时耕作。

（3）改良土壤质地

黏土掺砂，可减弱黏重土壤的黏结性、黏着性、可塑性；砂土掺黏，可增加土壤的黏结性，并减弱土壤的板结性。

（4）创造良好的土壤结构性

良好的土壤结构，如团粒结构，其土壤的黏结性、黏着性、可塑性减弱，松紧适度，通气透水，耕性良好。

（5）少耕和免耕

少耕是指对耕翻次数或强度比常规耕翻次数减少的土壤耕作方式，免耕是指基本上不对土壤进行耕翻，而直接播种作物的土壤利用方式。

四、土壤的酸碱性与缓冲性

土壤酸碱性是指土壤溶液的反应，即溶液中 H^+ 浓度和 OH^- 浓度比例不同而表现出来的酸碱性质。通常说的土壤 pH，就代表土壤溶液的酸碱度。如土壤溶液中 H^+ 浓度大于 OH^- 浓度，土壤呈酸性；如 OH^- 浓度大于 H^+ 浓度，土壤呈碱性；两者相等时，则呈中性。但是，土壤溶液中游离的 H^+ 和 OH^- 的浓度又和土壤胶体吸附的 H^+、Al^{3+}、和 Na^+、Ca^{2+} 等离子保持着动态平衡关系，所以，我们不能孤立地研究土壤溶液的酸碱反应，而必须联系土壤胶体和离子交换吸收作用，才能全面地说明土壤的酸碱情况和其发生、变化的规律。

土壤酸碱性是土壤形成过程和熟化过程的良好指标，它对土壤肥力有多方面的影响，而高等植物和土壤微生物对土壤酸碱度也有一定的要求。

反映土壤酸碱性状况的指标是 pH，若 pH＞7，一般称之为碱性，其值越大，碱性越强；pH＜7，则为酸性，该值越小，酸性越强。土壤酸碱度的等级通常分为：

pH＜4.5 强酸性　　　　　　pH 6.5～7.5 中性

pH 4.5～5.5 酸性　　　　　　pH 7.5～8.5 微碱性

pH 5.5～6.5 微酸性　　　　　pH 8.5～9.5 碱性

pH＞9.5 强碱性

(一)土壤酸性

1. 土壤酸性产生原因

土壤酸性的产生,概括起来有以下途径:

(1)生命活动

植物根系的活动以及土内有机质的分解产生有机酸和大量的二氧化碳,还有某些微生物,如硝化细菌产生的硝酸,硫细菌产生的硫酸等,这些都是土壤溶液中 H^+ 的来源。其中大量存在的碳酸起到重要作用。

由生命活动所产生的酸,并不能使所有土壤呈现酸性,只有在降水多的情况下,土体受淋溶强烈,钙、镁、钾、钠等盐基离子被淋到土体外,不能中和由生命活动所产生的酸时,土壤才呈酸性。所以湿润气候带的土壤,普遍呈现酸性反应(在基性母质上形成的土壤例外)。干旱或半干旱地区的土壤其情况则完全相反,由于降水有限,不能将所有的盐基淋出土体,因为土壤中有相当数量的盐基可以中和由生命活动所产生的这些酸,致使土壤多呈现微碱性。

(2)土壤溶液中活性铝的作用

土壤中活性铝的产生,乃是由于胶粒上吸附 H^+ 达到一定数量后,黏粒矿物的晶格遭到破坏,致使黏粒矿物中的铝被溶解出来。溶液中出现的活性铝,按下面反应产生出 H^+。

$$Al^{3+} + H_2O = Al(OH)^{2+} + H^+$$
$$Al(OH)^{2+} + H_2O = Al(OH)_2^+ + H^+$$
$$Al(OH)_2^+ + H_2O = Al(OH)_3 + H^+$$

(3)吸附态 H^+ 和 Al^{3+} 的作用

胶粒上吸附的 H^+ 和 Al^{3+} 可被其他阳离子代换到溶液中,而使土壤变成酸性。其反应如下:

$$\boxed{胶粒} - x\,H + Ca^{2+} \rightleftharpoons \boxed{胶粒} {{=Ca} \atop {-(x-2)H}} + 2H^+$$

$$\boxed{胶粒} - x\,Al + 3Ca^{2+} \rightleftharpoons \boxed{胶粒} {{=3Ca} \atop {-(x-2)Al}} + 2H^+$$

$$Al^{3+} + H_2O = Al(OH)_3 + 3H^+$$

土壤溶液中的 H^+、Al^{3+} 和吸附态 H^+、Al^{3+} 在土壤中是成平衡状态的,它们可以使土壤产生酸性反应。

对于耕作土壤,施肥也能给土壤补充酸性物质。一是肥料本身含有酸性物质,如过磷酸钙肥料含有一定量的硫酸;二是肥料施入土壤后,由于作物根系的选择性吸收或土壤微生物的转化而产生的酸性物质。如硫酸铵施入土壤后,作物对铵离子的吸收远大于对硫酸根离子的吸收,使得后者残留在土壤中。再如,施用一些 C/N 较小的新鲜有机肥,微生物转化分解时产生一些小分子的有机酸等。

2. 土壤酸度的种类

根据土壤酸性物质存在的部位和反应的活性不同,可分为以下几种:

（1）活性酸

存在于土壤溶液中的 H^+ 所反映出来的土壤酸度，通常用 pH 表示，活性酸度对土壤的理化性质、作物生长和微生物的活动有直接影响，它是土壤酸度的强度指标。我国土壤反应大多数 pH 在 4～9 之间，在地理分布上有"东南酸而西北碱"的规律性，即由北向南，pH 逐渐减小。大致可以长江为界（北纬 33℃），长江以南的土壤多为酸性或强酸性。

（2）潜性酸

潜性酸是指吸附在土壤胶体颗粒表面的酸性物质如（H^+ 和 Al^{3+}）所产生的酸度。这些致酸离子只有被交换到土壤溶液中，形成溶液中的 H^+ 时，才能显示出酸性的强弱，故称潜性酸。通常用[cmol（＋）/kg]表示。它是土壤酸度的容量指标。

潜性酸和活性酸是同属一个平衡系统中的两种存在状态，它们同时存在，并可以相互转化，处在动态平衡之中。因此，有活性酸的土壤，必然会导致潜性酸的生成；反之，有潜性酸存在的土壤，也必然会产生活性酸。然而土壤酸度的产生，必先起始于土壤溶液中活性氢离子的存在，也就是说土壤活性酸是土壤酸度的根本起点。只有当土壤溶液中有了氢离子，它才能和土壤胶体上的盐基离子相交换，而被交换出来的盐基离子，不断地被雨水所淋失，结果使土壤胶体上的盐基离子不断减少，与此同时，胶体上的交换性氢离子也不断增加，并随之而出现交换性铝，这就造成了土壤潜性酸的增高。

根据测定潜性酸度时所用浸提液的不同，将潜性酸度又分为交换性酸度和水解性酸度。用过量的中性盐溶液浸提土壤时，土壤胶粒表面吸附的氢离子、铝离子被交换出来，这些离子进入土壤溶液后所表现的酸度称为交换性酸度。而用弱酸强碱的盐类如醋酸钠的溶液浸提土壤时，从土壤胶粒上交换出来的氢离子、铝离子所产生的酸度，称为水解性酸度。

（二）土壤碱性

1. 碱性的产生

土壤碱性的产生主要有 3 个方面：

一是土壤中碱性盐的水解，土壤的碱性主要来自土壤中大量存在的碱金属和碱土金属如钠、钾、钙、镁的碳酸盐和重碳酸盐，其中以 $CaCO_3$ 分布最为广泛。

二是土壤胶体吸收的 Na^+ 达到一定饱和度时，可起代换水解作用，使土壤呈碱性：

$$[土壤胶体]-Na^+ + H_2O = [土壤胶体]-H^+ + NaOH$$

三是硫酸钠被还原产生 OH^-，在土壤中含有 Na_2SO_4 和较多的有机质，而又处于嫌气状态时，土壤中的 Na_2SO_4 被还原成 Na_2S，Na_2S 再与 $CaCO_3$ 形成 Na_2CO_3，Na_2CO_3 水解产生大量的 OH^-，使土壤致碱。

$$Na_2SO_4 + 4R{-}CHO \xrightarrow{\text{（嫌气细菌）}} Na_2S + 4R{-}C\!\!\begin{array}{c} \overset{O}{\parallel} \\ {} \\ OH \end{array}$$

（代表有机物）

$$Na_2S + CaCO_3 \Leftrightarrow Na_2CO_3 + CaS$$

$$Na_2CO_3 + 2H_2O \Leftrightarrow NaOH + H_2CO_3$$

因此，从土壤碱性产生的原因来看，土壤中钠（Na）和钙（Ca）的含量越高，则土壤的碱性越强;反之土壤的碱性越弱。

2. 土壤碱化度

土壤碱性强弱的程度称为土壤碱度。土壤溶液的碱性反应也用 pH 表示。含有碳酸钠、碳酸氢钠的土壤,pH 常在 8.5 以上。我国北方的石灰性土壤的实验室碱度测定值一般为 pH 7.5～8.5,而在田间测定则为 7.0～8.0。

土壤的碱性还取决于土壤胶体上交换性钠离子的数量。所以,对于一些可溶性盐含量较高的土壤,即通常的盐碱土,除了用 pH 表示其酸碱状况外,还可用碱化度来表示。碱化度是指交换性钠离子的数量占土壤阳离子交换量的百分数,称为土壤的碱化度。如碱化度在 5%～10% 之间,则该土壤称为轻度碱化土壤;若碱化度在 15%～20% 称为中度碱化土壤;若碱化度在 15%～20% 称为强碱化土壤;若碱化度大于 20%,则为碱性土壤。当土壤碱化度达到一定程度时,土壤土粒高度分散,湿时泥泞,干时硬结,耕性极差。

(三)影响土壤酸碱性的因素

土壤酸碱反应除在大范围内有不同表现外,还存在着小区域或微区域的变异。影响土壤酸碱性的因素如下:

1. 气候

高温多雨的地区,风化淋溶较强,盐基易淋失,容易形成酸性的自然土壤;半干旱或干旱地区的自然土壤,盐基淋溶少,土壤水分蒸发量大,下层的盐基物质容易随着毛管水的上升而聚集在土壤的上层,使土壤产生石灰性反应。因此,我国的土壤酸碱度有东南酸西北碱的分布趋势。

2. 地形

在同一气候的小区域内,处于高坡地形部位的土壤,淋溶作用较强,其 pH 常较低地形部分的低。但也有相反的情况,如四川的紫色土,由于土层较薄,土壤水分流动快,高坡地在雨水的冲刷下,容易露出母质,如果母质是由含碳酸盐的紫色砂页岩发育而成,便会使高坡的土壤具有较高的 pH,而下坡的土壤却因水分作用的机会多,盐基淋失而呈微酸性反应。干旱及半干旱地区的洼地土壤,由于承纳高处流入的盐碱成分较多,或因地下水矿化度高而又接近地表,使土壤常呈碱性。

3. 母质

在其他成土因素相同的条件下,酸性的母岩(如流纹岩、花岗岩)常较碱性母岩(如石灰岩、大理岩)所形成的土壤有较低的 pH。

4. 植被

不同植被因组分的差异而对土壤酸碱性产生不同的影响。例如在南方沿海地区的滨海沉积物上,生长着一种叫红树林的常绿灌木林,由于其含有的硫化物分解后,氧化生成硫酸,因此在此类沉积物上发育的水稻土常呈强酸性反应。

5. 人类活动

耕作土壤的酸碱度受人类耕作活动,特别是施肥影响很大。施用石灰、草木灰等碱性肥料可以中和土壤酸度,但有些水稻土由于施用石灰过多而变成石灰性水稻土。长期用硫酸铵等生理酸性肥料,却因遗留酸根而导致土壤变酸。近年来,酸雨(pH<5.6)对土壤酸度影响也越来越明显。

(四)土壤酸碱性与作物生长和土壤肥力的关系

1. 对作物生长发育的影响

由于长期的自然选择和人工选择的结果,每种作物都有一个适合自身生长发育的酸碱度范围(表 2-8),有些作物对土壤酸碱度的适应范围较宽,如水稻、棉花、小麦等广泛种植的作物;而另一些作物则对土壤酸碱度的要求较高,如茶树、铁芒箕、映山红、石松等植物只能在酸性土壤中生长;蜈草、柏木等适应在石灰性土壤中生长;盐蒿、碱蓬等比较喜欢在盐碱地上生长。

表 2-8 主要作物最适宜的 pH 范围

作物	pH	作物	pH
水稻	6.0～7.0	马铃薯	4.8～5.4
小麦	6.0～7.0	紫云英、苕子	6.0～7.0
玉米	6.0～7.0	紫苜蓿	7.0～8.0
大豆	6.0～7.0	桃、梨	6.0～8.0
甘蔗	6.0～8.0	西瓜	6.0～7.0
棉花	6.0～8.0	甘蓝	6.0～7.0
甜菜	6.0～8.0	番茄	6.0～7.0
甘薯	5.0～6.0	南瓜	6.0～8.0
花生	5.0～6.0	黄瓜	6.0～7.0
烟草	5.0～6.0	桑	6.0～7.0
茶	5.0～5.5		

2. 对土壤养分的影响

一般地讲,土壤细菌和放线菌(如硝化细菌、固氮菌和纤维分解细菌等),适宜于中性和微碱性环境,在此条件下其活动旺盛,有机质矿化快,固氮作用也强,因而土壤有效氮的供应较好。土壤过酸过碱都不利于有益微生物的活动,例如在酸性土中,硝化细菌、固氮菌、磷细菌和硫细菌的活性受抑制,不利于氮、磷、硫的转化。

土壤中氮、磷、钾等大量元素和微量元素的有效性均受土壤酸碱性的影响(图 2-4)。大多数养分在中性附近(pH 6.5～7.5)时有效性较高。对于氮、钾、硫来讲,其有效性的高低与细菌的变化趋势一致;而磷元素,只有在中性范围内(pH 6.5～7.5)有效性最高,在酸性土壤中易被铁铝固定,在石灰性土壤(pH 7.5～8.5)易被钙固定。所以,无论是酸性或碱性条件都使其有效性显著下降;至于铁、锰、锌、铜等元素,一般在酸性即 pH<5 时有效性最高,这些养分在石灰性土壤等偏碱性条件下易形成沉淀,即随着土壤 pH 的增加,它们的有效性下降。而钼则与之相反。

3. 对土壤物理性质的影响

土壤酸碱状况还影响到土壤的理化性质,主要是通过胶粒表面的离子组成状况的改变作用于土壤。例如土壤呈强碱性时,胶粒表面的钠离子含量较高,则土壤的分散性强,并易淀积,导致土壤的透水性下降;而在强酸性土壤中,胶粒表面的 H^+ 和 Al^{3+} 含量高,黏粒矿物易于分解和形成大的团聚体。

4. 影响植物对养分的吸收

土壤溶液的碱性物质会促使细胞原生质溶解,破坏植物组织。酸性较强也会引起原生质

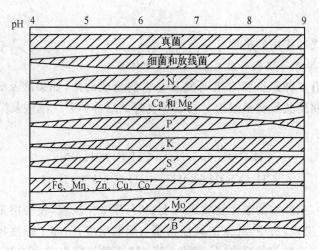

图 2-4　土壤 pH 与的养分有效性的关系

变性和酶的钝化,影响植物对养分的吸收。酸度过大时,还会抑制植物体内单醣转化为蔗糖、淀粉及其他较复杂的有机化合物的过程。

5. 土壤酸碱性的改良和利用

对过酸或过碱的不宜于作物生长的土壤,可采用相应的农业技术措施加以调节,使其适宜作物高产的要求。

(1)因土选种适宜的作物

南方酸性很强的山地黄壤,无需改良就可种植喜酸的茶;而甜菜、向日葵、紫苜蓿、棉花等作物的耐碱、耐盐能力较强,在盐碱地上也能正常生长;对酸碱反应敏感、适应 pH 范围窄的经济作物,如西洋参(药用植物)、茉莉(香料)、郁金香(花卉)等,引种培育则要慎重从事。多数作物对酸碱性的适应能力较强,适宜的 pH 范围也宽。所以,酸性和碱性不强的土壤,如北方大面积的石灰性土壤等,一般无需先治理再利用,只要根据土壤和作物的特性,因地种植即可。

(2)酸碱性土壤的化学改良

酸性土壤主要是土壤胶体上吸附的致酸离子过多,盐基饱和度低,从而带来一系列不良的理化性质。为了治"酸",通常施用石灰质肥料,以 Ca^{2+} 取代胶体上的交换性 H^+、Al^{3+},减少潜性酸,提高盐基的饱和度。农用石灰有"新灰""陈灰"之分,这些石灰的形态不同,中和的效果也不同。施用时,要按不同的化学形态,计算适宜的石灰用量。

碱性土壤的主要问题是土壤胶体上吸附的 Na^+,施用石膏、磷石膏、明矾、绿矾、硫磺粉等,可以改良强碱性土壤。用石膏中的 Ca^{2+} 取代胶体上的 Na^+,产生的易溶性钠盐可随水排出土体,从而降低土壤 pH。

必须强调指出,改良盐碱土,除采用一些化学改良措施外,更主要的是采取多种农业技术措施,进行综合治理,方能取得成效。

(五)土壤缓冲性

狭义上的土壤的缓冲作用或缓冲性能是指外来酸性物质或碱性物质进入土壤后,土壤具有抵消或降低 pH 变化的能力。如 pH 变化小,则该土壤的缓冲能力强;反之土壤的缓冲能力弱。广义上的缓冲作用或缓冲性能包括土壤 Eh 的缓冲性及土壤对各种外来污染物的缓冲性。

土壤具有酸碱缓冲作用的机理：

1. 土壤溶液中具有弱酸及其盐类组成的缓冲体系

土壤溶液中含有多种无机和有机弱酸及与它们组成的盐，如碳酸及碳酸盐、磷酸及磷酸盐、硅酸及硅酸盐、腐殖酸及腐殖酸盐等构成了良好的缓冲体系。醋酸及醋酸钠盐的缓冲作用如下：

$$CH_3COONa + H^+ \rightarrow CH_3COOH + Na^+ \tag{1}$$

$$CH_3COOH + OH^- \rightarrow CH_3COO^- + H_2O \tag{2}$$

在反应式(1)中，当外来的酸性物质进入土壤，与醋酸钠反应，使得溶液中的 H^+ 浓度不至于上升太高；而在反应式(2)中，外来的碱性物质与醋酸反应，中和了碱性物质。土壤中其他弱酸与它们的盐也有上述类似的反应，从而使土壤 pH 不致于发生太大的变化。

2. 土壤胶体的离子交换吸收作用

当土壤因加入酸而使 H^+ 浓度增加时，部分 H^+ 通过阳离子交换作用进入胶粒表面，而其他阳离子解吸进入土壤溶液；而当碱性物质进入土壤时，土壤胶粒上的部分 H^+ 进入溶液与 OH^- 反应，而溶液中其他阳离子进入胶粒表面。具体的反应可参考下列示意图：

$$\boxed{土壤胶粒} \!\!-\!\! \begin{array}{l} K^+ \\ Ca^{2+} \\ H^+ \end{array} + NaOH \longleftrightarrow \boxed{土壤胶粒} \!\!-\!\! \begin{array}{l} K^+ \\ Ca^{2+} \cdot H_2O \\ Na^+ \end{array}$$

3. 两性物质的作用

两性物质是指在一个分子中既可带正电荷，也可以带负电荷的物质，通常是一些高分子有机化合物，土壤中主要是各种腐殖酸分子。两性物质的存在，使带正电荷的基团可以与酸结合，而带负电荷的基团可以与碱结合，起到了稳定土壤 pH 的作用。其例如下：

$$\begin{array}{l} R\!-\!\underset{|}{C}H\!-\!COOH + HCl = R\!-\!\underset{|}{C}H\!-\!COOH \\ \quad\ NH \qquad\qquad\qquad\quad NH_2 \cdot HCl \end{array}$$

$$\begin{array}{l} R\!-\!\underset{|}{C}H\!-\!COOH + NaOH = R\!-\!\underset{|}{C}H\!-\!COONa + H_2O \\ \quad\ NH_2 \qquad\qquad\qquad\qquad NH_2 \end{array}$$

土壤缓冲性大小取决于黏粒含量、无机胶体类型、有机质含量等因素。土壤质地越细，黏粒含量越高，土壤缓冲性越强；无机胶体缓冲次序是：蒙脱石＞水云母＞高岭石＞铁铝氧化物及其含水氧化物；有机质含量越高，土壤缓冲性越强。

五、土壤的保肥性与供肥性

(一)土壤胶体

1. 土壤胶体的概念

土壤胶体是指土壤中最细微的固体颗粒部分，分散在土壤溶液中，它与土壤溶液构成土壤胶体分散体系。胶体颗粒的直径一般在 1～100 nm,实际上土壤中小于 1 000 nm 的黏粒都有胶体的性质。

2. 土壤胶体种类

我们通常根据胶体微粒核的组成物质的不同将土壤胶体分成 3 大类:

(1)无机胶体

无机胶体指组成微粒的物质是无机物质的胶体。通常可分成结晶质和非结晶质两类,前者主要是指次生层状铝硅酸盐矿物,也就是通常所称的黏土矿物,组成这些物质的质点呈现有规律的分布。非结晶质主要是指土壤中硅、铁、铝的氧化物及含水氧化物。

(2)有机胶体

有机胶体指胶体微粒组成物质为土壤有机质的胶体,其主要成分是土壤腐殖质,由于它的分子量大,所含的功能团多,因而解离后所带电量也大,一般带负电对土壤胶体电荷影响很大,但这类胶体稳定性相对较低,较易被微生物分解,因而要经常通过施用有机肥来补充。

(3)有机无机复合胶体

这种胶体的主要特点是其微粒核的组成物质是土壤有机质与土壤矿物质的结合体。一般来讲,土壤有机质并不单独存在于土壤中,而是与土壤矿物质,特别是黏土矿物通过一定的机理结合在一起,形成有机无机复合体。土壤无机胶体和有机胶体可以通过多种方式进行结合,有机胶体主要以薄膜状紧密覆盖于黏粒矿物的表面上,还可以进入黏粒矿物的晶层之间。通过这样的结合,可形成良好的团粒结构,改善土壤保肥供肥性能和多种理化性质。

3. 土壤胶体的构造

土壤胶体的构造从内向外可分为微粒核、决定电位离子层、补偿离子层 3 个部分。微粒核是胶体的核心和基本物质,由腐殖质、无定形的二氧化硅、氧化铝、氧化铁、铝硅酸盐晶体物质、蛋白质分子以及有机无机胶体的分子群所构成。其中补偿离子层又可以分为非活性补偿离子层和扩散层内外 2 层。胶体表面的离子与土壤溶液中的离子发生交换主要是扩散层离子发生的交换。因此,胶体扩散层电荷的种类和多少对胶体的性质有决定性作用。

4. 土壤胶体的特性

(1)土壤胶体具有巨大的比表面和表面能

比表面(简称比面)是指单位重量或单位体积物体的总表面积(cm^2/g、cm^2/cm^3)。从表 2-9 可知,砂粒和粗粉粒的比面同黏粒相比是很小的,可以忽略不计,因而大多数土壤的比面主要决定于黏粒部分。土壤胶体巨大的比表面,可产生巨大的表面能。胶体表面能的存在使土壤能吸附有机化合物分子(如尿素、氨基酸、醇类、有机碱以及农药制剂中的一些分子),同时也能吸附水汽、二氧化碳、氨气等气体分子,从而保持一部分养分。胶体数量越多,比表面愈大,表面能也愈大,吸附能力也就越强。表面吸附也是土壤的一种保肥方式,所以,土壤颗粒越细,其保肥能力越强。

表 2-9 各级土粒的比表面

颗粒名称	球体直径/mm	比表面/(cm^2/g)
粗砂粒	1	22.6
中砂粒	0.5	45.2
细砂粒	0.25	90.4

续表2-9

颗粒名称	球体直径/mm	比表面/(cm²/g)
粗粉粒	0.05	452
中粉粒	0.01	2 264
细粉粒	0.005	4 528
粗黏粒	0.001(1 000 nm)	22 641
细黏粒	0.000 5(500 nm)	45 283
胶粒	0.000 05(50 nm)	452 830(45.283 m²/g)

(2)土壤胶体具有带电性

所有土壤胶体都带有电荷,根据土壤胶体电荷产生的原因,可将电荷分为永久电荷和可变电荷两种。

①永久电荷。黏粒矿物或小部分次生矿物晶体内的同晶替代作用所产生的电荷称为永久电荷。永久电荷的产生与 pH 无关,只与矿物类型有关。对于次生层状铝硅酸盐矿物来讲,蒙脱石所带负电荷最多,高岭石最少,伊利石介于二者之间。

②可变电荷。土壤胶体中电荷数量和性质随溶液 pH 变化而变化的那部分电荷称为可变电荷。在某一 pH 条件下,土壤胶体产生的正电荷数量等于负电荷数量,其净电荷数量为零。此时的 pH 为土壤胶体的等电点。当土壤的 pH 大于等电点时,胶体带负电荷;小于等电点时胶体带正电荷。大部分土壤的可变电荷为负电荷,因为一般土壤胶体的等电点均在 pH=5 左右,而土壤 pH 很少低于 5,如土壤 pH<5,则大部分作物生长不良。由于同晶替代产生的电荷属于负电荷,土壤产生的少量正电荷也会被其中和,使得土壤的净电荷为负电荷。所以,对于绝大部分土壤来讲,均带负电荷。

(3)土壤胶体的凝聚性和分散性

土壤胶体根据存在状态分为溶胶和凝胶。胶体微粒分散在介质中形成胶体溶液时称溶胶;胶体微粒相互团聚在一起而呈絮状沉淀时称为凝胶。溶胶和凝胶之间在一定条件下可以相互转化,由溶胶转化为凝胶称为凝聚作用;相反由凝胶转化为溶胶,称为分散作用。生产上采取耕翻土壤晒垡中,胶体处于凝胶状态,可以形成水稳性团粒,对土壤理化性质有良好的作用。当土壤胶体成为溶胶状态时,不仅不能形成团粒,而且土壤黏结性、黏着性、可塑性都增大,缩短宜耕期,降低耕作质量。

(二)土壤的保肥性

土壤保肥性是指土壤具有吸附各种离子、分子、气体和悬浮体的能力和特性,即吸收、保蓄植物养分的特性。土壤的保肥性体现土壤的吸收性能,其本质是通过一定的机理将速效养分保留在耕作层内。土壤的吸收性能反映了土壤的保肥能力,吸收能力越强,其保肥能力也强;反之,保肥力则弱。根据土壤不同形态物质吸收、保持的不同,可将其保肥作用分为以下 5 种:

1.机械吸收

机械吸收指具有多孔体的土壤对进入土体的固体颗粒的机械截留作用。如粪便残渣、有机残体、磷矿粉及各种颗粒状肥料等,主要靠这种形式保留在土壤中。若它们的粒径大于土壤孔径,且在水中不溶解,则可被阻留在一定的土层中。阻留在土层中的物质可被土壤转化利用,起到保肥的作用,其保留的养分能被植物吸收利用。

2. 物理吸收

物理吸收指土壤对分子态养分(如氨、氨基酸、尿素等)吸收保持的能力。土壤质地越黏重,物理吸收保肥作用越明显;反之则弱。靠物理吸收保留的养分能被植物吸收利用。如粪水中的臭味在土壤中消失,就是由于土壤吸附了氨分子,减少了氨的挥发。

3. 化学吸收

化学吸收指土壤溶液中的一些可溶性养分与土壤中某些物质发生化学反应而沉淀的过程。如含铁、铝的酸性的土壤中施用一些磷酸钙后,会形成一些难溶性磷酸盐,使得植物不易吸收,降低了磷的有效性。另外,化学吸收还具有特殊意义,如能吸收农药、重金属等有害物质,减少土壤污染。

4. 生物吸收

生物吸收指土壤中的微生物和根系对养分的吸收、保存和积累在生物体中的作用。加强生物吸收的措施有:种植绿肥、施用菌肥、轮作倒茬等。

5. 离子交换吸收

离子交换吸收指带有电荷的土壤胶粒能吸附土壤溶液中带相反电荷的离子,这些被吸附的离子又能与土壤溶液中带同性电荷的离子相互交换。它是土壤保肥性最重要的方式,也是土壤保肥性的重要体现形式。包括阳离子交换吸收和阴离子交换吸收两种类型。带负电荷的土壤胶体吸附阳离子与土壤溶液中的阳离子之间的交换,称为阳离子交换吸收作用。

(三)土壤供肥性

土壤供肥性的好坏直接影响作物生长发育,其取决于以下 3 方面:

1. 土壤养分含量

土壤养分总量和速效养分含量均与土壤供肥性有关。土壤养分总量决定了土壤的供肥容量,它反映土壤潜在供肥能力。土壤速效养分含量决定了土壤的供肥强度,速效养分愈多则供肥强度愈大。如果土壤供肥强度和供肥容量都大说明土壤养分供应充足,不致缺肥,如果二者都小,说明土壤养分潜力没有发挥出来,需调节土壤水汽热条件以促进养分释放;如果供肥强度大,供肥容量小,说明容易脱肥。

2. 养分释放的速率

迟效养分转化为速效养分的速率决定了土壤的供肥速率。在通气不良,水分过多或过酸过碱的土壤中,迟效养分转化成速效养分的速度慢。由于供肥速率慢,往往不能及时向作物提供养分,需通过改善土壤条件来提高土壤供肥速率,或及时施速效化肥,以满足作物需要。相反,水汽热适中的土壤,供肥速率快,肥劲猛。

3. 速效养分的持续供应时间

速效养分持续供应时间长,则肥劲稳长,一般有机质含量丰富的土壤就有这种供肥特点。在生产中土壤供肥性常表现有以下几种情况:"肥劲稳长""前劲不足,后劲足""后劲不足,前劲足"等。针对不同的供肥特点应采取不同的施肥方法。

调节土壤供肥性的主要措施是合理施肥,根据不同土壤的供肥特性合理分配施用肥料,用肥料养分来弥补土壤供肥不足。此外,合理的耕作和灌溉措施也起着调节供肥性的作用,如深耕晒垡,可加速土壤风化和养分释放;水田的搁田和复水,可促使土壤中铵态氮的释放等。

项目三 土壤样品的采集制备与化验分析

一、土壤样品采集

土壤样品的采集与制备,是土壤分析工作中的一个重要环节,其正确与否,直接影响分析结果的准确性和有无应用价值,必须按科学的方法进行采样。为了使分析样品具有最大的代表性,土壤样品的采集过程应该按照"随机、多点、均匀"的要求进行。

(一)仪器用具

采样工具(小铁铲、铁铲、土钻等)、采样袋(塑料袋或布袋)、标签等。

(二)采样单元

我们根据土壤类型、土地利用方式和行政区划,将采样区域划分为若干个采样单元,每个采样单元的土壤性状要尽可能均匀一致。大田作物平均每个采样单元为 $6.7 \sim 13.3 \ hm^2$(平原区每 $6.7 \sim 33.3 \ hm^2$ 采一个样,丘陵区每 $2 \sim 5.3 \ hm^2$ 采一个样)。采样集中在位于每个采样单元相对中心位置的典型地块(同一农户的地块),采样地块面积为 $0.067 \sim 0.67 \ hm^2$。

蔬菜平均每个采样单元为 $0.67 \sim 1.33 \ hm^2$,温室大棚作物每 20-30 个棚室或 $0.67 \sim 1 \ hm^2$ 采一个样。采样集中在位于每个采样单元相对中心位置的典型地块(同一农户的地块),采样地块面积为 $0.067 \sim 0.67 \ hm^2$。

果树平均每个采样单元为 $1.33 \sim 2.67 \ hm^2$(地势平坦果园取高限,丘陵区果园取低限)。采样集中在位于每个采样单元相对中心位置的典型地块(同一农户的地块),采样地块面积为 $0.067 \sim 0.34 \ hm^2$。

有条件的地区,可以农户地块为土壤采样单元。采用 GPS 定位,记录采样地块中心点的经纬度,精确到 $0.1''$。

(三)采样时间

大田作物一般在秋季作物收获后、整地施基肥前采集;蔬菜在收获后或播种施肥前采集,一般在秋后。设施蔬菜在凉棚期采集;果树在上一个生育期果实采摘后下一个生育期开始之前,连续一个月未进行施肥后的任意时间段内采集土壤样品。

项目实施 3 年以后,为保证测试土壤样本数据可比性,根据项目年度取样数量,对照前 3 年取样点,进行周期性原位取样。同一采样单元,无机氮及植株氮营养快速诊断每季或每年采集 1 次;土壤有效磷、有效钾等一般 $2 \sim 3$ 年采集 1 次;中、微量元素一般 $3 \sim 5$ 年采集 1 次。肥料效应田间试验每年采样 1 次。

(四)采样深度

大田作物采样深度为 $0 \sim 20 \ cm$;蔬菜采样深度为 $0 \sim 30 \ cm$;果树采样深度为 $0 \sim 60 \ cm$,分为 $0 \sim 30 \ cm$、$30 \sim 60 \ cm$ 采集基础土壤样品。如果果园土层薄($< 60 \ cm$),则按照土层实际深度采集,或只采集 $0 \sim 30 \ cm$ 土层;用于土壤无机氮含量测定的采样深度应根据不同作物、不同

生育期的主要根系分布深度来确定。

(五)样点数量

足够的采样点才能代表采样单元的土壤特性。采样必须多点混合,每个样点由 15～20 个分点混合而成。

(六)采样路线

工作人员采样时应沿着一定的线路,按照"随机""等量"和"多点混合"的原则进行采样。一般采用"S"形布点采样。在地形变化小、地力较均匀、采样单元面积较小的情况下,工作人员也可采用"梅花"形布点采样(图 2-5)。要避开路边、田埂、沟边、肥堆等特殊部位。混合样点的样品采集要根据沟、垄面积的比例确定沟、垄采样点数量。

正确方法　　　　　　错误方法　　　　　当测土面积小时可用

图 2-5　样品采集分布示意图

(七)采样方法

每个采样分点的取土深度及采样量应保持一致,土样上层与下层的比例要相同。取样器应垂直于地面入土,深度相同。用取土铲取样应先铲出一个耕层断面,再平行于断面取土。所有样品都应采用不锈钢取土器或木、竹制器采样。果树要在树冠滴水线附近或以树干为圆点向外延伸到树冠边缘的 2/3 处采集,距施肥沟(穴)10 cm 左右,避开施肥沟(穴),每株对角采 2 点。滴灌要避开滴灌头湿润区。

混合土样以取土 1 kg 左右为宜(用于田间试验和耕地地力评价的 2 kg 以上,长期保存备用),可用四分法将多余的土壤弃去。方法是将采集的土壤样品放在盘子里或塑料布上,弄碎、混匀,铺成正方形,利用对角线将土样分成 4 份,把对角的两份分别合并成一份,在合并后的两份中保留一份,弃去一份。如果所得的样品依然很多,可再用四分法处理,直至所需数量为止(图 2-6)。

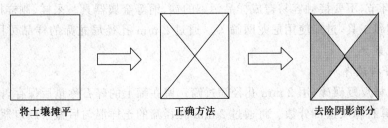

将土壤摊平　　　　　　正确方法　　　　　　去除阴影部分

图 2-6　四分法取土样说明

工作人员将采好后的土样装入布袋中,应立即写标签,一式2份,1份记在口袋外,1份放入袋内,标签用铅笔写明采样地点、深度、样品编号、日期、采样、土壤名称等。同时工作人员将此内容登记在专门的记载本上备查。

二、土壤样品制备

(一)新鲜样品

某些土壤成分如二价铁、硝态氮、铵态氮等在风干过程中会发生显著变化,必须用新鲜样品进行分析。为了能真实反映土壤在田间自然状态下的某些理化性状,新鲜样品要及时送回室内进行处理分析,用粗玻璃棒或塑料棒将样品混匀后迅速称样测定。

新鲜样品一般不宜贮存,如需要暂时贮存,可将新鲜样品装入塑料袋,扎紧袋口,放在冰箱冷藏室中进行速冻保存。

(二)风干样品

从野外采回的土壤样品要及时放在样品盘上,摊成薄薄一层,置于干净整洁的室内通风处自然风干,严禁暴晒,并注意防止酸、碱等气体及灰尘的污染。风干过程中要经常翻动土样并将大土块捏碎以加速干燥,同时剔除侵入体。

风干后的土样按照不同的分析要求研磨过筛,充分混匀后,装入样品瓶中备用。瓶内外各放标签一张,写明编号、采样地点、土壤名称、采样深度、样品粒径、采样日期、采样人及制样时间、制样人等项目。制备好的样品要妥善贮存,避免日晒、高温、潮湿和酸碱等气体的污染。全部分析工作结束,分析数据核实无误后,试样一般还要保存12~18个月,以备查询。对于试验价值大、需要长期保存的样品,须保存于广口瓶中,用蜡封好瓶口。

1. 一般化学分析试样

将风干后的样品平铺在制样板上,用木棍或塑料棍碾压,并将植物残体、石块等侵入体和新生体剔除干净。也可将土壤中侵入体和植株残体剔除后采用不锈钢土壤粉碎机制样。细小已断的植物须根,可采用静电吸附的方法清除。压碎的土样用2 mm孔径筛过筛,未通过的土粒重新碾压,直至全部样品通过2 mm孔径筛为止。将通过2 mm孔径筛的土样用四分法取出约100 g继续碾磨,余下的样品通过2 mm孔径筛的土样用四分法取500 g装瓶,用于pH、盐分、交换性能及有效养分等项目的测定。约100 g通过2 mm孔径筛的土样继续被研磨,使之全部通过0.25 mm孔径筛,装瓶用于有机质、全氮、碳酸钙等项目的测定。

2. 微量元素分析试样

用于微量元素分析的土样,其处理方法同一般化学分析样品,但在采样、风干、研磨、过筛、运输、贮存等环节,不要接触容易造成样品污染的铁、铜等金属器具。采样、制样推荐使用不锈钢、木、竹或塑料工具,过筛使用尼龙网筛等。通过2 mm孔径尼龙筛的样品可用于测定土壤有效态微量元素。

3. 颗粒分析试样

将风干土样反复碾碎,用2 mm孔径筛过筛。留在筛上的碎石称量后保存,同时将过筛的土壤称重,计算石砾质量百分数。将通过2 mm孔径筛的土样混匀后盛于广口瓶内,用于颗粒分析及其他物理性状测定。

若风干土样中有铁锰结核、石灰结核或半风化体，不能用木棍碾碎，应首先将其细心拣出称量保存，然后再进行碾碎。

三、土壤含水量的测定

土壤水分是土壤的重要组成部分，对土壤养分的保蓄与供应，土壤氧气的含量，植物根系的生长都起着十分重要的作用。进行土壤含水量的测定有两个目的：一是了解田间土壤的水分状况，为土壤耕作、播种、合理排灌等提供依据；二是在室内分析工作中，测定风干土的水分，把风干土重换算成烘干土重，可作为各项分析结果的计算基础。

（一）方法原理

在 105℃±2℃ 的温度下，土壤水分全部蒸发，而结构水不会被破坏，土壤有机质也不致分解。因此，将土壤样品置于 105℃±2℃ 下烘至恒重，根据其烘干前后质量之差，就可以计算出土壤水分含量的百分数。

（二）材料用具

烘箱、铝盒、电子天平、称量纸、角匙。

（三）操作步骤

取有盖的铝盒，洗净，烘干，放入干燥器中冷却至室温，然后在分析天平上称重（W_1），并注意编好号，以防弄错。用角匙取过 1 mm 筛孔的风干土样 4～5 g（精确至 0.001 g），铺在铝盒中进行称重（W_2）。将铝盒盖打开，放入恒温箱中，在 105℃±2℃ 的温度下烘 6 h 左右。盖上铝盒盖子，将铝盒放入干燥器中 20～30 min，使其冷却至室温，取出称重。打开铝盒盖子，放入恒温干燥箱中，在 105℃±2℃ 下再烘 2 h，冷却，称至恒重（W_3）。

（四）结果计算

$$土壤含水量（\%）=\frac{W_2-W_3}{W_3-W_1}\times 100\%$$

$$水分系数=\frac{烘干土重}{风干土重}$$

水分系数的计算有利于在土壤养分测定中将风干土重转化为烘干土重。

四、土壤质地的测定（简易比重法）

土壤质地是土壤的重要性质，它对土壤肥力条件和植物生长发育有很大影响，测定土壤质地可以为进一步改良土壤提供依据。

（一）方法原理

土壤中的土粒大小不同，在水中沉降的快慢不同，将土粒充分分散搅浑静置后，首先沉淀粗砂、砂粒，其次沉淀粉砂粒，黏粒则可悬浮很长时间，利用此原理，在一定的时间内，用比重计可以测定土壤悬浮液中的土粒含量。

(二)材料用具

沉降筒(1 000 mL)、甲种比重计、温度计、量筒(100 mL)、土壤筛、搅拌棒、蒸发皿、分析天平、三角瓶(500 mL)、电炉、0.5 mol/L 六偏磷酸钠溶液、0.5 mol/L 草酸钠溶液、0.5 mol/L 氢氧化钠溶液、2%碳酸钠溶液。

(三)操作步骤

1. 分离石砾(>1 mm)

取风干土样 100～150 g 于研钵中,用带橡皮头的玻璃棒研碎,用土壤筛过筛,然后将筛出的细土烘干称重,并将留在筛上的石砾烘干称重,计算出>1 mm 石砾占烘干土重的百分数。

2. 称样

称取通过 1 mm 筛孔的风干土样 50 g,供分散处理用。另称取一定量的土样测定吸湿水含量。

3. 土样分散处理

根据土壤 pH,分别选用不同的分散剂:

石灰性土壤用 0.5 mol/L 六偏磷酸钠溶液 50 mL;

中性土壤用 0.5 mol/L 草酸钠溶液 20 mL;

酸性土壤用 0.5 mol/L 氢氧化钠溶液 40 mL。

(1)煮沸法

将称好的 50 g 土样置于 500 mL 三角瓶中,加入选定的分散剂,再加软水使总体积约 250 mL,盖上小漏斗,于电炉上加热煮沸。在未沸腾前应经常摇动三角瓶,以防止土粒沉积于瓶底。煮沸后保持沸腾 1 h。

(2)研磨法

将称好的 50 g 土样置于蒸发皿中,加入部分分散剂,搅拌使之呈稠糊状,静止 0.5 h,使分散剂充分作用,然后用带橡皮头的玻璃棒研磨。研磨时间,黏质土不少于 20 min,壤质土和砂质土不少于 15 min。

4. 制备土样悬液

将已分散处理的土样全部洗入 1 000 mL 的沉降筒中,再加软水至 1 000 mL 刻度。先用特制的搅拌棒在土壤悬液中上下搅动几次,将温度计放入悬液中部测出其温度,读数精确至 0.1℃。

5. 测定<0.01 mm 土粒含量

根据所测温度查表(表 2-10),找出相应的温度下<0.01 mm 下降所需时间。在计划测定之前,再用搅拌棒搅动悬液 1 min,搅拌后取出搅拌棒,立即记录时间。此时,若悬液面有大量气泡产生,可滴加几滴异戊醇消泡。在测定时间前 20 s,徐徐放入清洗过的比重计,到读数时间准确读数。将比重计小心取出,并用软水冲洗干净,放好。

表 2-10 粒径<0.01 mm 土粒下沉所需时间

温度/℃	时间/min	s	温度/℃	时间/min	s
7	38		21	26	
8	37		22	25	
9	36		23	24	30
10	35		24	24	
11	34		25	23	30
12	33		26	23	
13	32		27	22	
14	31		28	21	30
15	30		29	21	
16	29		30	20	
17	28		31	19	30
18	27	30	32	19	
19	27		33	19	
20	26		34	18	30

6. 比重计读数的校正

分散剂、温度对比重计读数均有影响,需要进行校正。分散剂校正值可用空白试验的方法求得,其方法是:取试验所用的软水,加入试验中所采用的分散剂用量,放入甲种比重计,读取水平面与比重计相交的数值,即为分散剂校正值。温度校正值可从表 2-11 中查得。

校正后比重计读数(g/L)=比重计原读数-分散剂校正值+温度校正值。

表 2-11 甲种比重计温度校正表

温度/℃	校正值	温度/℃	校正值	温度/℃	校正值
6.0~8.5	-2.2	18.5	-0.4	26.5	+2.2
9.0~9.5	-2.1	19.0	-0.3	27.0	+2.5
10.0~10.5	-2.0	19.5	-0.1	27.5	+2.6
11.0	-1.9	20.0	0	28.0	+2.9
11.5~12.0	-1.8	20.5	+0.15	28.5	+3.1
12.5	-1.7	21.0	+0.3	29.0	+3.3
13.0	-1.6	21.5	+0.45	29.5	+3.5
13.5	-1.5	22.0	+0.6	30.0	+3.7
14.0~14.5	-1.4	22.5	+0.8	30.5	+3.8
15.0	-1.2	23.0	+0.9	31.0	+4.0
15.5	-1.1	23.5	+1.1	31.5	+4.2
16.0	-1.0	24.0	+1.3	32.0	+4.6
16.5	-0.9	24.5	+1.5	32.5	+4.9
17.0	-0.8	25.0	+1.7	33.0	+5.2
17.5	-0.7	25.5	+1.9	33.5	+5.5
18.0	-0.5	26.0	+2.1	34.0	+5.8

(四)结果计算

$$<0.01\ \text{mm 土粒累计量} = \frac{\text{校正后读数}}{\text{烘干土重}} \times 100\%$$

我们根据计算得到的<0.01 mm 土粒计含量(%),查卡庆斯基土壤质地分类表(简明制),即可确定土壤质地名称。

五、土壤有机质测定

土壤有机质含量是衡量土壤肥力的重要指标,对了解土壤肥力状况,进行培肥、改土有一定的指导意义。了解土壤有机质测定原理,初步掌握测定有机质含量的方法及注意事项,能比较准确地测出土壤有机质含量。

(一)方法原理

在加热条件下,用稍过量的标准重铬酸钾-硫酸溶液,氧化土壤有机碳,剩余的重铬酸钾用标准硫酸亚铁(或硫酸亚铁铵)滴定,由所消耗标准硫酸亚铁的量计算出有机碳量,从而推算出有机质的含量。

用二价铁离子滴定剩余的重铬酸钾时,以邻菲罗啉为氧化还原指示剂,在滴定过程中指示剂的变色过程如下:开始时溶液以重铬酸钾的橙色为主,此时指示剂在氧化条件下,呈淡蓝色被重铬酸钾的橙色掩盖,滴定时溶液逐渐呈绿色,至接近终点时变为灰绿色。当二价铁离子溶液过量半滴时,溶液则变成棕红色,表示颜色已到终点。

(二)仪器与试剂

硬质试管、油浴锅、铁丝笼、温度计(0~200℃)、天平(感量 0.000 1 g)、电炉、滴定管(25 mL)、移液管(5 mL)、弯颈小漏斗、三角瓶(250 mL)、量筒(10 mL、100 mL)、0.133 3 mol/L 重铬酸钾、0.2 mol/L 硫酸亚铁、邻啡罗啉指示剂、浓硫酸等。

(三)操作步骤

准确称取通过 0.25 mm 筛的风干土样 0.100 0~0.500 0 g(称量多少依有机质含量而定),放入干燥的硬质试管中,用移液管准确加入 0.133 3 mol/L 重铬酸钾溶液 5.00 mL,再用量筒加入 H_2SO_4 5 mL,小心摇动。将试管插入铁丝笼内,放入预先加热至 185~190℃间的油浴锅中,此时温度控制在 170~180℃之间,自试管内大量出现气泡开始计时,保持溶液沸腾 5 min,取出铁丝笼,待试管稍冷后,用草纸擦净试管外部油液,放凉。经冷却后,将试管内容物洗入 250 mL 的三角瓶中,使溶液的总体积达 60~80 mL,酸度为 2~3 mol/L,加入邻啡罗啉指示剂 3~5 滴摇匀。用标准的硫酸亚铁溶液滴定,溶液颜色由橙色(或黄绿)经绿色、灰绿色突变到棕红色即为终点。

在滴定样品的同时,必须做两个空白试验,取其平均值,空白试验用石英砂或灼烧的土代替土样,其余步骤同上。

(四)结果计算

$$\text{土壤有机质含量}(\%) = \frac{(V_0 - V) \times c \times 0.003 \times 1.724 \times 1.1}{\text{风干土重} \times \text{水分系数}} \times 100\%$$

式中:c——硫酸亚铁消耗摩尔浓度(mol/L);

    V_0——空白实验消耗的硫酸亚铁溶液体积(mL);

    V——滴定待测土样消耗的硫酸亚铁溶液体积(mL);

    0.003——1/4 mmol碳的克数;

    1.172——由土壤有机碳换算成有机质的换算系数;

    1.1——校正系数(用此法氧化率为90%)。

六、土壤酸碱度的测定

土壤酸碱性是土壤的重要化学性质,对土壤肥力状况和作物生长都有很大的影响。测定土壤酸碱度,对合理布局作物、土类的划分以及土壤合理利用与改良等都有十分重要的意义。

(一)方法原理

1. 比色法

利用指示剂在不同 pH 溶液中,可显示不同颜色的特性,根据其显示颜色与标准酸碱比色卡进行比色,即可确定土壤溶液的 pH。

2. 电位法

用水浸液或盐浸液提取土壤中水溶性或代换性氢离子,再用指示电极(玻璃电极)和另一参比电极(甘汞电极)测定该浸出液的电位差。由于参比电极的电位是固定的,因而电位差的大小取决于试液中的氢离子活度。在酸度计上可直接读出 pH。

(二)仪器与试剂

酸度计(甘汞电极、玻璃电极)、高型烧杯(50 mL)、量筒(25 mL)、天平(感量 0.1 g)、洗瓶、磁力搅拌器、白瓷板、比色板、pH 4~8 指示剂、pH 7~9 指示剂等。

(三)操作步骤

1. 比色法

取黄豆大小待测土壤样品,置于清洁白瓷比色板穴中,加 pH 指示剂 3~5 滴,以能全部湿润样品而稍有剩余为宜,水平振动 1 min,稍澄清,倾斜瓷板,观察溶液色度与标准色卡比色,确定 pH。

为了方便而准确,事先配制成不同 pH 的标准缓冲液,每隔半个或一个 pH 单位为一级,取各级标准缓冲液 3~4 滴于白瓷比色板穴中,加混合指示剂 2 滴,混匀后,即可出现标准色阶,用颜料配制成比色卡片备用。

2. 电位法

(1)土壤水浸提液 pH 的测定

称取通过 1 mm 筛孔的风干土样 25.0 g 于 50 mL 烧杯中,用量筒加入无 CO_2 蒸馏水

25 mL,在磁力搅拌器上(或用玻棒)剧烈搅拌 1～2 min,使土体充分分散。放置 0.5 h,此时应避免空气中 NH₃ 或挥发性酸等的影响,然后用酸度计测定。

（2）土壤的氯化钾盐浸提液 pH 的测定

对于酸性土,当水浸提液的 pH 低于 7 时,用浸提液测定才有意义。测定方法除 1 mol/L 氯化钾溶液代替无 CO₂ 蒸馏水外,其余操作步骤与水浸提液相同。

七、土壤碱解氮的测定

土壤碱解氮包括无机态氮和部分有机质中易分解的、比较简单的有机态氮,它是铵态氮、硝态氮、氨基酸、酰胺和易水解的蛋白质的总和。它能反映出土壤近期内氮素供应情况,所以又称为土壤有效氮。测定土壤碱解氮的含量对了解土壤的供氮能力,指导合理施氮肥具有一定意义。

(一)方法原理

扩散皿中,用 1.2 mol/L NaOH(水田)或 1.8 mol/L NaOH(旱土)处理土壤,使易水解态氮(潜在有效氮)碱解转化为 NH₃,NH₃ 扩散后被 H₃BO₃ 所吸收,再用标准酸液滴定,计算出土壤中碱解氮的含量。

水田土壤中硝态氮极少,不需加硫酸亚铁粉,用 1.2 mol/L NaOH 碱解即可。但测定旱地土壤中碱解氮的含量时,必需加硫酸亚铁粉,使硝态氮还原成铵态氮。同时,由于硫酸亚铁粉本身能中和部分 NaOH,因此需用 1.8 mol/L NaOH。

(二)仪器试剂

扩散皿、半微量滴定管、恒温箱、毛玻璃、电子天平(感量 0.001 g)、吸管(2 mL)、橡皮筋、硼酸溶液(2%)、1.2 mol/L NaOH、1.8 mol/L NaOH、硫酸亚铁粉、特制胶水、定氮混合指示剂、0.01 mol/L 的盐酸标准溶液。

(三)操作步骤

称取通过 0.25 mm 筛的风干土样 2.00 g,硫酸亚铁粉 1 g 混合均匀,置于洁净的扩散皿外室,轻轻旋转扩散皿,使土样均匀地铺平。在扩散皿内室加 2% 硼酸溶液 2 mL,并加一滴定氮混合指示剂(显微红色)。在扩散皿外缘涂上特别胶水,盖上毛玻璃片,旋转数次,使周边与毛玻璃完全黏合。慢慢推开玻璃一边,使扩散皿外室露出一条狭缝,迅速加入 10 mL 1.2 mol/L NaOH(水田)或 1.8 mol/L NaOH(旱土)溶液,立即盖严毛玻璃,水平轻轻旋转扩散皿,使碱液与土壤充分混匀。用橡皮筋固定毛玻璃,随后放入 40℃ 恒温箱中,碱解扩散 24 h 后取出(可以观察到内室溶液为蓝色)。以 0.01 mol/L 盐酸标准溶液用半微量滴定管滴定内室溶液,溶液由蓝色至微红即为滴定终点,记下标准酸消耗的体积。在样品测定的同时做空白实验。

(四)结果计算

$$土壤碱解氮(mg/kg) = \frac{(V-V_0) \times c \times 14}{W} \times 10^3$$

式中:V——滴定时消耗盐酸的体积(mL);

V_0——空白试验滴定用的盐酸的体积(mL);

c——标准盐酸的摩尔浓度;

14——1 mol 氮的克数;

10^3——换成每 1 kg 样品中氮的毫克数;

W——烘干样品重,可以用风干样品重乘以水分系数。

八、土壤速效磷含量的测定(0.5 mol/L NaHCO₃ 浸提——钼锑抗比色法)

土壤速效磷也称为土壤有效磷,包括水溶性磷和弱酸溶性磷,其含量是判断土壤供磷能力的一项重要指示。测定土壤速效磷的含量,可为合理分配和施用磷肥提供理论依据。

(一)方法原理

用 pH 8.5 的 0.5 mol/L 的 NaHCO₃ 作浸提剂处理土壤,由于碳酸根的存在抑制了土壤中碳酸钙的溶解,降低了溶液中 Ca^{2+} 的浓度,相应地提高了磷酸钙的溶解度。由于浸提剂的pH 较高,抑制了 Fe^{3+} 和 Al^{3+} 的活性,有利于磷酸铁和磷酸铝的提取。此外,溶液中存在着 OH^-、HCO_3^-、CO_3^{2-} 等阴离子,也有利于吸附态磷的置换。用 NaHCO₃ 作浸提剂提取的有效磷与作物吸收磷有良好的相关性,其适应范围也较广。

浸出液中的磷,在一定的酸度下,用硫酸钼锑抗还原显色成磷钼蓝,蓝色的深浅在一定浓度范围与磷的含量成正比,因此,可用比色法测定其含量。

(二)仪器与试剂

振荡机、分光光度计或光电比色计、电子天平(感量 0.01 g)、三角瓶(250 mL)、容量瓶(50 mL)、漏斗、无磷滤纸、移液管(10 mL)、0.5 mol/L 的 NaHCO₃(pH 8.5)浸提液、7.5 mol/L 硫酸钼锑杭贮存液、钼锑抗混合显色剂、磷标准液。

(三)操作步骤

1. 磷标准曲线的绘制

分别吸取 5 mg/L 磷标准液 0、1、2、3、4、5 mL 于 50 mL 容量瓶中,各加入 0.5 mg/L NaHCO₃ 浸提剂 1 mL 和钼锑抗显色剂 5 mL,除尽气泡后定容,充分摇匀,即为 0、0.1、0.3、0.4、0.5 mg/L 的磷的系列标准液。30 min 后与待测液同时进行比色,读取吸光度值。在方格坐标纸上以吸光度值为纵坐标,磷(mg/L)为横坐标,便可绘制成磷标准曲线。

2. 土壤浸提

称取通过 1 mm 筛孔的风干土样 5.00 g 置于 250 mL 三角瓶中,加入一小勺无磷活性炭和 0.5 mol/L NaHCO₃ 浸提剂 100 mL,塞紧瓶塞,在振荡机上振荡 30 min,取出后立即用干燥漏斗和无磷滤纸过滤,滤液用另一只三角瓶承接。同时作空白实验。

3. 待测液中磷的测定

吸取滤液 10 mL(对含 P_2O_5 1%以下的样品吸取 10 mL,含磷高时可改为 5 mL 或 2 mL,但必须用 0.5 mg/L NaHCO₃ 补足至 10 mL),于 50 mL 容量瓶中,加钼锑抗混合显色剂5 mL,小心摇动。30 min 后,在分光光度计上用波长 660 mm(光电比色计用红色滤光片)比色,以空白液的吸收值为 0,读出待测的吸光度值。

(四)结果计算

$$土壤速效磷(mg/kg)=\frac{c\times V\times Ts}{W}$$

式中:c——从标准曲线上查得待测液的浓度(mg/kg);

V——50 mL;

Ts——浸提液总体积(mL)为吸取浸出液体积(mL)的倍数(100/10);

W——风干土重。

九、土壤速效钾含量的测定(醋酸铵浸提——火焰光度计法)

土壤速效钾包括土壤溶液中的钾和吸附在土壤胶体表面的交换性钾。水溶性钾和交换性钾易被植物吸收利用,可以反映土壤钾素供应水平。因此,测定土壤速效钾的含量,可以作为合理施用钾肥的重要依据。

(一)方法原理

以醋酸铵作浸提剂,将土壤胶体上的 K^+、Na^+、Mg^{2+} 等代换性阳离子代换下来,浸提液中的钾离子可用火焰光度计直接测定。为了抵消醋酸铵的干扰影响,标准钾溶液也需要用 1 mol/L 的醋酸铵配制。

(二)仪器与试剂

火焰光度计、振荡机、天平(0.01 g)、三角瓶(100 mL)、容量瓶(100 mL)、量筒(50 mL)、漏斗、1 mol/L 中性醋酸铵溶液、钾(K)标准溶液。

(三)操作步骤

1. 标准曲线的绘制

分别吸取 100 mg/kg 钾(K)标准液 0、2.5、5、10、15、20、40 mL 于 100 mL 容量瓶中,用 1 mol/L 醋酸铵溶液定容,摇匀,即得 0、2.5、10、20、40 mg/kg 钾(K)标准系列溶液,然后在火焰光度计上依次进行测定,以检流计读数为纵坐标,钾(K)浓度为横坐标,绘制标准曲线。

2. 样品测定操作步骤

称取通过 1 mm 筛孔的风干土样 5.00 g 于 100 mL 三角瓶中,加入 1 mol/L 中性醋酸铵溶液 50 mL,用橡皮塞塞紧,振荡 15 min,立即过滤,滤液承接于小三角瓶中,直接在火焰光度计上测定,记录检流计的读数,然后从标准曲线上查得待测钾浓度(mg/L)。

(四)结果计算

$$土壤速效钾(K,mg/kg)=\frac{c\times V}{风干土重\times水分系数}$$

式中:c——标准曲线上查出试液含钾(K)浓度(mg/L);

V——浸提液体积(mL)。

十、土壤中交换性钙、镁含量的测定(乙酸铵交换——原子吸收分光光度法)

钙和镁是土壤水溶性盐中的阳离子。钙和镁的测定中普遍应用的是滴定法,但近年来广泛应用原子吸收光谱法测定钙和镁。

(一)方法原理

以乙酸铵为土壤交换剂,浸出液中的交换性钙、镁,可直接用原子吸收分光光度法测定。测定时所用钙、镁标准溶液应同时加入同量的乙酸铵溶液,以消除基体效应。此外,在土壤浸出液中,还应加入释放剂锶,以消除磷、铝和硅对钙测定的干扰。

(二)仪器与试剂

离心机、分析天平、原子吸收分光光度计、三角瓶(100 mL)、离心管(100 mL)、容量瓶(250 mL)、量筒(50 mL)、1 mol/L 乙酸铵溶液、30 g/L 氯化锶溶液、K-B 指示剂、1 g/L 钙标准溶液、1 g/L 镁标准溶液。

(三)操作步骤

1. 标准曲线的绘制

分别称取 0.1 g/L 钙标准溶液 0.00、1.00、4.00、8.00、16.00、20.00、24.00 mL 加入 100 mL 容量瓶中,再分别吸取 0.1 g/L 镁标准溶液 0.00、0.50、1.00、2.00、3.00、4.00、5.00、6.00 mL 按照浓度由低到高的顺序依次加入相应的已经盛有钙标准溶液的容量瓶中,然后分别加入氯化锶溶液 10 mL,用 1 mol/L 乙酸铵溶液定容,即配成含钙 0、1、4、8、12、16、20、24 mg/L 和含镁 0、0.5、1、2、3、4、5、6 mg/L 的标准系列混合液。在选定工作条件的原子吸收分光光度计上,以 0 mg/L 钙、镁标准溶液调节仪器吸光度到零点,在 422.7 nm(钙)和 285.2 nm(镁)波长处,由低到高浓度分别测定钙与镁的吸光度。根据测定值分别绘制钙、镁工作曲线或计算回归方程。

2. 交换性钙、镁的浸提

称取通过 1 mm 筛孔的风干土样 2.00 g,加入 100 mL 离心管中,沿壁加入少量 1 mol/L 乙酸铵溶液,用玻璃棒搅拌土样,使其成为均匀的泥浆状态,再加入乙酸铵溶液至总体积约 60 mL,并充分搅拌均匀,然后用乙酸铵溶液洗净玻璃棒,溶液收入离心管内。离心 3~5 min,上清液收集在 250 mL 容量瓶中,最后用乙酸铵定容。

3. 浸出液中钙、镁的测定

吸取土壤浸出液 20~40 mL 于 50 mL 容量瓶中,加氯化锶溶液 5 mL,用乙酸铵溶液定容。然后在选定同标准曲线绘制条件的原子吸收分光光度计上,用标准溶液中的钙、镁浓度为零的溶液调节仪器零点后,分别测定钙、镁待测液的吸光度,计算出测定液中钙和镁的浓度。

(四)结果计算

$$交换性钙(cmol/kg1/2Ca^{2+}) = \frac{c \times V \times Ts}{m \times M_1 \times 1000} \times 100$$

$$交换性镁(cmol/kg1/2Mg^{2+}) = \frac{c \times V \times Ts}{m \times M_2 \times 1000} \times 100$$

式中：c——由标准曲线上查得测定液中钙（或镁）浓度（mg/L）；

　　　V——浸提液体积（50 mL）；

　　　Ts——分取倍数，Ts＝浸出液体积（mL）/吸取浸出液体积（mL）；

　　　M——风干土样质量（g）；

　　　M_1——（$1/2Ca^{2+}$）的摩尔质量，为 20.04 g/mol；

　　　M_2——（$1/2Mg^{2+}$）的摩尔质量，为 12.15 g/mol。

十一、土壤有效硫的测定

测定酸性土壤中有效硫，通常用磷酸盐为浸提剂，对石灰性土壤则用氯化钙溶液浸提。浸提出的硫包括易溶性硫、吸附硫和部分有机硫，常用氯化钡比浊法测定。

（一）方法原理

酸性土壤用磷酸盐（石灰性土壤用氯化钙）浸提，浸提出的硫包括易溶性硫、吸附硫和部分有机硫。浸出液中少量的有机质用过氧化氢去除后，氯化钡比浊法测定硫含量。

（二）仪器与试剂

振荡机、电热板或沙浴、分光光度计、磁力搅拌器、三角瓶（100 mL）、容量瓶（100 mL）、量筒（50 mL）、磷酸二氢钙、氯化钙、过氧化氢、盐酸、氯化钡、阿拉伯胶、100 mg/L 硫标准溶液。

（三）操作步骤

1. 标准曲线的绘制

将硫标准溶液稀释至 10 mg/L。吸取 0、1、3、5、8、10、12 mL 分别放入 25 mL 容量瓶中，加入 1 mL 盐酸和 2 mL 阿拉伯胶热溶液，用水定容。得到 0.0、0.4、1.2、2.0、3.2、4.0、4.8 mg/L 硫标准系列溶液，加氯化钡晶粒 1g，用磁力搅拌器搅拌 1 min。5～30 min 内用 3 cm 比色槽 440 nm 波长比浊。同时做空白实验。

2. 有效硫的浸提

称取过 2 mm 筛风干土样 10.00 g 于 100 mL 三角瓶中，加浸提剂 50 mL，振荡 1 h 后过滤。

3. 浸出液中硫的测定

吸取滤液 25 mL 于 100 mL 三角瓶中，在电热板或沙浴上加热，用过氧化氢 3～5 滴氧化有机物。待有机物完全分解后继续煮沸，除尽过氧化氢。加入 1：4 盐酸 1 mL，用水洗入 25 mL 容量瓶中，加入阿拉伯胶溶液 2 mL，用水定容。然后同标准曲线步骤进行比浊。

（四）结果计算

$$土壤有效硫含量（mg/kg）＝\frac{c \times V \times Ts}{m}$$

式中：c——由标准曲线上查得测定液中硫的浓度（mg/L）；

　　　V——测定时定容体积（mL）；

　　　Ts——分取倍数；

　　　m——土样质量（g）。

十二、土壤有效硼的测定(姜黄素比色法)

土壤中有效硼在水溶液中主要以硼酸分子(H_3BO_3)和离子形态 $B(OH)_4$ 存在。硼的比色分析法中,姜黄素是常被采用的试剂,它在蒸干条件下显色,但在分析过程中对蒸发温度、时间及其试剂用量等要求严格。

(一)方法原理

土壤用热水浸提出的硼,与作物对硼的反应有较高的相关性。浸提液中硼在草酸存在下与姜黄素作用,经脱水生成玫瑰红色的络合物。用乙醇溶液溶解后测定其吸光度。

(二)仪器与试剂

土样筛、分析天平、分光光度计、电热恒温水浴锅、调温电炉、石英三角瓶(250 mL)、回流冷凝管、蒸发皿、95%乙醇、硫酸镁溶液、姜黄素、草酸溶液、100 mg/L 硼标准溶液。

(三)操作步骤

1. 标准曲线的绘制

用 10 mg/L 硼标准溶液,按 0、0.1、0.2、0.4、0.6、0.8、1.0 mg/L 硼浓度配成硼标准系列溶液,分别吸取 1.00 mL 于 50 mL 蒸发皿内,加 4.00 mL 姜黄素-草酸溶液,在恒温水浴 55℃±3℃上蒸发至干,自呈现玫瑰红色时开始计时继续烘 15 min,取下蒸发皿冷却至室温,加入 20.0 mL 95%乙醇,用塑料棒搅动使残渣完全溶解。用滤纸过滤到具塞比色管内,以 95%乙醇为参比溶液,在分光光度计 550 nm 波长处,用 1 cm 比色皿测定吸光度。

2. 土壤有效硼的浸提

称取 10.00 g 风干过 2.0 mm 筛的土样于 250 mL 石英三角瓶中,按 1:2 水土比,加 20.0 mL 水,连接冷凝管,文火煮沸 5 min,立即移开热源,继续回流冷凝 5 min,取下三角瓶,加入 2 滴硫酸镁溶液,摇匀后立即过滤,将瓶内悬浮液一次倾入滤纸上,滤纸承接于聚乙烯瓶内。

同一试样做两个平行测定。同时,用水按上述提取步骤制备空白溶液。

3. 显色测定

称取 1.00 mL 滤液于 50 mL 蒸发皿内,其余步骤参照标准曲线绘制过程,在分光光度计 550 nm 波长处显色,测定吸光度。

(四)结果计算

$$土壤有效硼含量(mg/kg) = \frac{c \times V \times Ts}{m}$$

式中:c——由标准曲线上查得测定液中硼的浓度(mg/L);

V——测定时定容体积(mL);

Ts——分取倍数;

m——土样质量(g)。

十三、土壤有效铁的测定(DTPA 溶液浸提——原子吸收分光光度法)

DTPA 混合液提取土壤中的有效铁,提取的铁主要为螯合态铁,是常用有效铁的提取剂,其提取液可同时测定锌、铜和锰等微量元素。

(一)方法原理

用 pH＝7.3 的 DTPA-CaCl$_2$-TEA 溶液作为土壤浸提剂,用乙炔-空气火焰的原子吸收分光光度法直接测定铁。此法没有任何干扰,而且可以连续测定锌、铜、锰。

(二)仪器与试剂

尼龙筛、振荡机、原子吸收分光光度计、分析天平、三角瓶(250 mL)、DTPA(二乙基三胺五乙酸)、氯化钙、盐酸、100 mg/L 铁标准溶液。

(三)操作步骤

1. 标准曲线的绘制

准确吸取 100 mg/L 铁标准溶液 0.0、1.25、2.5、5.0、7.5、10.0 mL 分别于 50 mL 容量瓶中,用水或浸提剂定容。即得含铁 0.0、2.5、5.0、10.0、15.0、20.0 mg/L 的系列标准溶液,直接在原子吸收分光光度计上波长 248.3 nm 处,测定吸收值后绘制工作曲线,同时做空白试验。

2. 土壤有效铁的浸提与测定

称取通过 2 mm 尼龙筛的风干土 25.0 g 放入 150～180 mL 塑料瓶中,加入浸提剂 50.0 mL,在 20～25 ℃下振荡 2 h,立即过滤,滤液承接于塑料瓶中。滤液直接在原子吸收分光光度计上测定,测定条件与标准曲线绘制过程一致。

(四)结果计算

$$土壤有效铁含量(mg/kg)=\frac{c \times V}{m}$$

式中:c——由标准曲线上查得测定液中铁的浓度(mg/L);

V——浸提时所用浸出液的体积(mL);

m——土样质量(g)。

十四、土壤有效锰的测定(乙酸铵浸提——原子吸收分光光度法)

土壤中有效锰包括存在于土壤溶液中的游离态和与有机或无机配位体复合的阳离子的水溶态,以及黏粒和有机质表面松弛的非专性结合的交换态。

(一)方法原理

土壤样品用中性乙酸铵浸提,提取剂中 NH_4^+ 将土壤胶体上的 Mn^{2+} 交换进溶液,待测液中锰可用原子吸收分光光度法直接测定。

(二)仪器与试剂

往复式振荡机、原子吸收分光光度计、分析天平、三角瓶(250 mL)、容量瓶(100 mL)、1 mol/L 乙酸铵溶液、10 mg/L 锰标准溶液。

(三)操作步骤

1. 标准曲线的绘制

取 10 mg/L 锰标准溶液 0.0、0.25、0.5、1.0、5.0、10.0、25.0、50.0 mL 分别于 100 mL 容量瓶中,用浸提剂定容。即得含锰 0.0、0.025、0.05、0.10、0.50、1.00、2.50、5.00 mg/L 的系列标准溶液,直接在原子吸收分光光度计上 279.5 nm 波长,测定吸收值后绘制工作曲线。同时做空白试验。

2. 土壤有效锰的浸提与测定

称取 10 g 新鲜土壤样品,装入 250 mL 三角瓶中,加入 100 mL 乙酸铵溶液,加塞。在往复式振荡机上振荡 30 min,放置 6 h,并时加摇动,离心分离或过滤。浸出液可直接在原子吸收分光光度计上测定锰。测定条件同标准曲线绘制过程。

(四)结果计算

$$土壤有效锰含量(mg/kg) = \frac{c \times V}{m \times k}$$

式中:c——由标准曲线上查得测定液中锰的浓度(mg/L);

V——浸提时所用浸出液的体积(mL);

m——土样质量(g);

k——水分系数。

十五、土壤有效铜、锌的测定(0.1 mol/L 盐酸浸提——原子吸收分光光度法)

土壤中的活性铜和锌主要包括以游离态或复合态离子形式存在于土壤溶液中的水溶态,以及以非专性或专性吸附在土壤黏粒中的阳离子。一般土壤溶液中的铜、锌含量很低。

(一)方法原理

0.1 mol/L 盐酸浸提土壤有效铜、锌,不但包括水溶态和代换态铜、锌,还能释放酸溶性化合物中的铜、锌,后者对植物有效性较低。

(二)仪器与试剂

往复式振荡机、原子吸收分光光度计、分析天平、塑料瓶(100 mL)、容量瓶(100 mL)、0.1 mol/L 盐酸溶液、10 mg/L 铜标准溶液、10 mg/L 锌标准溶液。

(三)操作步骤

1. 标准曲线的绘制

取 10 mg/L 铜标准溶液 0、2、4、6、8、10、15、20 mL 分别于 100 mL 容量瓶中,用盐酸浸提

剂定容。即得含铜 0.0、0.2、0.4、0.6、0.8、1.0、1.5、2.0 mg/L 的系列标准溶液,直接在原子吸收分光光度计上 324.7 nm 波长,测定吸收值后绘制工作曲线。同时做空白试验。

取 10 mg/L 锌标准溶液 0、2、4、6、8、10 mL 分别于 100 mL 容量瓶中,用浸提剂定容。即得含铜 0.0、0.2、0.4、0.6、0.8、1.0 mg/L 的系列标准溶液,直接在原子吸收分光光度计上 213.8 nm 测定吸收值后绘制工作曲线。同时做空白试验。

2. 土壤有效铜、锌的浸提与测定

称取 10.00 g 通过 1 mm 筛的风干土样装入 100 mL 塑料瓶中,加入 0.1 mol/L 盐酸浸提剂 50 mL,25℃振荡 1.5 h,干过滤,浸出液可直接在原子吸收分光光度计上测定铜和锌,选用波长 324.7 nm 处测定铜和波长 213.8 nm 处测定锌。测定条件同铜和锌标准曲线绘制过程。

(四)结果计算

$$土壤有效铜或锌含量(mg/kg) = \frac{c \times V}{m}$$

式中:c——由标准曲线上查得测定液中铜或锌的浓度(mg/L);

V——浸提时所用浸出液的体积(mL);

m——土样质量(g)。

【模块小结】

本模块的学习主要介绍了土壤基本组成、土壤基本性质、土壤样品的采集与制备及土壤样品化验分析的方法。

土壤是由固体、液体(水分)及气体三相物质组成的,其中液体和气体存在于土壤孔隙之中。固体物质主要包括矿物质和有机质。土壤水分中含有多种无机、有机离子及分子,形成土壤溶液。土壤中气体的物质种类与大气相似。土壤的组成分并不是孤立存在,而是密切联系,相互影响,共同作用于土壤肥力的。不同土壤的组成成分是不同的。

土壤的基本性质包括土壤物理性质和化学性质,简称土壤理化性质。土壤理化性质对土壤肥力及植物生长有着重要的影响。土壤孔性、结构性和耕性都是土壤的重要物理性质,对土壤肥力和作物生长有多方面的影响。土壤的孔性反映在土壤的孔度,大小孔隙的分配及其在各土层中的分布情况等方面。土壤中孔性如何,决定于土壤质地、有机质等多方面因素,调节土壤孔性,使其有利于土壤肥力的发挥和作物的生长发育,是土壤耕作管理的重要任务之一。土壤结构是成土过程的产物,故不同的土壤及其发生层都具有一定的土壤结构。而土壤结构性是指土壤中单粒和复粒(包括结构体)的数量、大小、形状、性质及其相互排列和相应的孔隙状况等的综合特性。土壤结构性的好坏,往往反映在土壤孔性(孔隙的数量和质量)方面,结构性也是孔性好坏的基础之一。土壤耕性是土壤在耕作时及耕作后一系列土壤物理性及物理机械性的综合反映,它包括两个方面的特征:一方面为含水量不同时所表现的机械阻力(黏结性、黏着性、可塑性的综合表现);另一方面为耕作时土壤对农机具所表现出的机械阻力(土壤阻力)。土壤的保肥性与供肥性都是土壤的重要化学性质,其中保肥性是指土壤吸附和保存养分的能力,供肥性是指土壤向作物提供养分的能力,它们直接影响着植物的生长发育以及产量和品质。

土壤样品的采集是土壤分析工作中的一个很重要的环节,它关系到分析结果的正确与否的一个先决条件,采样前要做好充分的准备,采样人员要具有一定的采样经验,熟悉采样方法和要求,了解采样区域农业生产状况,绘制采样点分布图,制定采用样工作计划,准备好采样工作、采样袋,标签等。土壤样品的采集应具有代表性,用于测定微量元素的土壤样品,在采集与制备的过程中,要特别注意防止二次污染问题,不能接触金属器物。新鲜土壤样品不能久存。风干土壤样品制备时,首先要进行风干。风干时将土壤样品置于洁净的室内通风处自然晾干,严禁暴晒,严防酸碱,严防气体、灰尘、重金属等外来物的污染。

　　土壤样品分析是测土配方施肥技术的重要环节。本模块主要学习了土壤含水量、土壤质地、土壤有机质、土壤速效氮、土壤速效磷、土壤速效钾和部分土壤微量元素的测定方法。

【模块巩固】

1. 土壤质地的分类标准有哪些?
2. 不同质地土壤肥力的主要肥力特征和土壤质地改良的措施有哪些?
3. 土壤生物种类和作用有哪些?
4. 土壤有机质对土壤肥力和作物生长有什么影响?
5. 土壤密度和容重的概念是什么? 有何特点在生产上如何应用?
6. 土壤孔隙的类型有哪些? 作用是什么?
7. 土壤团粒结构的优点有哪些? 如何创造良好土壤结构的措施?
8. 如何判定土壤耕性的好坏?
9. 简述土壤酸碱度与土壤肥力和作物生长的关系?
10. 简述土壤水分类型及其特征。
11. 土壤空气与大气有何异同?
12. 土壤含水量的表示方法有哪些? 各种表示方法的含义是什么?
13. 计算土壤含水量时为什么要以烘干土为基数?
14. 某风干土样含水量为 6%,欲称取相当于 $5.00\,\mathrm{g}$ 烘干土重的土样,请问需要称取风干土样多少克?
15. 为什么测定土壤质地时要先将样本进行分散处理?

模块三

肥料配方

【知识目标】

通过本模块学习,学生了解肥料配方的方法,熟悉肥料效应田间试验实施方案,掌握田间试验布置和管理的方法及田间试验观察、记载和测定内容。

【能力目标】

具备配方施肥田间试验设置和管理的能力,能够进行肥料田间试验的布置与实施,准确完成田间试验观察记载及相应指标的测定工作。

设计肥料配方是配方施肥技术的重点,即根据土壤中营养元素的丰缺情况和计划产量等问题提出施肥的种类和数量。通过对土壤的营养情况进行诊断,按照作物需要的营养种类和数量进行配方,就像医生针对病人的病症开出处方抓药一样。因此,这一步骤非常关键,是整个技术的核心环节。其中心任务是根据土壤养分供应状况、作物状况和产量的要求,在生产前适当的时间确定施用肥料的配方,即肥料的品种、数量与肥料的施用时间、施用方式和使用方法。

项目一 肥料配方的方法

根据当前我国测土配方施肥技术工作的经验。肥料配方设计的核心是肥料用量的确定。肥料配方设计首先要确定氮、磷、钾养分的用量,然后确定相应的肥料组合,通过提供配方肥料或发放配肥通知单,指导农民使用。肥料用量的确定方法主要包括土壤与植株测试推荐施肥法、土壤养分丰缺指标法、肥料效应函数法和养分平衡法。

一、土壤与植株测试推荐施肥法

土壤、植株测试推荐施肥法综合了目标产量法、养分丰缺指标法和作物营养诊断法的优点,特别是大田作物,在综合考虑有机肥、作物秸秆应用和管理措施的基础上,根据氮、磷、钾和中、微量元素养分的不同特征,采取不同的养分优化调控与管理策略。其中,氮素推荐根据土壤供氮状况和作物需氮量,进行实时动态监测和精确调控,包括基肥和追肥的调控;磷、钾肥通过土壤测试和养分平衡进行监控;中、微量元素采用因缺补缺的矫正施肥策略。该技术包括氮素实时监控、磷、钾养分恒量监控和中、微量元素养分矫正施肥技术。

(一)氮素实时监控施肥技术

根据不同土壤、不同作物、同一作物的不同品种、不同目标产量确定作物需氮量,以需氮量的 30%～60% 作为基肥用量。具体基施比例根据土壤全氮含量,同时参照当地丰缺指标来确定。一般在全氮含量偏低时,采用需氮量的 50%～60% 作为基肥;在全氮含量居中时,采用需氮量的 40%～50% 作为基肥;在全氮含量偏高时,采用需氮量的 30%～40% 作为基肥。30%～60% 基肥比例可根据上述方法确定,并通过"3414"田间试验进行校验,建立当地不同作物的施肥指标体系。有条件的地区可在播种前对 0～20 cm 土壤中的无机氮(或硝态氮)进行监测,调节基肥用量。

其中:土壤无机氮(kg/亩)=土壤无机氮测试值(mg/kg)×0.15×校正系数

氮肥追肥用量推荐以作物关键生育期的营养状况诊断或土壤硝态氮的测试为依据,这是实现氮肥准确推荐的关键环节,也是控制过量施氮或施氮不足、提高氮肥利用率和减少损失的重要措施。测试项目主要是土壤全氮含量、土壤硝态氮含量或小麦拔节期茎基部硝酸盐浓度、玉米最新展开叶叶脉中部硝酸盐浓度,水稻采用叶色卡或叶绿素测试仪进行叶色诊断。

(二)磷、钾养分恒量监控施肥技术

根据土壤中有(速)效磷、钾含量水平,以土壤中有(速)效磷、钾养分不成为实现目标产量的限制因子为前提,通过土壤测试和养分平衡监控,使土壤有(速)效磷、钾含量保持在一定范围内。对于磷肥,基本思路是根据土壤中有效磷测试结果和养分丰缺指标进行分级,当有效磷水平处在中等偏上时,可以将目标产量需要量(只包括带出田块的收获物)的 100%～110% 作为当季磷肥用量;随着土壤中有效磷含量的增加,需要减少磷肥用量,直至不再施用;随着土壤中有效磷的降低,需要适当增加磷肥用量,在极缺磷的土壤上,可以施到需要量的 150%～200%。在 2～3 年后再次测土时,根据土壤有效磷和产量的变化再对磷肥用量进行调整。钾肥首先需要确定施用钾肥是否有效,再参照上面方法确定钾肥用量,但需要考虑有机肥和秸秆还田带入的钾量。一般大田作物磷、钾肥料全部做基肥。

(三)中、微量元素养分矫正施肥技术

中、微量元素养分的含量变化较大,作物对其需要量也各不相同。主要与土壤特性(尤其是母质)、作物种类和产量水平等有关。矫正施肥就是通过土壤测试,评价土壤中的中、微量元素养分的丰缺状况,进行有针对性的因缺补缺的施肥。

二、土壤养分丰缺指标法

养分丰缺指标是对土壤养分测定值与作物产量之间相关性的一种表达形式。确定土壤中某一养分含量的丰缺指标时,应先测定土壤速效养分,然后在不同肥力水平的土壤上进行多点试验,取得全肥区和缺素区的相对产量,用相对产量的高低来表达养分丰缺状况。例如,确定氮、磷、钾的丰缺指标时,可安排氮、磷、钾区(NPK),无氮区(PK),无磷区(NK),无钾区(NP)4 种方式。除施肥不同外,其他栽培管理措施与大田相同。确定磷的丰缺指标时,则用缺磷(NK)区的作物产量占全肥(NPK)区的作物产量的份额表示磷的相对产量。从多点试验中,取得一系列不同含磷水平土壤的相对产量后,以相对产量为纵坐标,以土壤养分测定值为横坐

标,制成相关曲线图。

在取得各试验土壤养分测定值和相对产量的成对数据后,以土壤速效养分测定值为横坐标(x),以相对产量为纵坐标(y)作图以表达两者的相关性。为使回归方程达到显著以上水平,需在30个以上不同土壤肥力水平(即不同土壤养分测得值)的地块上安排试验,且高、中、低的土壤肥力尽量分布均匀,其他栽培管理措施应一致。

不同的作物有各自的丰缺指标,在配方施肥中,最好能通过试验找出当地作物丰缺指标参数,这样指导施肥才会更加科学有效。由于制订养分丰缺指标的试验设计只用了一个水平的施肥量,因此此法基本上还是定性的。在丰缺指标确定后,尚需在施用这种肥料有效果的地区内,布置多水平的肥料田间试验,从而进一步确定在不同土壤测定值条件下的肥料适宜用量。

土壤养分丰缺指标田间试验也可采用"3414"部分实施方案。"3414"方案中的处理1为空白对照(CK),处理6为全肥区(NPK),处理2、4、8为缺素区(即PK、NK和NP)。收获后计算产量,用缺素区产量占全肥区产量百分数即相对产量的高低来表达土壤养分的丰缺情况。相对产量低于60%(不含)的土壤养分为低;相对产量60%~75%(不含)的土壤养分为较低,相对产量75%~90%(不含)的土壤养分为中,相对产量90%~95%(不含)的土壤养分为较高,95%(含)以上的土壤养分为高,从而确定适用于某一区域、某种作物的土壤养分丰缺指标及对应的肥料施用数量。对该区域其他田块,通过土壤养分测试,可以了解土壤养分的丰缺状况,提出相应的推荐施肥量。

此法的优点是,简单易行,直观性强,确定施肥种类和施肥量简捷方便。缺点是精确度较差,由于土壤理化性质的差异,土壤氮的测定值和产量之间的相关性很差,不宜用此法,适宜用于磷、钾和微量元素肥料的定量。

三、肥料效应函数法

肥料效应函数法是以田间试验为基础,采用先进的回归设计,将不同处理得到的产量进行数理统计,求得在供试条件下产量与施肥量之间的数量关系,即肥料效应函数(肥料效应方程式),不仅可以直观地看出不同肥料的增产效应和两种肥料配合施用的交互效应,而且还可以计算最高产量施肥量(即最大施肥量)和经济施肥量(即最佳施肥量),以作为配方施肥决策的重要依据。此法的优点是,能客观地反映影响肥效诸因素的综合效果,精确度高,反馈性好。缺点是有地区局限性,在不同年份、不同地区作物肥效差异较明显时,所得的田间试验结果地域性和时效性较强,需要在不同类型土壤上布置多点试验,积累不同年度的资料,找出适合一定条件下的施肥规律,才能应用于不同的地区,费时较长。

四、养分平衡法

养分平衡法是以"养分归还学说"为理论基础,根据作物目标产量需肥量与土壤供肥量之差估算目标产量的施肥量的方法,该法是美国土壤化学家、测土施肥科学的创始人之一 Trong 于1960年在第七次国际土壤学会上首次提出的,后为斯坦福发展,创立了养分平衡施肥法计算施肥量的公式:

$$施肥量(kg/亩) = \frac{目标产量所需养分总量 - 土壤供肥量}{肥料中养分含量 \times 肥料当季利用率}$$

养分平衡法又称目标产量法。其核心内容是作物在生长过程中所需要的养分是由土壤和肥料两个方面提供的。"平衡"之意就在于通过施肥补足土壤供应不能满足作物需要的那部分养分,只有达到养分供需平衡,作物才能达到理想的产量。

养分平衡法涉及目标产量、作物需肥量、土壤供肥量、肥料利用率和肥料中有效养分含量5个参数。土壤供肥量即为"3414"方案中处理1的作物养分吸收量。目标产量确定后因土壤供肥量的确定方法不同,形成了地力差减法和土壤有效养分校正系数法两种。

(一)地力差减法

地力差减法是根据作物目标产量与基础产量之差来计算施肥量的一种方法。不施肥的作物产量称之为基础产量(或空白产量),构成基础产量的养分全部来自土壤,它反映了土壤能够提供的该种养分的数量。目标产量减去基础产量为增产量,增产量要靠施用肥料来实现。因此,地力差减法确定施肥量计算公式为:

$$施肥量(kg/亩) = \frac{作物单位产量养分吸收量×(目标产量-基础产量)}{肥料中养分含量×肥料利用率}$$

上式表明:要利用地力差减法确定施肥量,就必须掌握单位经济产量所需养分量(也称养分系数)、目标产量、基础产量、肥料中养分含量和肥料利用率5个参数。

(二)土壤有效养分校正系数法

土壤有效养分校正系数法是通过测定土壤有效养分含量来计算施肥量。土壤有效养分是一个动态的变化值。即使当时测定时含量很少,在作物生长过程中由于某种特殊影响,可能导致缓效养分变成速效养分,这样作物吸收的养分量又可能多于测定值,反之,作物吸收的养分量可能少于测定值。怎样把土壤测定值转化为作物实际吸收值,Trong提出了一个十分巧妙的设计,即将土壤有效养分测定值乘一个系数,以表达土壤"真实"的供肥量。假设土壤有效养分也有个"利用率"的问题,为了避免土壤有效养分利用率与肥料利用率在概念上的混淆,把土壤有效养分利用率叫作土壤有效养分校正系数。一般来讲,肥料利用率不会超过100%,而土壤有效养分校正系数由于受浸润状况和根系生长情况的影响,则有可能大于100%。这样一来,利用土壤有效养分校正系数计算养分平衡法的施肥量公式为:

$$施肥量(kg/亩) = \frac{作物单位产量养分吸收量×目标产量-土壤测试值×0.15×土壤有效养分校正系数}{肥料中养分含量×肥料利用率}$$

(三)相关参数

1. 目标产量

目标产量可采用平均单产法来确定,平均单产法是以施肥区前三年平均单产和年递增率为基础,确定目标产量,其计算公式是:

$$目标产量 = (1+递增率)×前三年平均单产$$

一般粮食作物的递增率以10%~13%为宜,露地蔬菜一般为20%左右,设施蔬菜一般为

30%左右。

2. 作物需肥量

通过对正常成熟的农作物全株养分的化学分析。测定各种作物 100 kg 经济产量所需养分量（常见作物平均每 100 kg 经济产量吸收的养分量），即可获得作物需肥量。

$$作物目标产量所需养分量(kg)=\frac{目标产量(kg)}{100}\times 100\ kg\ 产量所需养分量$$

农作物在其生育周期中，形成 100 kg 经济产量所吸收的养分量叫作作物 100 kg 产量所需养分量，也称为养分系数，其会因为产量水平、气候条件、土壤肥料和肥料种类的变化而变化。常见作物形成 100 kg 经济产量所需吸收的养分量。

3. 土壤供肥量

土壤供肥量可以通过测定基础产量、土壤有效养分校正系数两种方法估算：

通过基础产量估算（处理 1 产量）：不施肥区作物所吸收的养分量作为土壤供肥量。

$$土壤供肥量(kg)=\frac{不施养分区作物产量(kg)\times 100\ kg\ 产量所需养分量(kg)}{100}$$

通过土壤有效养分校正系数估算：将土壤有效养分测定值乘以一个校正系数，以表达土壤"真实"供肥量。该系数称为土壤养分校正系数。

$$校正系数=\frac{空白产量/100\times 作物 100\ kg\ 产量养分吸收量}{土壤养分测定值\times 0.15}$$

式中 0.15 系换算系数，即将 1 mg/kg 养分折算成每亩土壤养分（kg/亩）。

4. 肥料利用率

肥料利用率是指当季作物从所施肥料中吸收的养分占施入肥料养分总量的百分数。无数试验表明，它不是一个恒值，它因作物种类、土壤肥力、气候条件和农艺措施有所变动，在很大程度上取决于肥料用量、用法和施用时期。其测定方法有两种：同位素示踪法和田间差减法。前者难于广泛用于生产实践，故现有肥料利用率大多用差减法。其算式为：

$$肥料利用率(\%)=\frac{\begin{array}{c}施肥区农作物养分吸收量(kg/亩)-\\缺素区农作物养分吸收量(kg/亩)\end{array}}{肥料施用量(kg/亩)\times 肥料中养分含量(\%)}\times 100\%$$

上述公式以计算氮肥利用率为例来进一步说明。

施肥区（NPK 区）农作物养分吸收量（kg/亩）："3414"方案中处理 6 的作物总吸氮量。

缺氮区（PK 区）农作物养分吸收量（kg/亩）："3414"方案中处理 2 的作物总吸氮量。

肥料施用量（kg/亩）：施用的氮肥肥料用量。

肥料中养分含量（%）：施用的氮肥肥料所标明的含氮量。

如果同时使用了不同品种的氮肥，应计算所用的不同氮肥品种的总氮量。

5. 肥料养分含量

供施肥料包括无机肥料与有机肥料。无机肥料、商品有机肥料其养分含量可按其标明量；不明养分的有机肥料，其养分含量可参照当地不同类型有机肥养分平均含量获得。

项目二　肥料效应田间试验设置

肥料效应田间试验是获得各种作物最佳施肥品种、施肥比例、施肥数量、施肥时期、施肥方法的根本途径,也是筛选、验证土壤养分测试方法、建立施肥指标体系的基本环节。通过田间试验,掌握各个施肥单元不同作物优化施肥数量,基、追肥分配比例,施肥时期和施肥方法;摸清土壤养分校正系数、土壤供肥能力、不同作物养分吸收量和肥料利用率等基本参数;构建作物施肥模型,为施肥分区和肥料配方设计提供依据。

一、肥料效应田间试验方案

肥料效应田间试验设计方案取决于试验目的。对于一般大田作物施肥量研究,农业农村部《测土配方施肥技术规范(试行)》推荐采用"3414"方案设计,在具体实施过程中可根据研究目的选用"3414"完全实施方案、"3414"部分实施方案或其他试验方案。

(一)"3414"完全实施方案

"3414"方案设计吸收了回归最优设计处理少、效率高的优点,是目前国内外应用较为广泛的肥料效应田间试验方案。"3414"是指氮、磷、钾 3 个因素、4 个水平、14 个处理。4 个水平的含义:0 水平指不施肥,2 水平指当地推荐施肥量,1 水平(指施肥不足)=2 水平×0.5,3 水平(指过量施肥)=2 水平×1.5,如表 3-1 所示。

表 3-1　"3414"试验方案处理(推荐方案)

试验编号	处理	N	P	K
1	$N_0P_0K_0$	0	0	0
2	$N_0P_2K_2$	0	2	2
3	$N_1P_2K_2$	1	2	2
4	$N_2P_0K_2$	2	0	2
5	$N_2P_1K_2$	2	1	2
6	$N_2P_2K_2$	2	2	2
7	$N_2P_3K_2$	2	3	2
8	$N_2P_2K_0$	2	2	0
9	$N_2P_2K_1$	2	2	1
10	$N_2P_2K_3$	2	2	3
11	$N_3P_2K_2$	3	2	2
12	$N_1P_1K_2$	1	1	2
13	$N_1P_2K_1$	1	2	1
14	$N_2P_1K_1$	2	1	1

该方案可应用 14 个处理进行氮、磷、钾三元二次效应方程拟合,还可分别进行氮、磷、钾中

任意二元或一元效应方程拟合。

例如:进行氮、磷二元效应方程拟合时,可选用处理2~7、11、12,求得在以 K_2 水平为基础的氮、磷二元二次效应方程;选用处理2、3、6、11可求得在 P_2K_2 水平为基础的氮肥效应方程;选用处理4、5、6、7可求得在 N_2K_2 水平为基础的磷肥效应方程;选用处理6、8、9、10可求得在 N_2P_2 水平为基础的钾肥效应方程。此外,通过处理1,可以获得基础地力产量,即空白区产量。其具体操作参照有关实验设计与统计技术资料。

(二)"3414"部分实施方案

试验氮、磷、钾某一个或两个养分的效应,或因其他原因无法实施"3414"完全实施方案,可在"3414"方案中选择相关处理,即"3414"的部分实施方案。这样既保持了测土配方施肥田间试验总体设计的完整性,又考虑到不同区域土壤养分特点和不同试验目的要求,满足不同层次的需要。如有些区域重点要试验氮、磷效果,可在 K_2 做底肥的基础上进行氮、磷二元肥料效应试验,但应设置3次重复。具体处理及其与"3414"方案处理编号对应列于表3-2。

表3-2　氮、磷二元二次肥料试验设计与"3414"方案处理编号对应表

处理编号	"3414"方案处理编号	处理	N	P	K
1	1	$N_0P_0K_0$	0	0	0
2	2	$N_0P_2K_2$	0	2	2
3	3	$N_1P_2K_2$	1	2	2
4	4	$N_2P_0K_2$	2	0	2
5	5	$N_2P_1K_2$	2	1	2
6	6	$N_2P_2K_2$	2	2	2
7	7	$N_2P_3K_2$	2	3	2
8	11	$N_3P_2K_2$	3	2	2
9	12	$N_1P_1K_2$	1	1	2

上述方案也可分别建立氮、磷一元效应方程。

在肥料试验中,为了取得土壤养分供应量、作物养分吸收量、土壤养分丰缺指标等参数,一般把试验设计为5个处理:空白对照(CK)、无氮区(PK)、无磷区(NK)、无钾区(NP)和氮、磷、钾区(NPK)。这5个处理分别是"3414"完全实施方案中的处理1、2、4、8和6(表3-3)。如要获得有机肥料的效应,可增加有机肥处理区(M);试验某种中(微)量元素的效应,在 NPK 基础上,进行加与不加该中(微)量元素处理的比较。试验要求测试土壤养分和植株养分含量,进行考种和计产。试验设计中,氮、磷、钾、有机肥等用量应接近肥料效应函数计算的最高产量施肥量或用其他方法推荐的合理用量。

表 3-3　常规 5 处理试验设计与"3414"方案处理编号对应表

处理编号	"3414"方案处理编号	处理	N	P	K
空白对照	1	$N_0P_0K_0$	0	0	0
无氮区	2	$N_0P_2K_2$	0	2	2
无磷区	4	$N_2P_0K_2$	2	0	2
无钾区	8	$N_2P_2K_0$	2	2	0
氮磷钾区	6	$N_2P_2K_2$	2	2	2

(三)其他试验方案

在测土配方施肥技术推广过程中,常需要验证配方肥料的增产效果,一般需进行示范试验。示范设置常规施肥对照区和测土配方施肥区两个处理,另外加设一个不施肥的空白处理(图 3-1),其中测土配方施肥、农民常规施肥处理面积不少于 200 m²、空白对照(不施肥)处理不少于 30 m²。其他参照一般肥料试验要求。通过田间示范,综合比较肥料投入、作物产量、经济效益、肥料利用率等指标,客观评价测土配方施肥效益,为测土配方施肥技术参数的校正及进一步优化肥料配方提供依据。田间示范应包括规范的田间记录档案和示范报告,具体记录内容参见附表 5 测土配方施肥田间试验结果汇总表。

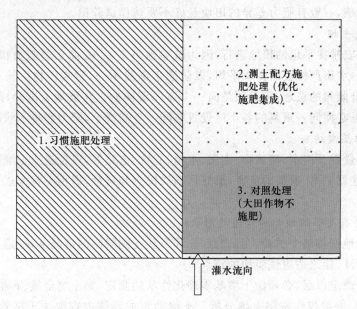

图 3-1　测土配方施肥示范小区排列示意图

注:1. 习惯施肥处理完全由农民按照当地习惯进行施肥管理;2. 测土配方施肥处理只是按照试验要求改变施肥数量和方式;3. 对照处理则不施任何化学肥料,其他管理与习惯处理相同。处理间要筑田埂及排、灌沟,单灌单排,禁止串排串灌。

二、田间试验的实施

(一)试验地的要求

选择一块合适的试验地是减少土壤差异的影响,提高试验精度的首要条件,一般考虑以下5个方面:

1. 试验地要有代表性

要使田间试验具有代表性,首先试验地要有代表性。试验地的气候、土质、土壤肥力、栽培管理水平等要代表本地区大部分地块的基本特点,以便试验结果能够较有把握地推广使用。也有些田间试验需要选择特定的土壤才能得到试验结果,如不同钾肥种类肥效比较试验,应选择缺钾土壤,在钾肥效果显著的基础上才能比较不同种类钾肥的肥效差异。

2. 试验地肥力要均匀一致

肥力均匀是提高试验精度的首要条件,肥力的差异可能掩盖处理效应,导致试验失败甚至得出错误结论。可以使用目测法,通过作物长势的整齐度来大致了解肥力差异。还要了解试验地的历史变迁,试验地上曾经是否为填平的道路、池塘、积肥坑、土地平整后填方挖方等情况,这样的地段都不能作为试验地。有些农业技术措施对土壤的后效比较大,如施用石灰、磷矿粉、厩肥或其他有机肥料,都可能引起肥力不均匀,设置试验时必须注意,尽量避免或降低土壤肥力差异的影响,一般有肥力差异的田块最好不要选作试验田。

3. 试验地要平坦

试验地最好安排在平坦的田地进行,因为试验地不平,一方面土壤肥力很难一致;另一方面排灌也很困难,水田严格要求田块平坦,以防灌水深浅不一,影响作物生长。不得已的情况下,也可采用略有倾斜的坡地,但必须是向一个方向缓倾的。在坡地上试验,须特别注意重复和小区的排列,务必使同一重复各小区设置在同一等高线上,肥力和排水状况较为一致。

4. 试验地位置要适当

试验地要尽量避开树木、建筑物、沟渠、水塘、肥坑、道路等,以免造成土壤肥力和气候条件的不一致,还要注意家禽、家畜的危害,最好远离居民点和禽舍,但也不宜太远造成管理和观察记载的不便。

5. 试验地要有足够的面积和合适的形状

能充分合理地安排整个试验,在试验面积和形状受到限制的情况下,可适当改变试验的方案设计和方法设计,使之适应试验地的特点。

试验地初步确定以后,必须做土壤基本理化性状的测定,如土壤全氮、有机质、有效氮磷钾养分含量、pH 等,一般仅作耕层土壤分析。土壤测定的具体内容取决于试验的目的和任务,测定结果不仅是最后选定试验地的依据,而且对试验结果的解释也有很大帮助。

(二)试验小区的面积

在田间试验中,安排一个处理(或品种)的小块地段称为试验小区。试验小区面积大小对减少土壤差异的影响和提高试验精确性有直接关系。一般来说,小区面积越大试验误差越小,反之则大。这是由于小区面积较小时,有可能恰恰占用或者大部分占用较肥或较贫瘠的土壤,小区内土壤差异较小,而小区间土壤差异较大,所以造成的误差也较大。当小区面积适当增大时,较大的小区可能同时包含较肥沃和较贫瘠的土壤,小区内有较大的土壤差异,小区间土壤差异就可以相应减小,从而降低误差。但是,当小区增加到一定面积后,降低试验误差的作用逐渐不明显,因为如果采用很大的小区,同时试验处理又比较多,整个试验占很大面积,难以保证各小区处于同一肥力条件,工作量加大,试验的操作和田间管理也不易达到一致。确定小区面积时必须考虑以下 5 个方面:

1. 作物种类

密植作物如水稻小区面积可以小些,而中耕作物如玉米小区面积就应该大些,果树作物小区面积当然要更大。

2. 试验项目性质

包括氨水等挥发性肥料的试验,含喷施处理等施肥技术试验,机械化栽培试验等小区之间容易产生干扰的试验项目,小区面积要适当大些。

3. 试验地的土壤差异程度和面积

试验地土壤差异程度大,则相应的小区面积也大些;试验地本身面积小,如在丘陵地区,小区面积也相应小些,反之在平原地带试验地面积大,小区面积也可大些。

4. 试验过程机械化操作取样的需求

机械化程度高、取样量大时小区面积也要大些。

5. 试验处理数多少

试验处理数不多时可以考虑较大的小区面积,处理数较多时则小区面积不宜过大。总之,小区面积大小的确定是比较灵活的,要视具体情况而定。一般地说,地力均匀的小区试验,稻麦等禾谷类作物小区面积为 $7\sim34 \ m^2$;棉花、玉米等中耕作物小区面积为 $15\sim67 \ m^2$;地力差异较大时,棉花、玉米等中耕作物小区面积为 $133\sim334 \ m^2$,禾谷类作物小区面积为 $67\sim133 \ m^2$,大田示范对比试验小区面积一般为 $334\sim667 \ m^2$。

(三)试验小区的形状

在小区面积相等的情况下,适宜的小区形状对提高试验精确性也有一定作用。通常长方形特别是狭长形小区,试验误差往往比方形小。不管是渐变式的还是斑块状的土壤肥力差异,采用狭长小区能较全面地包括各种肥力的土壤,小区间的土壤肥力差异就会减少,提高试验的精确性。应该注意到,当土壤肥力沿一定方向渐变时,长方形小区的长边应该与肥力变化方向一致,这样才能充分发挥降低误差的作用。狭长形小区还有利于田间操作和记载,如使用机械操作,狭长形小区比方形小区更为有利。

(四)重复的设置

为了降低并估计试验误差,试验小区必须设置重复。扩大小区面积虽然能减少土壤差异,但是小区面积扩大后很可能肥力较高的小区仍处于肥力较高的部位,肥力较低的小区仍处于肥力较低的部位。设置重复是将各个小区分布在试验地的各个部位,这样有的小区可能分在较贫瘠的地方,有的小区可能分布在较肥沃的地方,统一处理包含的土壤肥力较广,受土壤差异的影响就小了,因此,在试验地总面积不变的情况下,扩大小区面积对于降低试验误差的作用不如增加重复次数更为有效。但在实际工作中也不是重复越多越好,因为重复会降低试验误差的效率,效率随着重复次数的增加而降低,而重复次数增加也使工作量成倍增加,并增加了实施过程中产生误差甚至错误的机会。重复次数的确定一般按照以下原则:试验精确性要求高、土壤差异大、小区面积小的重复次数多些,反之少些;处理多时,不宜多设重复,以免试验规模太大。一般处理在 4~8 个之间的田间肥料试验重复次数在 3~6 次。大区示范试验可不设重复。

为了控制和减轻试验地土壤差异的影响,要注意重复小区的排列方向。重复小区排列的原则是重复区内土壤肥力尽可能一致,允许不同重复区间存在土壤差异。当已知试验地土壤肥力分布状况时,应尽可能做到重复区内只有最小的差异,而重复区间任其有最大的土壤差异。当不知道土壤肥力分布状况时,要尽可能采用接近正方形的重复区,避免采用狭长形重复区,因为正方形的土壤差异要比狭长形的土壤差异小的多。重复区排列的原则就是重复区(区组)内土壤差异要小,允许重复间有较大差异这一原则。

(五)保护行的设置

一般在试验区周围还必须设置保护行,保护行的作用主要是为了保护试验区内作物免受人畜践踏,防止非试验因素如边际效应等对作物生长的影响。肥料试验保护行的品种一般与试验区相同,种植行数无硬性规定,禾谷类作物一般在 4 行以上。

项目三　田间试验的布置与观察记载

在明确了试验的目的和要求,拟定了试验方案,并进行了实验设计后,接着就要做好田间试验的布置和管理。这方面的主要内容是正确、及时地把试验的各处按要求布置到试验田块,并正确贯彻执行对试验田的各项管理和观察记载,以保证田间供试验植物的正常生长,掌握生长过程中的发展动态和获得可靠的产量数据。

一、田间试验的布置和管理

在田间试验的整个过程中,技术操作的不一致所引起的差异是造成试验误差的一个来源,所以对于田间试验的布置和管理,在技术操作方面必须注意控制误差,这就要在试验中各项技术尽可能做到一致,从而达到减少误差的目的。

田间试验布置和管理的要求是必须贯彻以区组为单位的局部控制原则,即在同区组内的各种田间操作,除处理项目的不同要求外,都必须尽可能一致,这包括操作人员及操作的时间、工具、方法、数量、质量等方面都要求力求相同。

(一)田间试验计划的制订

田间试验计划是整个试验活动的依据。试验能够取得预期效果,与计划是否正确有密切关系。所以,首先必须制订切实可行的试验计划,明确试验的目的、要求、方法以及各项技术措施的规格要求,以便试验的各项工作按计划进行以及便于在进行中检查执行情况,保证试验任务的完成。

1. 田间试验计划的内容

一般包含以下项目:试验的题目、地点和时间;试验的目的、依据及其预期的效果;试验地的土质、地形、地势、前茬及水利条件等基本情况;供试处理及试验材料的名称;试验的设计与方法;耕作栽培措施;田间观测、室内考种和分析测定的项目及方法;试验资料的统计分析方法和要求;收获计产方法;试验地面积、所需经费及主要仪器设备;项目负责人和执行人。

2.编制种植计划书

种植计划书是为把试验处理种植到大田做好准备,并可做试验记载簿之用。肥料、栽培、品种比较等试验的种植计划书一般比较简单,内容只包括处理种类(或代号)、种植区号(或行号)、田间记载项目等。育种工作各阶段(除品种比较的试验外),由于材料较多,试验是多年继续的,一般应包括今年种植区号(或行号)、去年种植区号(或行号)、品种或品系名称(或代号)、来源(原产地或原材料)以及田间记载项目等。不论哪种试验,都应按其应包括的项目、按上述次序画出表格。

试验计划与种植计划书都十分重要,应该备有副本,一份种植计划书用于田间种植,并绘有田间种植图,以后又可以经常用做观察记载。这些以后都应抄写在另一份种植计划书上,妥善保管。

种植计划书应附有田间种植图。图 3-2 是某小麦品比较试验的田间种植图。

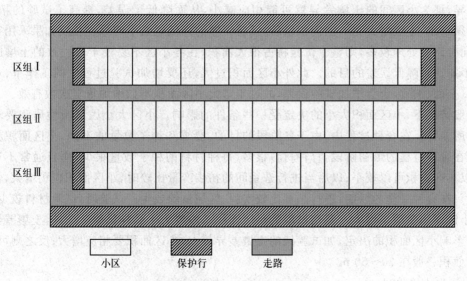

图 3-2 某小麦品比试验的田间种植图

(二)试验地的准备和田间区划

试验误差的大小与小区形状和小区面积密切相关。沿着土壤肥力变异较大的方向增加小区面积能降低试验误差。适当扩大小区面积能概括土壤复杂性,减少小区间土壤肥力差异,降低试验误差。

1.试验地的形状

小区理想的形状为长方形。但不是长宽比越大越好,小区过长,边际效应增加,误差增大。除小区的面积外,适当的小区形状对提高试验精确性也有一定的作用。在通常情况下,长方形特别是狭长形小区,其试验误差常比方形小区小。不论是渐变式或呈斑块状的土壤肥力差异,采用狭长小区能较全面地包括各种肥力的土壤,小区间的土壤差异就会相应减少,因而能提高试验的精确性。应当注意在试验地土壤差异有明显的方向性变化趋势时,小区长的一边应与肥力变化的方向平行。狭长形小区还有利于田间操作和观察记载,比方形小区更为有利。

小区的长宽比例,可以以试验地的形状和面积以及小区大小因素等调整决定。在人工操作情况下,一般长宽比例可为(3:1)～(20:1);如果采用播种机或插秧机,为了发挥机械性能,长宽比例还可增加。当采用长宽比较大的狭长形小区时,由于小区间边界加长,如有明显边际影响,从而歪曲试验结果。有些添加试验,如播种期试验、肥料试验、灌溉试验等,边际影响较大,可适当增加小区宽度,采用接近方形的小区,收获时可除去小区间的若干边行不计产量,借以提高准确性。小区长宽比一般为(2:1)～(5:1)。

2. 试验地的面积

在田间试验中,安排一个处理的小块地段称为试验小区。试验小区面积的大小对减少土壤差异的影响和提高试验精确性有密切关系。一般来说,在一定范围内,小区面积越大试验误差越小,反之则大。这是由于小区面积较小时,有可能恰恰占有或大部分占有较贫瘠或较肥沃的土壤,小区内的土壤差异较小,从而使小区间的土壤差异增大,随之试验误差也会增大。当小区面积适当增大时,较大的小区有可能同时包括较贫瘠和较肥沃的土壤,即小区内有较大的土壤差异,那么小区间的土壤差异就可能相应减小,从而降低了误差,提高了试验的精确性。但是必须指出,小区增大到一定面积以后,试验误差的降低逐渐不明显。相反如果采用很大的小区,同时试验处理较多,则整个试验将占很大面积,在各小区不易处于较一致的土壤肥力条件下,不能达到降低误差的目的。此外小区面积过大,还要增加试验过程中的工作量,难以做到及时、全面、细致,也会增加试验误差,故过于增大小区面积不如增加重复次数有效。

一般情况下,小区面积大小的决定受一些条件的影响。小区大小因试验性质和要求的不同而有所差异。在育种过程中,由于各阶段的目的、要求和种子数量的不同,小区面积亦应不同。如在育种过程的最初阶段,育种材料很多,每种材料的种子数量很少,而且通常不进行测产,所以小区面积可以较小;以后当进行选系间的初步产量比较时,小区面积应稍增大,但还是偏小的。在育种工作的后期,进行品种比较实验、区域试验或生产试验时,试验材料较少,要求较高,小区面积要适当增大。栽培试验的小区面积一般要大于品种试验。此外,土壤差异的程度也会影响小区面积的决定,如试验地的土壤差异较大,小区面积要相应增大;反之则可小些。小区的面积一般在 20～50 m²。

3. 试验地的排列

田间试验小区排列的基本原则是随机排列。如果因水肥管理方面的问题而小区间相互影响时,也可根据需要进行顺序排列。

4. 试验地的区组配置

一般试验地均应按地区习惯和试验要求,用一定数量的有机或无机肥料(或者两者兼施)作为基肥。试验方法可以多种多样,最好采用分割分量的方法,即将所选试验地划分成面积相等的方格,按方格等量施匀。施肥必须做到均匀一致。试验地所用的有机肥必须充分腐熟,质量一致。肥料送抵后应尽快使用,以免造成新的肥力差异。

试验地的整地要求做到耕深一致,耙匀耙平。整地的方向应与小区的长边垂直,使每一重复内各小区的整地质量一致。整地后应做好排水沟,做到沟沟相通,使田面做到雨后不积水。整地的各项作业要求在一天内完成。试验地准备工作初步完成后,可按田间种植图进行试验地区划,田间区划大致可按图 3-3 中划分。

在试验地上拉出一条标准线。标准线应与试验地的长边平行,并离田边至少要有 2 m,以供设置走道和保护行之用。以标准线为基础,应用边长为 3∶4∶5 组成一个直角的"勾股弦"定理,在其两端各拉出一条与标准线成直角的垂直标准线。垂直标准线一般为以后试验小区的起始行(或终止行)的位置,所以也应离田边有 2 m 以上的距离,供种植保护行之用。

根据试验设计的小区长度和走道位置以垂直标准线与标准线的交点为起点,沿着垂直标准线丈量过去,打桩定点。将两条垂直标准线上的对应木桩系绳拉直,开辟走道,区组和保护带的位置即可确定。在区组内和保护带内按规定行距划行,定出小区位置,并在每个小区的第一行前插上标牌。一般在标牌上标出重复号、小区号和处理名称(或代号),如图 3-4 所示。标牌在播种前(或移栽前)插下,直到收获,要一直保留在田间。标牌必须字迹清楚,位置准确。

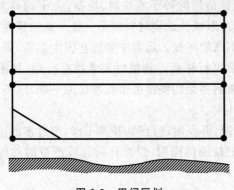

图 3-3　田间区划

图 3-4　小区标牌

(三)种子准备

作为供试验的种子,必须是同一来源质量优良的种子。在播种前一个月左右应进行粒选或筛选,以提高种子的质量和整齐度。按照唯一的差异原则,播种后必须保证各个小区达到相同数量的株数。为此,事先要测定种子的发芽率、千粒重和净度,并根据种植密度的要求,通过下式计算出小区播种量。

$$小区播种量(g)=\frac{A\times B\times C}{666.7\times 1\,000\times U\times V(1-W)}$$

式中:A 为每亩规定株数;
　　　B 为千粒重;
　　　C 为小区面积(m^2);
　　　U 为发芽率;
　　　V 为净度;
　　　W 为田间损失率。

(四)播种或移栽

播种是做好田间试验的重要环节,应做到准确无误,切忌出现差错。播种前将每一小区的种子袋按照田间种植图,放置在小区的标牌旁,经核对无误后方可开沟播种。开沟要开的直,深度尽量一致,并使沟长稍稍伸出小区界限,出苗后在铲掉伸出的部分,以保证各小区的行长相等。撒种时要力求种子分布均匀,覆土厚度要一致,保证出苗整齐均匀。播完的种子袋仍放回原处,待播完重复经核对无误后,收回空袋。如发现错误,应在记载本上做相应改正并注明。播种工作应按重复进行,播完一个重复,再播另一个重复,所有重复播完后再播保护行。同一试验要求在一天内播完。如遇特殊情况无法完成时,至少要留下完整的重复以待第二天继续播种。

如用播种机播种,小区形状要符合机械播种的要求。先按规定调好播种量,因播种机在开始和停止时种子排放不匀,故下种处应超出小区 0.5 m,并且不允许播种机在小区内中途停机。播种机的速度要均匀一致,种子必须播在一条直线上。无论是人工播种还是机械播种,播完后都要进行全面检查,发现露籽应及时覆盖。

如需进行移栽要先在秧田或苗床育苗。育苗用的种子或块根、块茎,必须选择大小、品质一致的材料,取苗时力求挑选大小均匀的秧苗,以减少试验材料的不一致。差异较大的秧苗可分级按比例进行分配,或者不同的重复移栽不同的等级。运苗中要防止发生差错,要有标签随苗运送到试验地各小区的标牌处,经过核对后再行移栽。栽植时要掌握好行距、株距、栽植的深度以及每穴的浇水量,使其均匀一致。移栽后多余的秧苗可留在小区的一端,以备在必要时进行补栽。

播种或移栽后应检查所有小区的出苗情况,并及时进行间、补苗工作,苗过多的小区要间,苗过少的小区要补。如大量缺苗,则应详细记载缺苗面积,以便日后计算产量时扣除,但仍需补苗,以消除边际效应的影响。

(五)栽培管理

试验田均应按常规进行管理,如中耕除草、灌溉排水、施肥治虫等,在执行各项管理措施时除了试验设计所规定的处理差异外,其他管理措施应力求质量一致,严格贯彻局部控制的原则,使其对各小区产生的影响尽可能没有差别。

追肥是很重要的田间管理,施肥不均匀会造成很大的差异,扰乱处理效应,必须严格控制其施用量,一般应按行控制,至少要按小区控制,穴播作物则宜考虑按穴控制。若采用人工撒肥,除力求撒得均匀外,还需注意不要在大风下撒施,也不宜在有露水的早晨或雨后植株上有水滴时进行,以防烧苗。

中耕应尽可能用畜力或机械中耕,除草应尽可能使用除草剂,以便在较短时间内完成这些作业。人工作业应按区组方向(垂直于小区方向)进行,把人员间的差异放到区组间。如果作业不能一天完成,则至少要完成完整的区组。

水田试验常需考虑各个小区应有独立的进水和排水系统以控制灌溉、排水时间和水层厚度。试验地的局部积水和沟渠漏水都会造成试验地水分不均匀,应尽量避免。

此外,试验地上的一切病虫害都应及时防治。药剂用量、喷药质量、时间等也要贯彻局部控制的原则。总之,要充分认识到试验田管理、技术操作的一致性对保证试验准确度和精确度的重要性,从而最大限度地减少试验误差。

(六)收获及脱粒

田间试验的收获和脱粒应分小区进行,严防发生混杂、丢失和差错,以免影响试验的效果。

收获前须先准备好收获、脱粒用的材料和工具,如绳索、标牌、布袋、纸袋、脱粒机、晾晒工具等。收获时先收试验地周围的保护行和小区中不计产的部分。小区的保护行,即小区两边各一行和两端部分,也应按照计划先收割,查对无误后,将这部分植株运出试验地。再从小区中按规定采取室内考种用的样本,然后以小区为单位进行收获。小区的收获要求收得干净,随收随捆。每捆挂上两个标牌,用铅笔写明重复号、小区号、处理名称和捆号,小区的捆数应记在试验记录本上。如各小区的成熟期不同,则应先熟先收,未成熟的小区以后再收。

试验收获后应及时脱粒,以减少种子的丢失和混杂。若种子尚未充分干燥,需经晾晒后再脱粒。脱粒应严格按小区分区脱粒。脱粒后的种子分小区装入布袋,袋内外各放一标牌,以待称重。称重时不要忘了把取作样本的那部分产量加到各有关小区。袋内的种子称重后仍需妥善保存,直到产量分析完毕后方可挪作他用。

为使小区产量能相互比较,试验收获脱粒后,需将种子晒干或烘干,使其达到标准含水量后方可称重。在特殊情况下也可以将未达到标准含水量的种子,经含水量测定后称重,然后将小区产量折算成标准含水量下的产量。折算公式如下:

$$标准含水量下的产量 = \frac{A \times (1-B)}{1-C}$$

式中:A 为湿种子产量;

　　　B 为种子实际含水量;

　　　C 为标准含水量。

二、田间试验的观察记载和测定

在作物生长发育过程中进行系统、正确的观察和记载,掌握丰富的第一手资料,为得出规律性的认识提供依据。田间试验观察记载的内容,因试验的目的和内容的不同而有差异,但一般都有以下 5 个方面的内容。

1. 气候条件的观察记载

气候条件观察记载的主要目的在于了解作物生长发育过程中气候变化对处理产生的影响。气候条件与植物的生长发育有着密切的联系,气候条件的变化必然会导致植物产生相应的变化。田间试验对气候条件的观察记载是分析试验处理的生长发育状况和产量不可缺少的资料,主要指气温、土温、晴雨、灾害性天气的记载。一般可利用附近气象站的资料。有关试验地的小气候,则必须由试验人员自行观察记载。

2. 试验土地基本情况

试验土地土壤的基本性状,前茬作物种类,产量水平和施肥水平的记录,对于正确估计当季肥料的施入量有很大帮助。这些基本情况的调查,对推荐参数或推荐结果可以进行修正。了解当地常规施肥状况,评价肥料投入的合理性是测土配方施肥工作中不可或缺的内容,这项工作需要本项调查的数据。调查大量样点时,可以根据各种作物的肥料投入情况进行统计分析,如计算当地各种作物常规平均施肥量,常用的肥料品种和施肥方式,与配方施肥推荐方案相对比存在的主要问题,也可以通过地块和区域的差异,找出最需要关注的地方作为配方施肥的重点工作区域。

3. 田间农事操作的记载

任何田间管理和其他农事操作都在不同程度上改变植物生长发育的外界条件,因而也会引起植物的相应变化。因此,详细记载整个试验过程中的农事操作,如整地、施肥、播种、中耕、除草、防治病虫害等并将每一项操作的日期、数量、方法记录下来,有助于正确分析试验结果。

4. 植物生育动态的记载

这是田间观察记载的主要内容。各种植物有不同的生育期,生育期的记载要根据试验目的、试验材料以及生育期的特点,确定是按小区记,还是按行记或按株记。生育期记载通常以 10%(或 20%)为始期,50%为高峰,90%(或 80%)为盛末。生育期记载的主要目的在于了解不同处理的生长发育进度,并以此推测适宜的品种,选择适宜的农事操作和茬口安排等。除了生育期的记载还包括性状和特性的观测记载。性状包括植株性状(如株高、茎粗、叶片数、叶面积和根系性状等)、产量性状(如穗数、粒数、粒重、收获指数等)、品质性状(如蛋白质含量、维生素含量、纤维长度等);特性是指植物的生理特性,如抗旱性、抗寒性、抗病虫性、光合特性等。

5. 收获与室内考种

田间试验的收获要及时、细致、准确,务必不发生错误,否则就无法得到完整的试验结果,造成重大损失。收获前,必须先准备好收获脱粒用的材料和工具,如绳索、小标签、纸牌、布袋、纸袋、脱粒机械和暴晒工具等。

收获时,可先将保护行割去,然后按小区成熟情况依次收割。当发现某些品种或处理标记效应的影响较大时,则应在小区的每一边至少除去二行。不计产量,可消除边际影响。每一小区收割完毕后,把事先准备好的区号牌扣在禾捆上,并严格检查,以免发生错误。

脱粒时,应按小区分别脱粒、晒干、称重,求得每小区实际产量。如为品种试验,则每一品种脱粒完毕后,必须仔细扫清脱粒机,防止品种间的机械混杂。脱粒后把禾捆上的号牌转扣在种子袋上,内外各一块。在暴晒谷粒时也要防止混杂。

为使收获工作顺利进行,田间试验的收割、运输、脱粒、暴晒、贮藏工作,必须有专人负责,建立必要的制度,随时核对,防止出错。

试验调查的全部项目,有的需要在作物生育期间在田间进行调查,有的则需要在试验收获后在室内进行测定或鉴定。在室内进行的测定或鉴定称为室内考种。室内考种的样本要在作物成熟后、收获前采取。田间采取样本时,一般需要将样点内的全部植株连根拔起,并把每个样点的植株捆成一捆,挂上两个标签,写明试验名称、重复号、小区号、处理名称和样点号。小区试验一般每个小区只采一个样点。要进行室内考种的项目有种子千粒重、结实率、种子成分分析及品质分析等。

【模块小结】

本模块主要学习肥料用量的确定方法、肥料效应田间设置和田间试验的布置。肥料用量的确定方法主要包括:土壤与植株测试推荐施肥方法、肥料效应函数法、土壤养分丰缺指标法和养分平衡法。肥料效应田间试验设计,具体实施过程中可根据研究目的选用"3414"完全实施方案、部分实施方案或其他试验方案。在明确了试验的目的和要求,拟定了试验方案,并进行了试验设计后,接着就要做好田间试验的布置和管理。按要求布置到试验田块后,要对试验田正确贯彻执行各项管理和观察记载,以保证田间供试植物的正常生长,掌握生长过程中的发展动态和获得可靠的产量数据。

【模块巩固】

1. 肥料用量确定的方法有哪些？
2. 田间试验实施对试验地要求有哪些？
3. 如何对试验地进行田间区划？
4. 如何确定作物的目标产量？

模块四

施 肥

【知识目标】

通过本模块学习,学生掌握合理施肥的方式方法,并能运用所学知识对当地作物进行合理施肥;能够描述有机肥料的作用与性质,熟悉和掌握常见有机肥料的合理施用技术;了解植物体中必需营养元素的状况;了解土壤中必需营养元素的形态与转化过程、生产中常见化肥的种类和特性,以及化肥合理使用的方法和技术;掌握肥料混合的原则;熟知肥料的市场营销策略。

【能力目标】

能够根据当地土壤肥力状况确定作物的合理施肥技术;能够熟练掌握高温堆肥的积制技术;具备对当地生产中常用的化肥进行识别和定性鉴定的能力。

项目一 合理施肥时期和方法

一、合理施肥时期

在制定施肥计划时,当一种作物的施肥量已经确定,则需要考虑的是肥料应该在什么时期施用和各时期应该分配多少肥料的问题。对于大多数一年生或多年生作物来说,施肥时期一般分基肥、种肥、追肥 3 种。各时期所施用的肥料有其单独的作用,但又不是孤立地起作用,而是相互影响的。对同一作物,通过不同时期施用的肥料互相影响与配合,促进肥效的充分发挥。

(一)基肥

基肥习惯上又称为底肥,它是指在播种或定植前结合土壤耕作施入的肥料。而对多年生作物,一般把秋冬季施入的肥料称为基肥。施用基肥的目的是培肥和改良土壤。同时为作物生长创造良好的土壤养分条件,通过源源不断供给养分来满足植物营养连续性的需求,为发挥作物的增产潜力提供条件。因此,基肥的作用是双重的。

基肥从选用的肥料种类来看,习惯上将有机肥做基肥施用。现代施肥技术中,化肥用做基肥日益普遍。化肥中磷肥和大部分钾肥主要做基肥施用,对旱作地区和生长期短的作物,也可把较多氮肥用做基肥。目前,一般把有机肥和氮、磷、钾化肥同时施入,甚至包括和必要的中量元素与微量元素肥料配合施入。

（二）种肥

种肥是播种或定植时施于种子或幼株附近，或与种子混播，或与幼株混施的肥料。其目的是为种子萌发和幼苗生长创造良好的营养条件和环境条件。因此，种肥的作用一方面表现在供给幼苗养分特别是满足植株营养临界期时养分的需要；另一方面腐熟的有机肥料做种肥还有改善种子床和苗床物理性状的作用，有利于种子发芽、出苗和幼苗生长。总之，种肥能够使作物幼苗期健壮生长，为后期的良好生长发育奠定基础。种肥的肥效发挥是有条件的，一般在施肥水平较低、基肥不足而且有机肥料腐熟程度较差的情况下，施用种肥的效果较好。土壤贫瘠和作物苗期因低温、潮湿、养分转化慢，幼根吸收力弱，不能满足作物对养分需要时，施用种肥一般也有较显著的增产效果。一些作物（如油菜、烟草等）种子体积小，贮存养分少，种子出苗后很快由种子营养转为土壤营养，施用种肥效果也较好。在盐碱地上，施用腐熟有机肥料做种肥还可起到防盐、保苗的作用。

施用种肥时按照速效为主，数量和品种要按着严格的原则进行。因此，用做种肥的肥料以腐熟的有机肥或速效性化肥为宜。选用化肥要注意肥料酸碱度要适宜，应对种子发芽无毒害作用。常用肥料中碳酸氢铵、硝酸铵、氯化铵、尿素、含游离酸较高的过磷酸钙、氯化钾等不宜做种肥。

（三）追肥

在作物生长发育期间施用的肥料称为追肥。其目的是满足作物在生长发育过程中对养分的需求。通过追肥的施用，保证了作物生长发育过程中对养分的阶段性特殊需求，对产量和品质的形成是有利的。不同的作物追肥的时间是不同的，它要受土壤供肥情况、作物需肥特性和气候条件等影响。就作物需肥特性而言，作物不同生育时期生长发育的中心是不同的，因此，表现出营养的阶段性。

追肥的施用原则是：肥效要迅速、水肥要结合、根部施与叶面施相结合、在需肥最关键时期施用。追肥应选用速效性化肥和腐熟的有机肥料，对氮肥来说，应尽量将化学性质稳定的硫酸铵、硝酸铵、尿素等用做追肥。磷肥和钾肥原则上通过基肥和种肥的办法去补充，在一些高产田也可以拿一部分在作物生长的关键期追施。对微肥来说，根据不同地区和不同作物在各营养阶段的丰缺来确定追肥与否。

基肥、种肥和追肥是施肥的3个重要环节，在生产实践中要灵活运用，切不可千篇一律。确定施肥时期的最基本依据是作物不同生长发育时期对养分的需求和土壤的供肥特性。作物的营养临界期和最大效益期是作物需肥的关键时期，但不同作物及不同的养分这些时期是不同的，只有分别对待，才能充分发挥追肥的效果。当土壤养分释放快，供肥充足时，应当推迟施肥期；反之，当土壤养分释放慢，供肥不足时应及时追肥。在肥料不充足时，一般应当将肥料集中施在作物营养最大的效益期。在土壤瘠薄、基肥不足和作物生长瘦弱时，施肥期应适当提前。在土壤供肥良好、幼苗生长正常和肥料充足时，则应分期施肥，侧重施于最大效益期。在确定施肥时期时，不仅要注意作物营养阶段性，也要注意作物营养连续性。基肥、种肥和追肥相结合，有机肥和化肥相结合既可满足作物营养的连续性，又可满足作物营养的阶段性。

二、合理施肥的方法

植物对养分的吸收有根部营养和根外营养两种方式。植物的根部营养是指植物根系从营养环境中吸收养分的过程。根外营养是指植物通过叶、茎等根外器官吸收养分的过程。因此,可以将肥料施于土壤(土施),也可以施于植物体上(根外施肥)。

(一)土壤施肥

1. 撒施

撒施是将肥料用人工或机械均匀撒施于田面的方法,是最简单和最常用的方法。一般未栽种作物的农田施用基肥常用此法,即在耕地前把肥料均匀撒于地表,然后结合耕地把肥料翻入土中。撒施方法若能结合耕耙作业,均能增加肥料与土壤混合的均匀度,有利于作物根系的伸展和早期吸收。如果土壤水分不足,地面干燥或作物种植密度稀,又无其他措施使肥料与土壤混合,撒施往往会增加肥料养分的损失,降低肥效。

2. 条施

条施是开沟将肥料成条地施用于作物行间或行内土壤的方式。条施既可以作为基肥施用方式,也可以作为种肥或追肥的施用方式,通常适用于条播作物。条施和撒施相比,肥料集中,更易达到深施的目的,有利于将肥料施到作物根系层,提高肥效。有机肥和化肥都可采用条施,在多数条件下,条施肥料都需开沟后施入沟中并覆土,有利于提高肥效,条施若只对作物种植行实行单面侧施。有可能使作物根系及地上部在短期内出现向施肥一侧偏长的现象,所以应注意作物两侧开沟要对称。

3. 穴施

在作物预定种植的位置或种植穴内,或在作物生长期内按株或在两株间开穴施肥的方式称穴施。穴施法常适用于穴播或稀植作物,是一种比条施更能使肥料集中施用的方法。穴施是一些直播作物将肥料与种子一起施入播种穴(种肥)的好方法,生育期单株打孔做追肥也是非常有效的,也可以作为基肥的施用方法,施肥后要覆土。

有机肥和化肥都可采用穴施。为了避免穴内浓度较高的肥料伤害作物根系,采用穴施的有机肥须预先充分腐熟,化肥须适量,施用的位置和深度均应注意与作物根系(或种子)保持适当距离。

4. 分层施肥

基肥结合深耕分层施用的方法,是在肥料施用量较多、有粗细搭配或施用移动性小的磷肥时采用。即把有机肥料或磷肥结合深耕,把肥料翻入下层土壤中,而把少量细肥及少量磷肥在耕地或耙地时混在上层土壤中。分层施肥使作物生长早期可以利用分布在上层的肥料,生长后期可利用下层肥料。这种方法一次施肥量较多,施肥次数少,肥效长,对于应用地膜覆盖栽培的作物,为了尽量不破膜追肥,尤其宜采用这种方法。

5. 环状施肥和放射状施肥

环状施肥或放射状施肥是以作物主茎为圆心,将肥料作轮状施用的方法,一般用于多年生木本植物,尤其是果树。

环状施肥是以树干为中心,在地上挖环状施肥沟,沟一般挖在树冠垂直的边线与圆心的中间或靠近边线的部位,一般围绕靠近边线挖成深、宽各30～60 cm连续的圆形沟(图4-1),也可靠近边线挖成对称的月牙形沟,施肥后覆土踏实。第二年再施肥时,可在第一年施肥沟的外侧再挖沟施肥,以逐年扩大施肥范围。

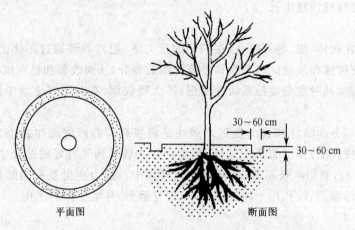

图 4-1　环状施肥示意图

放射状施肥是在距树一定距离处,以树干为中心,向树冠外围挖4～8条放射状直沟(图4-2),沟深、沟宽各50 cm,沟长与树冠相齐,肥料施在沟内。来年再交错位置挖沟施肥。施肥沟的深度随树龄和根系分布深度而异,一般以有利于根系吸收养分又能减少根的伤害为宜。

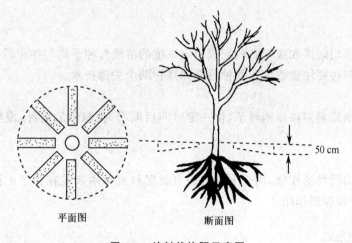

图 4-2　放射状施肥示意图

(二)植株施肥

1. 叶面施肥

把肥料配成一定浓度的溶液喷洒在作物体上的施肥方式称叶面施肥。它是用肥少、收效快的一种追肥方式,又称为根外追肥。

叶面施肥是土壤施肥的有效辅助手段,甚至是必要的施肥措施。在作物的快速生长期,根系吸收的养分难以满足作物生长发育的需求,叶面施肥是有效的;在作物生长后期,根系吸收能力减弱,叶面施肥可补充根系吸收养分的不足;豆科作物叶面施氮不会对根瘤固氮产生抑制作用,是有效的施肥手段;对微量元素来说,叶面施肥是常用且有效的方法;叶面施肥也是有效的救灾措施,当作物缺乏某种元素,遭受气象灾害(如冷冻霜害、冰雹等)时,叶面施肥可迅速矫正症状,促进受害植株恢复生长。

2.注射施肥

注射施肥是在树体、根、茎部打孔,在一定的压力下,把营养液通过树体的导管,输送到植株的各个部位,使树体在短时间内积聚和贮藏足量的养分,从而改善和提高植株的营养结构水平和生理调节机能,同时也会使根系活性增强,扩大吸收面,有利于对土壤中矿质营养的吸收利用。

注射施肥又可分为滴注和强力注射。滴注是将装有营养液的滴注袋垂直悬挂于距地面1.5 m左右高的枝杈上,排出管道中气体,将滴注针头插入预先打好的钻孔中(钻孔深度一般为主干直径的2/3),利用虹吸原理,将溶液注入树体中。强力注射是利用踏板喷雾器等装置加压注射。注射结束后,注孔用干树枝塞紧,与树皮剪平,并堆土保护注孔。

3.打洞填埋法

打洞填埋法适合于果树等木本植物施用微量元素肥料。在果树主干上打洞,将固体肥料填埋于洞中,然后封闭洞口。

4.蘸秧根

将肥料配成一定浓度的溶液,先浸蘸秧根,然后定植的施肥方法称蘸秧根。这种方法适用于水稻、甘薯等移栽作物。

5.种子施肥

(1)拌种法

将肥料与种子均匀拌和或把肥料配成一定浓度的溶液与种子均匀拌和后一起播入土壤的一种施肥方式。拌种要注意浓度和拌种后立即播种两个关键技术。

(2)浸种法

用一定浓度的肥料溶液浸泡种子,待一定时间后取出,稍晾干后播种,浸种法和拌种一样要严格掌握浓度。

(3)盖种肥

对于一些开沟播种的作物,用充分腐熟的有机肥料或草木灰盖在种子上面,叫作盖种肥,有保墒、供给养分和保温作用。

三、其他施肥方式

(一)灌溉施肥

肥料随灌溉水施入田间的过程叫灌溉施肥。包括滴灌、渠灌和喷灌等。在灌水的同时,按照植物生长发育各个阶段对养分的需要和气候条件等准确地将肥料补加,且均匀施在根系附近及叶面上,被植物吸收利用。灌溉施肥是定量供给植物水分、养分及维持土壤适宜水分和养分浓度的有效方法。这种方法不仅用于田间施肥,而且用于温室栽培植物施肥。目前,在果树和蔬菜上应用广泛,都表现出了增产作用。滴灌施肥由于肥料准确和均匀施在根系周围,并按植物需肥特点供应,肥效快、肥料利用率高,又可节省肥料用量和控制肥料的入渗深度,减轻施肥对土壤结构的破坏和环境污染。但灌溉施肥投资较高,需要肥料注入器、肥料罐以及防止灌溉水回流到清洁水的装置等设备,而且要用防锈材料保护设备的易腐蚀部分,在湿润土壤边缘有盐分积聚和根系数量减少与体积变小现象。

(二)免耕施肥

免耕技术是相对传统耕作而言,是一种保护性耕作措施,用化学技术、生物技术代替机械作业,减少机械耕作。免耕具有耗能小,有利于保墒,减少土壤风蚀、水蚀,保护土壤结构等特点。免耕施肥是由免耕技术而产生的,即在免耕条件下而进行的施肥。

在免耕条件下,施肥深度变浅,不论有机肥还是化肥,都只能是在表面,覆盖在种植行上或施于种植行几厘米深的土层内,因此土壤有效态磷、钾养分主要富集在耕层,土壤速效氮主要积累在底层。在免耕条件下施肥,有机肥要充分腐熟,氮肥一次使用量不可过多,尤其要注意在植物生长中,晚期追肥和在表土湿润条件下施肥,做到肥水相溶,以利养分向周围土壤移动扩散。

与常规施肥相比,由于施用较浅,氮肥损失较多,总施肥量应适当增加。钾肥因无挥发损失问题,也更易被土壤吸持而肥效与常规耕作施肥相当。但磷肥效果与土壤全层施肥效果相比较往往要好,这与磷肥移动差,易集中在表层施肥位置,以及免耕条件下植物根系分布较浅,吸收量有所增加有关,而且可以减少磷肥与土壤混合,由此而减少了土壤对磷的固定。

(三)机械化施肥与自动化施肥

通过机械完成施肥的全过程或部分过程都称为机械化施肥。机械化施肥具有施肥效率高、用量易于调控、用量准确、容易实现深施等优点。

撒施肥料可利用肥料抛撒机将肥料均匀施入田面而后耕翻,也可将肥料用施肥器施入犁沟当中。种肥通常利用施肥播种机一次完成播种和施肥作业,实现肥种分层或侧深施,植物生育期追肥可利用追肥机,追肥机一般一次完成开沟、施肥、覆土和镇压4道工序。

自动化施肥是在精准农业中的定位定量施肥。另外,在现代设施农业中通过计算机手段调控营养,实现自动施肥。在溶液栽培、工厂化生产技术中,施肥多采用自动控制系统。

(四)飞机施肥

飞机施肥大都用于不宜进行地面施肥作业的地区和植物上,如大片的稻田、山区牧场。利用飞机可以施基肥,也可施追肥。可施分散性好的固体肥料,如粒状尿素,也可施用液体肥料,如尿素或磷酸二氢钾溶液。液体肥料施用时,浓度可适当提高。利用飞机施肥的肥料品种,以易溶性氮肥为主,也可施用易溶性的磷肥、钾肥和微肥。

(五)精准施肥

精准施肥是精准农业的重要内容。精准农业技术是在定位采集地块信息的基础上,根据土壤、水肥、植物病虫、杂草、产量等的时间与空间上的差异,根据农艺的要求进行精确定位定量耕种、施肥、灌水、用药的农业技术。精准农业技术是信息技术(地理信息系统 GIS,全球定位系统 GPS、遥感 RS 与模块决策支持系统)、农艺与以农业机械为主的工程技术的综合。精准施肥是通过 RS 或其他技术手段获取土壤信息,借助 GIS 支持的决策系统,采用装备有 GPS 的变量施肥机进行定位定量施肥。这种施肥方法消除了传统上在同一块地里平均施肥的做法,有利于节省资源、保护环境并获得最好的效益。

项目二　常见有机肥料种类和特点

有机肥料是指利用各种有机废弃物积制加工而成的含有有机物质的肥料总称,是农村就地取材、就地积制、就地施用的一类自然肥料,所以又叫农家肥料。

一、有机肥料的种类和特点

(一)有机肥料的种类

我国有机肥料资源极为丰富,各地种类繁多,地区性差异较大。有机肥料的分类没有统一的标准,更没有严格的分类系统。目前主要是根据有机肥料的来源、特性与积制方法来分类。一般分为以下几类:

1. 粪尿肥类

粪尿肥类主要指动物的排泄物,包括人粪尿、家畜粪尿、禽粪、海鸟粪、蚕沙等,以及利用家畜粪便混以各种垫圈材料积制的厩肥。

2. 堆沤肥类

堆沤肥类主要指各种有机物料经过微生物发酵的产物,包括堆肥、沤肥、秸秆直接还田以及沼气池肥等,秸秆还是家畜垫圈的重要原料。

3. 绿肥类

绿肥类主要指直接翻压到土壤中作为肥料施用的正在生长的绿色植物(植物整体或植物残体),包括栽培绿肥和野生绿肥。

4. 杂肥类

杂肥类主要指能用做肥料的各种有机废弃物,包括城市垃圾、草木灰、草炭、腐殖酸类及各种饼肥等。

5. 商品有机肥

商品有机肥包括工厂化生产的各种有机肥料、有机-无机复合肥、腐殖酸类及各类生物肥料。

(二)有机肥料的特点

1. 来源广泛,获取方便

农业生产中的动植物残体、工业生产中的大量废弃物以及各种生活垃圾等,几乎所有含有可被生物降解的有机物质的工业或农业废弃物,都可用来积制有机肥,或直接当有机肥施用。

2. 养分全面,是一种完全肥料

有机肥不仅含有植物生长发育必需的大量营养元素和微量营养元素,而且含有对植物生长起特殊作用的有机物质,如胡敏素、维生素、生长素和抗生素等。

3. 肥效缓慢,肥效时间长

有机肥料中所含养分多呈有机态,必须经微生物分解转化后才能被植物吸收利用,因此肥效缓慢而持久。

4.养分含量低,施用量大

有机肥料养分含量低,施用量大,运输和施用占用了较多的人力和物力。

5.含有病菌、虫卵等有害生物

某些有机肥料(如人畜粪便)含有病菌、虫卵,为了防止污染环境,必须进行无害化处理。

二、有机肥料在农业生产中的作用

(一)为植物生长提供全面营养

有机肥料含有植物生长发育所需的各种营养元素,如氮、磷、钾、钙、镁、硫和微量元素等,在平衡土壤养分中起重要作用。

(二)有机肥料的改土作用

首先有机肥能增加和更新土壤有机质,如绿肥尤其是豆科绿肥在供应养分、更新土壤有机质上起良好的作用;其次有机肥可以改善土壤理化性状,有机肥料转化产生的腐殖质,是形成团粒结构的重要物质基础;最后有机肥可提高土壤生物活性,有机肥料可为土壤微生物提供能量和营养物质,促进微生物的繁殖。

(三)刺激植物生长

有机肥中含有的维生素、激素、酶、生长素、泛酸和叶酸等,能促进植物生长和增强植物的抗逆性。

三、有机肥料的合理施用

(一)粪尿肥和厩肥的合理施用

1.人粪尿的合理施用

(1)人粪尿的成分和性质

人粪是食物经消化后未被吸收而排出体外的残渣,混有多种消化液、微生物和寄生虫等物质。其中含有 $70\% \sim 80\%$ 的水分,20% 左右的有机物和 5% 左右的无机物。有机物主要有纤维素、半纤维素、蛋白质、氨基酸、各种酶、粪胆汁;还有少量粪臭质、吲哚、硫化氢、丁酸等臭味物质。无机物主要是钙、镁、钾、钠的硅酸盐、磷酸盐和氯化物等盐类。新鲜人粪 pH 一般呈中性,有时也呈酸性或碱性反应,主要决定于食物的成分及其分解程度。

人尿是食物经消化吸收并参加新陈代谢后所产生的废物和水。约含 95% 的水分、5% 左右的水溶性有机物和无机盐类,主要含有 $1\% \sim 2\%$ 的尿素、1% 左右的氯化钠,以及少量的尿酸、马尿酸、肌酸酐、氨基酸、磷酸盐、铵盐以及微量生长素和微量元素。正常人的鲜尿不含微生物而含磷酸盐和多种有机酸,故呈弱酸性反应。

从人粪尿混合物的养分质量分数来看,含氮较多,磷、钾少,碳氮比低(约为 5∶1)。其中人尿中的速效养分质量分数高,磷、钾均为水溶性,氮以尿素、铵态氮为主,占 90% 左右。根据我国有关资料,成年人的粪尿中主要养分平均含量如表 4-1 所示。

表 4-1 人粪尿主要养分含量(鲜物,%)

种类	水分	有机物	N	P_2O_5	K_2O
人粪	70 以上	20 左右	1.00	0.50	0.37
人尿	90 以上	3 左右	0.50	0.13	0.19
人粪尿	80 左右	5～10	0.5～0.8	0.2～0.4	0.2～0.3

(2)人粪尿的施用方法

经腐熟无害化处理的人粪尿是优质的有机肥料。适用于大多数植物,尤其对叶菜类、桑和麻等植物有良好肥效。但是对忌氯植物,如烟草、薯类、甜菜、茶叶、瓜果类等植物应适当少用,以免降低这些植物的产量和品质。人粪尿既可做基肥,也可做追肥,但更适宜用做追肥。但对需氮较多的叶菜类或生育期较长的植物,宜分次施用,基肥应配合磷、钾肥。

2. 家畜粪尿的合理施用

(1)家畜粪尿的成分

家畜粪与家畜尿的成分和性质差异很大。粪是饲料未经吸收利用排出体外的残渣,主要成分为纤维素、半纤维素、木质素、蛋白质及其降解物、脂肪、有机酸及各种无机盐类。尿中主要为可溶性尿素、尿酸和钙、镁、钠、钾等无机盐类。家畜粪尿的成分,因家畜的种类和大小及饲料等的不同而异。表 4-2 为几种主要家畜粪尿的养分含量。

表 4-2 家畜粪尿的养分含量(鲜物,%)

类别	水分	有机质	N	P_2O_5	K_2O	CaO
猪粪	82	15.0	0.55	0.4	0.44	0.09
猪尿	96	2.5	0.30	0.12	0.95	1.00
牛粪	83	14.5	0.32	0.25	0.15	0.34
牛尿	94	3.0	0.50	0.03	0.65	0.01
马粪	76	20.0	0.50	0.30	0.24	0.15
马尿	90	6.5	1.20	0.10	1.50	0.45
羊粪	65	28.0	0.65	0.50	0.25	0.46
羊尿	87	7.2	1.40	0.30	2.10	0.16

(2)家畜粪尿的性质及施用

①猪粪。粪质较细,含纤维少,碳氮比小,养分质量分数高。腐熟后的猪粪能形成大量的腐殖质,而且阳离子交换量超过其他畜粪。猪粪适宜施用于各种土壤和植物,既可做底肥也可做追肥。

②牛粪。牛是反刍动物,饲料经胃中反复消化,粪质细密。牛饮水多,粪中含水量高,通气性差,因此牛粪分解腐熟缓慢,发酵温度低,故称冷性肥料。牛粪对改良有机质少的砂土具有良好的效果。一般做基肥施用。

③马粪。马对饲料的消化不及牛细致,所以粪中纤维素质量分数高,疏松多孔,水分易蒸发,含水分少。同时粪中含有较多高温纤维分解菌,能促进纤维素的分解,因此腐熟分解快。马粪除了直接做肥料外,还可用于制作高温堆肥的原料和酿热物,对于改良质地黏重的土壤也有良好的效果。

④羊粪。羊也是反刍动物,羊对饲料咀嚼很细,饮水少,所以粪质细密干燥,肥分浓厚,羊粪中有机质、氮、磷和钙质量分数都比猪、马、牛粪中的高。此外,羊粪可与猪、牛粪混合堆积,这样可缓和它的燥性,达到肥劲"平稳"。羊粪适用于各种土壤。

⑤禽粪。鸡、鸭、鹅等家禽的粪便排泄量少,它们的饲料以各种精料为主,所含纤维素量少于家畜粪,所以粪中养分质量分数高,粪质好,属于细肥。有关贮存和施用的方法可参考家畜粪尿。

3. 厩肥的合理施用

(1)厩肥的成分和性质

厩肥的成分随着家畜种类、饲料优劣、垫圈材料和用量以及其他条件不同而异,新鲜厩肥平均养分含量见表 4-3。

表 4-3　新鲜厩肥的平均养分含量(鲜物,%)

厩肥种类	水分	有机质	N	P_2O_5	K_2O	CaO	MgO
猪厩	72.4	25.0	0.45	0.19	0.60	0.08	0.08
牛厩	77.5	20.3	0.34	0.16	0.40	0.31	0.11
马厩	71.3	25.4	0.58	0.28	0.53	0.21	0.14
羊厩	64.6	31.8	0.83	0.23	0.67	0.33	0.28

(2)厩肥的积制方式

厩肥的积制有深坑圈、平地圈和浅坑圈 3 种方式。

①深坑圈。深坑圈是圈内设有一个 1.0～1.5 m 的坑,是猪活动和积肥的场所,逐日往坑内添加垫圈材料并经常保持湿润,借助于猪的不断踏踩,粪尿和垫料便可以充分混合,并在紧密、缺氧的条件下就地腐熟,待坑满之后出圈一次。

②平底圈。地面多为紧实土底或采用石板、水泥筑成,无粪坑设置,采用每日垫圈、每日或数日清除的方法,将厩肥移至圈外堆制。牛、马、驴、骡等大牲畜常采用这种方法,每日垫圈,每日清除。平底圈积制的厩肥未经腐熟,需要在圈外堆腐,费时费工,但比较卫生,有利于家畜健康。

③浅坑圈。介于深坑圈和平底圈之间,圈内设 13～17 cm 浅坑,一般采用勤垫勤起的方法,类似于平底圈。此法和平底圈差不多,夏天腐熟程度较差,需要在圈外堆腐。

(3)厩肥的腐熟

除深坑圈下层厩肥外,其他方法积制的厩肥腐熟程度较差,都需要进行堆腐,腐熟后才能施用。厩肥半腐熟特征可概括为"棕、软、霉",完全腐熟可概括为"黑、烂、臭",腐熟过劲则为"灰、粉、土"。

(4)厩肥的施用

未经腐熟的厩肥不宜直接施用,腐熟的厩肥可做基肥和追肥。厩肥做基肥时,要根据厩肥质量、土壤肥力、植物种类和气候条件等综合考虑。一般在通透性良好的轻质土壤上,可选择施用半腐熟的厩肥;在温暖湿润的季节和地区,可选择半腐熟的厩肥;在种植生育期较长的植物或多年生植物时,可选择腐熟程度较低的厩肥。而在黏重的土壤上,应选择腐熟程度较高的厩肥;在比较寒冷和干旱的季节和地区,应选择完全腐熟的厩肥;在种植生育期较短的植物时,则需要选择腐熟程度较高的厩肥。

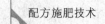

(二)堆沤肥的合理施用

堆沤肥是以秸秆、杂草、树叶、绿肥、河塘泥和垃圾等为原料,添加一定量的人粪尿、家畜粪尿、禽粪和泥土等物质,在不同条件下积制而成的有机肥料。

1. 堆肥的合理施用

(1)堆肥的成分与性质

堆肥的性质基本上和厩肥类似,其养分含量因堆肥原料和堆制方法不同而有差别(表4-4)。堆肥一般含有丰富的有机质,碳氮比较小,养分多为速效态;堆肥还含有维生素、生长素及微量元素等。

表4-4　堆肥养分含量及其碳氮化

堆肥种类	水分/%	有机质/%	N/%	P_2O_5/%	K_2O/%	C/N
一般堆肥	60～75	15～25	0.4～0.5	0.18～0.26	0.45～0.70	16～20
高温堆肥	—	24.1～41.8	1.05～2.00	0.30～0.82	0.47～2.53	9.67～10.76

(2)堆肥的腐熟原理

堆肥积制的基本原理是在微生物的作用下,将堆肥的基本物质分解、腐熟成优质肥料的过程。将整个过程按其温度的变化可划分为4个阶段。

①发热阶段。堆肥初期,堆肥由常温上升到50 ℃左右,称为发热阶段。在这一阶段的初期,以中温好气性微生物为主。随着温度上升,好热性微生物逐渐成为主要种类。肥堆内简单的糖类、淀粉、蛋白质等在该阶段被大量分解,释放出 NH_3、CO_2 和热量。

②高温阶段。这一阶段的温度在50～70 ℃之间,以好热性微生物为主,能强烈分解纤维素、半纤维素和果胶类物质,同时出现腐殖化过程。

③降温阶段。堆肥温度降到50 ℃以下,称为降温阶段。此时,肥堆中微生物种类和数量较高温阶段为多,部分好热性和耐热性微生物种类在降温过程中仍然维持活动着。此阶段微生物的作用主要是合成腐殖质,所以腐殖化作用占绝对优势。

④腐熟保肥阶段。肥堆内物质的碳氮比值已逐步下降,腐殖质累积量明显增加。但分解腐殖质等有机物的放线菌数量和比例有所增加,嫌气纤维分解菌、嫌气固氮菌和反硝化细菌逐步增多。

(3)堆肥的施用

堆肥主要用做基肥,适合各种土壤和植物。用量多时,可结合耕地,犁翻入土;用量少时,可采用穴施或条施,以充分发挥肥效。腐熟的堆肥也可做种肥或追肥,做种肥时应配合一定量的速效磷肥;做追肥应适当提前,以利发挥肥效。

2. 沤肥的合理施用

沤肥是我国南方水稻产区广泛应用的一种肥源,是利用有机物同泥土混合,在淹水条件下沤制而成。与堆肥相比,沤肥在沤制过程中,有机质和氮素损失较少,腐殖质积累较多,所以肥料质量较高。

(1)沤肥的成分和性质

由于沤制材料的种类及其配比不同,其成分也不一样。苏南农村的草塘泥,一般 pH 为6～7,全氮量为 0.21%～0.40%,全磷(P_2O_5)量为 0.14%～0.26%,全钾(K_2O)量为

0.3%～0.5%。

（2）沤肥的施用

沤肥一般做基肥，多数用在稻田，亦可用于旱地。在水田施用时，应在耕作和灌水前将沤肥均匀施入土壤，然后进行翻耕、耙地，再进行插秧。在旱田上施用时，也应结合耕作施用做为基肥。施用量一般每亩为 4 000 kg 左右，并注意配合化肥和其他肥料一起施用，以解决沤肥肥效长但速效养分供应强度不大的问题。

（三）沼气池肥的合理施用

将植物秸秆及人畜粪尿等有机物料，投入沼气池中，进行厌气发酵，产生沼气。沼气主要成分是甲烷，占 50%～70%，其次是 CO_2，另外含少量 H_2、O_2、CO、H_2S 等气体。当沼气池加料经过一段时期发酵后，需进行一次换料，换出来的沼渣和沼液，统称沼气池肥。

1. 沼气池肥的成分

沼气发酵产物除沼气可作为能源、粮食贮藏、沼气孵化和柑橘保鲜使用外，沼气池液（占总残留物 13.2%）和沼气池渣（占总残留物 86.8%）还可以进行综合利用。沼气池液除含速效氮、速效磷、速效钾，同时还含有 Ca、Mg、S、Si、Fe、Zn、Cu、Mo 等各种矿质元素，以及各种氨基酸、维生素、酶和生长素等活性物质。沼气池渣中含有速效氮（占全氮的 82%～85%）、速效磷、速效钾，以及大量的有机质。

2. 沼气池肥的施用

沼气池液是优质的速效性肥料，可做追肥施用。一般土壤追肥施用量为 30 t/hm²，并且要深施覆土，可减少铵态氮的损失和增加肥效。沼气池液还可以做叶面追肥，尤其用于柑橘、梨、食用菌、烟草、西瓜、葡萄等经济植物最佳，将沼气池液和水按 1：（1～2）稀释，7～10 d 喷施一次，可收到很好的效果。除了单独施用外，沼气池液还可以用来浸种，可以和沼气池渣混合做基肥和追肥施用。做基肥施用量为 30～45 t/hm²，做追肥施用量 15～20 t/hm²。沼气池渣也可以单独做基或追肥施用。

（四）秸秆还田

1. 秸秆还田的方式

秸秆还田的主要方式有：一是利用秸秆制作堆肥、沤肥和沼气发酵，以肥料形式的堆、沤还田；二是利用秸秆做饲料，以家畜粪尿形式还田的过腹还田；三是将秸秆翻压到土壤中或覆盖地面的直接还田；四是以草木灰形式还田的烧灰还田等。

2. 秸秆还田的注意事项

（1）秸秆处理

先将秸秆切碎至 5～10 cm，均匀抛撒于地表，再犁翻至 10～20 cm 土层。水分充足的土壤可适当浅埋，水分较少的旱地应适当深埋，并且还要适当灌水。

（2）还田时间

秸秆还田作业最好与收获同时进行，即边收割边切碎、翻埋，此时秸秆含水量较大，有利于秸秆的分解腐熟。

（3）配施速效化肥

在秸秆还田的同时，应配合适量的化学肥料和腐熟的人畜粪尿调节碳氮比，以避免出现微生物与植物争氮的矛盾,影响作物后期生长。

(4)水分管理

秸秆还田后,一定要保持土壤适当的含水量,在旱地,应保持田间持水量的60%～80%,在水田应浅水灌溉,干湿交替。

(五)绿肥的合理施用

1. 绿肥的主要种类

绿肥是指栽培或野生的植物,利用其植物体的全部或部分作为肥料,称之为绿肥。绿肥的种类繁多,一般按照来源可分为栽培型(绿肥植物)和野生型;按照种植季节可分为冬季绿肥(如紫云英、毛叶苕子等)、夏季绿肥(如田菁、柽麻、绿豆等)和多年生绿肥(如紫穗槐、沙打旺等);按照栽培方式可分为旱生绿肥(如黄花苜蓿、箭筈豌豆等)和水生绿肥(如绿萍、水葫芦等)。此外,还可以将绿肥分为豆科绿肥(如紫云英、毛叶苕子等)和非豆科绿肥(如绿萍、水浮莲、水花生草等)。

2. 绿肥的施用

目前,我国绿肥的主要利用方式有直接翻压、作为原材料积制有机肥料和用做饲料。

(1)直接翻压

绿肥直接翻压(也称为压青)施用后的效果与翻压绿肥的时期、翻压深度、翻压量和翻压后的水肥管理密切相关。

①绿肥翻压时期。翻压绿肥时期的选择,除了根据不同绿肥植物生长特性外,还要考虑农作物的播种期和需肥时期。一般应与播种和移栽期有一段时间间距,一般10 d左右。

②绿肥压青技术。绿肥翻压量一般根据绿肥中的养分含量、土壤供肥特性和植物的需肥量来考虑,应控制在$15～25 t/hm^2$,然后再配合施用适量的其他肥料,来满足植物对养分的需求。绿肥翻压深度一般根据耕作深度考虑,大田应控制在$15～20 cm$,不宜过深或过浅。而果园翻压深度应根据果树品种和果树需肥特性考虑,可适当增加翻压深度。

③翻压后水肥管理。绿肥在翻压后,应配合施用磷、钾肥,既可以调整氮磷比,还可以协调土壤中氮、磷、钾的比例,从而充分发挥绿肥的肥效。对于干旱地区和干旱季节,还应及时灌溉,尽量保持充足的水分,加速绿肥的腐熟。

(2)配合其他材料进行堆肥或沤肥

可将绿肥与秸秆、杂草、树叶、粪尿、河塘泥、含有机质的垃圾等有机废弃物配合进行堆肥或沤肥。

(3)用做饲料

可以用做饲料,发展畜牧业。

(六)泥炭与腐殖酸类肥料

1. 泥炭

泥炭在农业上的利用价值及方式,主要取决于它的成分和性质。有机质含量在50%以上,可以做肥料或有机肥的原材料。一般而言,分解程度大于25%的低位泥炭可直接做肥料,小于25%的应堆沤、垫圈后才能利用。pH小于5.5的泥炭在施用前应与堆肥、草木灰、磷矿粉一起堆腐,pH大于5.5的泥炭可以单独施用或堆腐后做肥料。

泥炭的利用方法包括：

（1）泥炭垫圈

主要利用高位泥炭吸水吸氨能力强的特性，可制成质量较高的圈肥，并能改善牲畜的卫生条件。垫圈用的泥炭应先风干、再适当打碎，含水量在 30％左右为宜。

（2）泥炭堆肥

将泥炭与人畜粪尿及其他有机物质制成堆肥，使泥炭中部分复杂、难分解的有机态氮转化为速效氮，并利用泥炭有机质含量高的特点，保蓄人畜粪尿中的氮及其他营养元素，减少养分损失。一般采用低位泥炭，加入等量或一半的其他新鲜有机物质，如人畜粪尿、青草等。堆制方法同堆肥。

（3）混合肥料

泥炭中含大量腐殖酸，但含速效养分较少。将泥炭与碳酸氢铵、氨水、磷肥或微量元素等制成粒状或粉状掺和肥料，可以减少氨的挥发损失，避免磷和某些微量元素在土壤中的固定，提高化肥的利用率和肥效。

（4）育苗基质

在营养钵育苗时泥炭是最理想的基质材料之一。因泥炭具有一定的黏结性和松散性，保水保肥，通风透气，便于幼苗根系发育，又不易散碎。泥炭含速效养分少，所以在配制育苗基质时，应根据各种幼苗的营养要求，加入适量腐熟的人畜粪肥和化肥。

（5）菌肥的载体

泥炭也是制造细菌肥料的良好载体。将泥炭风干，粉碎，调整酸碱度，灭菌后就可接种制成各种菌剂。如各种豆科植物根瘤菌剂、固氮菌剂、磷细菌等菌肥，都可以用泥炭作为扩大培养或施用时的载菌体。

2. 腐殖酸类肥料

腐殖酸类肥料是以腐殖酸含量较多的泥炭、褐煤、风化煤等为主要原料，经化学或生物转化并加入一定标示量的氮、磷、钾或某些微量元素所制成的肥料，如腐殖酸铵、硝基腐殖酸铵、腐殖酸氮磷复合肥料、腐殖酸钠、腐殖酸钾、腐殖酸微量元素肥料等。腐殖酸类肥料含有大量有机质，具有有机肥料的特点，同时又含有速效养分，兼有化肥的某些特征，所以又是一种多功能的有机无机复合肥料。

（1）腐殖酸铵

由于原料来源不一，生产方式各异，腐殖酸铵的质量差异较大，速效氮在 2％～4％，水溶性腐殖酸铵在 15％～30％。由于腐殖酸铵含氮量低，施用量应高于其他化学氮肥。一般质量中等的腐殖酸铵用量不宜超过 $1\,500$ kg/hm^2。

腐殖酸铵的肥效较长，一般宜做基肥，做追肥效果较差，做基肥施用时，旱地应采用沟施、穴施等集中施肥方式，便于根系吸收，但不宜与根系直接接触，水田则以耙田时施用肥效较好，面施易造成表层浓度过高和养分易于流失。此外，腐殖酸铵还应注意配合磷、钾肥施用。有利于提高磷、钾肥的利用率。

（2）硝基腐殖酸铵（简称硝基腐铵）

这是一种质量较好的腐肥，腐殖酸含量高（40％～50％以上），大部分溶于水，除铵态氮外，还含有硝态氮，全氮可达 6％左右，生长刺激作用也比较强。此外，对减少速效磷的固定，提供微量元素营养，均有一定作用。

硝基腐铵适用于各种土壤和植物,施加硝基腐铵较等量氮化肥增产 10％～20％,但这种肥料生产成本较高,必须设法降低成本,才能达到增产增收。硝基腐铵的施用方法与腐铵类似,由于含量较高,施用量要相应减少,一般做基肥施用,施 600～1 125 kg/hm² 为宜。

（3）腐殖酸钠（简称腐钠）

腐殖酸钠主要用于刺激植物生长,可用于浸种、浸根、叶面喷施等。一般适宜的浸种浓度为 0.01％～0.05％,浸种时间则应根据种子的种皮厚薄、吸胀能力及地区温差而有所不同。蔬菜、小麦类种子只需浸泡 5～10 h,水稻、棉花等需浸泡 24 h 以上。一般浸根的浓度与浸种相似。经上述处理后,根系生长快,次生根增多,返青期缩短。

腐殖酸钠适宜于各种植物叶面喷施,尤其是双子叶植物和一些经济作物。一般适宜的叶面喷施浓度为 0.01％～0.05％,最好配合尿素或磷酸二氢钾一起喷施,效果更显著。

（七）商品有机肥料

所谓商品有机肥料是以畜禽粪便、动植物残体等富含有机质的副产品资源为主要原料经发酵腐熟后制成的有机肥料。因此,绿肥、农家肥和其他农民自积自造的有机粪肥等则不属于商品有机肥料。

1. 商品有机肥料的特点

商品有机肥料是以工厂化生产为基础,以畜禽粪和有机废弃物为原料,以固态好气发酵为核心工艺的集约化产品,因而具有普通有机肥料和农家肥不可比拟的优点。

①商品有机肥已完全腐熟,不会发生烧根、烂苗;普通有机肥未经腐熟,使用后在土壤里发生后期腐熟,会引起烧苗现象。

②商品有机肥经高温腐熟,杀死了大部分病原菌和虫卵,减少了病虫害发生,传统有机肥未经腐熟和无害化处理,有可能引发土传病虫害。

③商品有机肥养分含量高,普通有机肥会发生不同程度的养分损失。

④商品有机肥经除臭,异味小。

⑤商品有机肥容易运输。

2. 商品有机肥料的种类

我国有机肥资源丰富,种类繁多,当前,我国生产商品有机肥的主要原料包括畜禽粪便、养殖场排出的粪污、农作物秸秆、风化煤、食品和发酵工业下脚料等。辅助原料主要有猪粪、牛粪、豆渣饼、菜籽饼/棉籽饼、骨渣、有机生活垃圾、城市污泥等。商品有机肥的生产可以选用其中一种或多种资源进行生产。

（1）按照组成成分划分

目前商品有机肥按照组成成分划分,主要有以下 3 大类。

①精制有机肥料类,不含特定功能的微生物,以提供有机质和少量养分为主。

②有机无机复混肥料类,由有机和无机肥料混合而成,既含有一定比例的有机质,又含有较高的养分。

③生物有机肥料类,除含有较高的有机质和少量养分外,还含有特定功能如固氮、解磷、解钾、抗土传病害等的有益菌。

（2）按照原料来源划分

①畜禽粪便有机肥。原料主要由畜禽粪便构成,经高温烘干、氧化裂解、抛翻发酵等工艺

处理后挤压而成。该类肥料肥效长,供肥平稳,培肥地力效果好,可用于保护地蔬菜、花卉和果树的栽培。

②农作物发酵有机肥。原料构成以植物籽粕、秸秆等为基质,经微生物发酵后挤压而成。主要用于改良土壤、培肥地力。

③腐殖酸有机肥。其原料以风化煤、草炭等为主,经氨化制成腐殖酸,再制成产品。可用于活化和改良土壤。

④污泥有机肥。将含水率为80％的湿污泥,经干燥、粉碎等加工后,形成含水率为13％的干污泥,在引入有益微生物处理后,圆盘造粒、低温烘干后制成成品。

⑤废渣有机肥。利用微生物来进行高温堆肥发酵处理糠醛、下脚料等食品和发酵工业废渣,经过高温降解复合菌群、除臭增香菌群和固氮菌、解磷菌、解钾菌等生物发酵,成为优质环保有机肥。

⑥海藻商品有机肥。以适宜的海藻品种,通过破碎细胞壁,将其内容物浓缩形成海藻浓缩液。海藻肥中的有机活性因子对刺激植物生长起重要的作用。

3. 商品有机肥料的技术要求

作为商品有机肥料,所有生产技术、操作规程、产品质量检验等必须符合国家相关标准要求。

(1)外观

有机肥料为褐色或灰褐色,粒状或粉状产品,无机械杂质,无恶臭。

(2)技术指标

商品有机肥的技术指标,主要包括有机质含量、总养分(全氮、全磷、全钾)含量、水分含量和酸碱度等均应符合表 4-5 的要求。

表 4-5　商品有机肥料技术指标(NY 525－2002)

项目	指标
有机质含量(以干基计)	$\geqslant 30\%$
总养分($N+P_2O_5+K_2O$)	$\geqslant 4.0\%$
水分(游离水)含量	$\leqslant 20\%$
酸碱度(pH)	$5.5 \sim 8.0$

(3)有害成分

包括重金属含量和病原微生物等。各项指标应符合表 4-6 的要求。

表 4-6　商品有机肥的重金属含量等技术要求(GB 8172)

项目	指标/(mg/kg)	项目	指标
总砷(以 As 计)	$\leqslant 30$	蛔虫卵死亡率	$\geqslant 95\%$
总镉(以 Cd 计)	$\leqslant 3$	大肠菌值	$\leqslant 100$ 个/g
总铅(以 Pb 计)	$\leqslant 100$		
总铬(以 Cr 计)	$\leqslant 300$		
总汞(以 Hg 计)	$\leqslant 5$		

4. 商品有机肥料的发展趋势

（1）原料的复合化

由于不同的有机物料有着不同的理化功能（如养分含量、活化土壤性能、培肥地力性能、改良土壤性能、供肥性能），故不同有机物料复配（或复合）制成的商品有机肥，可解决单一原料造成的有机肥肥效单一、功能单一的缺点，更好地满足植物对土壤肥力的需要。

（2）微生物菌种的多样化

绿色无公害产品的发展，对生物有机肥提出了更高的要求，商品有机肥不但要保持有机肥固有的肥效长、肥效稳、改良土壤、培肥地力的特点，还要在很大程度上替代无机肥的功能。商品有机肥除充分发挥纤维分解菌的优势外，势必要结合磷细菌、钾细菌、固氮菌等有益微生物种群，开发能够分解不同有机物料的多功能微生物复合菌群。

（3）有机肥的专用化

不同植物在不同生育期和环境条件下有着不同的营养要求，各种速效有机肥、专用有机肥的研究和开发意义重大。

（4）生产工艺的现代化

由于商品有机肥在可持续现代农业生产中起着举足轻重的作用，在研制、生产过程中对技术条件要求更加严格，因此，自觉运用现代科学技术对生产工艺进行改进，以最大限度地加大生产规模，降低生产成本，保证产品产量和质量的稳定性，是今后整个肥料行业研究与开发过程中的重点。

总之，通过加强对高效有益微生物菌株的筛选与驯化研究，深入探索微生物、有机物料土壤、农作物的相互关系，深入研究商品有机肥的加工工艺；开发出可以基本替代无机肥的有机专用肥，这也是商品有机肥未来的发展趋势。

项目三　常用化肥种类和特点

一、氮素营养与氮肥

氮素是植物必需的三大营养元素之一，氮肥对植物的增产起到非常重要的作用，它是目前常用的化学肥料之一。

（一）氮在植物体内的含量和分布

氮在植物的各个器官内以及不同发育时期内，其含量总是有不小差异。氮的总含量为植物干重的 0.3%～5.0%。一般含蛋白质多的地方，含氮也高。如在小麦籽粒中氮的含量为 2.2%～2.5%，而在小麦茎秆中大约只有 0.5%；在豆科植物籽粒中氮的含量为 4.5%～5.0%，而在豆科植物茎秆中只有 1.0%～1.4%。

氮的含量在植物体内大体分布：豆科植物比禾本科植物多些；种子和叶片比茎、根多些；新生器官比老组织多些。同一植物各器官氮含量不同，主要是因为其中含有不同数量的蛋白质和叶绿素。

(二)土壤氮素的含量、形态、转化

1. 土壤氮素含量

土壤中总氮含量在 0.2～2.5 g/kg 之间,一般耕地的表层土壤含氮量为 0.3～4.0 g/kg,主要受气候、地形、植被、温度、耕作、施肥等影响。不同地区自然植被与耕作土壤条件下土壤的含氮量不同。

2. 土壤中氮素形态

土壤中的氮素包括无机态、有机态和有机无机结合态三大类,如图 4-3 所示。

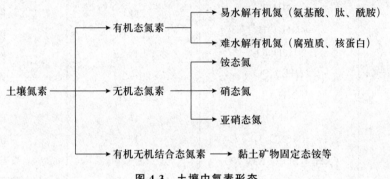

图 4-3　土壤中氮素形态

(土壤肥料,宋志伟,2011)

(1)土壤无机态氮

无机态氮主要是铵态氮和硝态氮,有时有少量亚硝态氮。铵态氮和硝态氮是植物可直接吸收利用的有效态氮或速效氮,亚硝态氮则对植物有毒害作用。旱地土壤无机氮一般以硝态氮较多,淹水土壤则以铵态氮占优势。

(2)土壤有机态氮

有机态氮主要是蛋白质、核酸、氨基酸和腐殖质四大类,大部分是腐殖物质。它们须经微生物分解矿化成无机态氮后才能被植物吸收利用。有机氮的矿化作用随季节而变化,并因土壤质地类型而有所不同,一年中有 3%～5% 的有机氮可矿化为无机氮(一般假定一个生长季节有 1%～3% 的全氮矿化为无机氮)。有机氮通常按其分解难易和对植物的有效程度分为水溶性有机氮、水解性有机氮、非水解性有机态氮。

(3)土壤有机无机结合态氮

有机无机结合态氮是指被黏土矿物固定的氮,以固定态的铵存在于 2:1 型黏土矿物的晶格层间,它的含量主要取决于黏土矿物的类型、土壤质地等土壤因素。

3. 土壤中氮素的转化

土壤中的氮素绝大部分来源于施肥,这些氮在土壤中总是处于不断转化的,不同条件下氮素转化的形式不同。如图 4-4 所示。

(三)氮肥的种类及施用

氮肥的品种很多(表 4-7),按氮肥中氮素化合物的形态可分为三类:铵态氮肥、硝态氮肥和酰胺态氮肥。

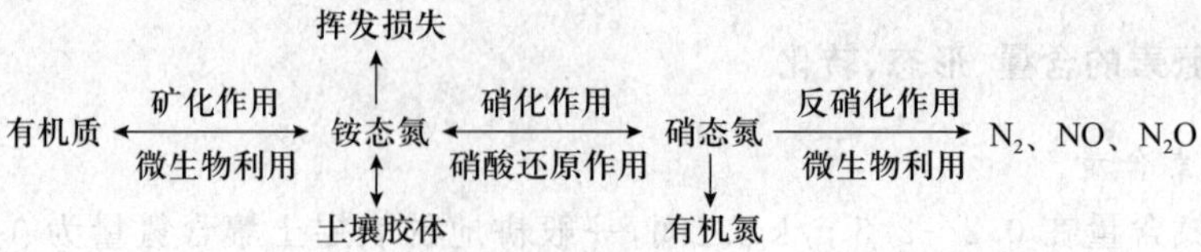

挥发损失

有机质 $\xrightarrow[\text{微生物利用}]{\text{矿化作用}}$ 铵态氮 $\xrightarrow[\text{硝酸还原作用}]{\text{硝化作用}}$ 硝态氮 $\xrightarrow[\text{微生物利用}]{\text{反硝化作用}}$ N_2、NO、N_2O

土壤胶体 　　　　　　　有机氮

图 4-4　氮在土壤中的转化示意图

表 4-7　主要氮肥品种

名称	化学式	含氮量/%	氮肥形式
液氨	NH_3	82	铵态
氨水	NH_4OH	12～16	铵态
碳酸氢铵	NH_4HCO_3	17	铵态
硫酸铵	$(NH_4)_2SO_4$	20～21	铵态
氯化铵	NH_4Cl	23～26	铵态
硝酸钠	$NaNO_3$	15	硝态
硝酸钙	$Ca(NO_3)_2$	13	硝态
硫硝酸铵	$(NH_4)_2SO_4+NH_4NO_3$	25～27	铵态、硝态
硝酸铵钙	$NH_4NO_3+CaCO_3$	20～25	铵态、硝态
硝酸铵	NH_4NO_3	32～34	铵态、硝态
石灰氮	$CaCN_2$	20～22	酰胺态
尿素	$CO(NH_2)_2$	45～46	酰胺态

1. 铵态氮肥

凡是含有氨或铵离子形态的氮肥均属铵态氮肥,如硫酸铵、氯化铵、碳酸氢铵、氨水等。铵态氮肥的共同特点:都易溶于水,植物能直接吸收利用,能迅速发挥肥效,是速效性氮肥;铵离子易被土壤胶体所吸附,移动性不大,不易流失;与碱性物质混施,会造成氨的挥发损失;高浓度的铵离子易对植物产生毒害,造成氨中毒;在通气良好时,会通过硝化作用转化为硝态氮;植物吸收过量的铵会对钙、镁、钾的吸收产生抑制。

(1)硫酸铵和氯化铵

两种肥料都是白色结晶,都有吸湿性,结块性;两种肥料都是化学中性,生理酸性肥料。酸性土壤上施用会使土壤酸性增强,在酸性土壤上施用这两种肥料时都应配合施用石灰或其他碱性肥料;在石灰性土壤上施用会使土壤板结,在石灰性土壤上施用这两种肥料时都应配合施用有机肥料,以改善土壤结构。

硫酸铵可做基肥、种肥、追肥,但氯化铵不宜做种肥和在秧田上施用,因为氯离子浓度过高会使种子难以发芽,幼苗难以生长。忌氯植物不宜施氯化铵,比如马铃薯、烟草、甜菜等。对马铃薯和甜菜来说氯离子会降低块根中的淀粉和糖度,对于烟草来说氯离子会影响烟草的燃烧性和气味。对于水稻来讲施用氯化铵的效果比硫酸铵要好,因为在水田的还原条件下,硫酸根离子会转化为硫化氢,对水稻的根系有毒害作用,而氯离子无此毒害作用,而且氯化铵还能减轻水稻的倒伏,不易感染病虫害,所以水稻施用氯化铵的效果比硫酸铵要好。

（2）碳酸氢铵

碳酸氢铵为白色或灰色，呈粒状、板状或柱状结晶，是常见的氮肥品种中含氮量较低的一种，而且碳酸氢铵很不稳定，很容易分解，引起氮的挥发损失，有强烈的刺激性臭味；易吸湿、易结块，水溶液中呈碱性反应 pH 为 8.2～8.4。

碳酸氢铵宜做基肥和追肥，不宜做种肥或在秧田上施用，因碳酸氢铵迅速挥发出的氨，会使种子难以发芽，幼苗难以生长，但不管做基肥还是做追肥施用都要把防止氮的挥发损失放在首位。施用要注意以下两点原则：

①不离土、不离水、先肥土、后肥苗的原则。

②避开高温季节和高温时期施用。

2. 硝态氮肥

凡含有硝酸根离子的氮肥，称为硝态氮肥，主要品种有硝酸钠、硝酸钾、硝酸铵等。硝态氮肥的共同特点：易溶于水，是速效性氮肥；吸湿性强，易结块；硝酸根离子不易被土壤胶体吸附，易淋失；在水田中易通过反硝化作用而造成氮素的损失；大多数有很强的助燃性和爆炸性，在贮存运输中要注意安全。

（1）硝酸铵

硝酸铵简称硝铵，白色晶体，因含有杂质而略带黄色，易溶于水，具有很高的溶解度；具有很强的吸湿性，易结块；具有很强的助燃性、爆炸性，结块后，严禁用铁锤重击，以免引起爆炸，应用木棍轻轻敲碎后施用或用水溶解后施用。

一般情况硝铵不宜在水田上施用，主要是在旱地上施用。不宜做基肥施用，也不宜做种肥施用，即使是要做种肥施用，也要控制用量，种子和肥料间最好隔一层土，最适宜做追肥施用，要注意少量多次原则，不宜与有机肥料混合堆沤，以免引起硝酸根离子的反硝化脱氮损失。

（2）硝酸钠和硝酸钙

硝酸钠和硝酸钙都是生理碱性肥料，都适宜施用在酸性土壤上，不宜在水田上施用，最好施用在旱地土壤上，硝酸钠最适宜施用在喜钠的植物上（如甜菜、萝卜），都不宜与有机肥料混合堆沤，以免引起反硝化脱氮损失。

3. 酰胺态氮肥

凡含有酰胺基或在分解过程中产生酰胺基的氮肥，称为酰胺态氮肥，主要有尿素、石灰氮肥，其中尿素在国内外应用量较大。

尿素为白色结晶，易溶于水，水溶液呈中性反应，干燥时具有良好的物理性状，但在高温、强湿条件下易潮解。尿素本身不含有缩二脲，但在生产过程中会产生缩二脲，含量高时对植物生长有害，尿素中缩二脲的含量要求不超过 1%。尿素施入土壤后，溶解在土壤溶液中，主要是酰胺态氮在土壤中脲酶的作用下水解转化为碳酸铵，这个过程夏天 1～3 d 即可过完成，冬天大概要 1 周。

尿素可做基肥和追肥，不宜做种肥和在秧田上施用，因为高浓度的尿素，会使蛋白质结构受到破坏，使蛋白质变性，使种子难以发芽，幼苗难以生长，即使是要做种肥施用，也要控制用量，而且要与种子分开。尿素不管是做基肥还是做追肥施用，都要求深追覆土以减少氨的挥发损失。

4. 长效氮肥

长效氮肥又称缓效或缓释氮肥。常用氮肥施用后会立即在土壤中聚集大量的速效氮，如果在施肥当时被植物吸收的比例不高,就有可能被淋失、挥发等。长效氮肥的主要目的是控制氮肥的溶解速度,使其缓释,延长肥效,达到与植物吸肥进程匹配的要求。现有的长效氮肥主要类型如表 4-8 所示。

表 4-8　长效氮肥的主要类型

类型	主要成分	品种实例	N/%
微溶化合物 (借颗粒大小以控制释放速率)	金属磷酸铵盐	磷酸镁铵	6～9
尿醛化合物 (借微生物分解以控制释放速率)	酰胺类化合物	草酰铵	31
	尿素甲醛化合物	尿甲醛	38～40
	尿素乙醛化合物	异丁叉二脲	31
包膜肥料 (借包膜类型与包衣方法以控制释放速率)	半透膜包衣 (水分渗透而膨胀破膜)	包膜复合肥(18-9-9)	18
	多孔不透膜包衣 (孔内进水溶出肥料)	8 孔肥料包 (包重 28 g 内含肥料)	16
	固态膜包衣(减缓溶解速率)	硫衣尿素	35～36

上述长效氮肥的共同特点:

①在水中溶解度小,肥料中的氮在土壤中释放慢,从而可减少氮的挥发、淋失、固定以及反硝化脱氮而引起的损失。

②肥效稳长,能源源不断地供给植物整个生育期对养分的要求。

③适用于砂质土壤和多雨地区以及多年林木。

④较大量施用不引起烧苗。

⑤有后效,是贮备肥料,能节省劳力,提高劳动生产率。

(四)氮肥的合理施用

氮肥的利用率普遍偏低,主要原因是土壤中存在严重的氮肥损失。合理施用氮肥就是要减少氮素损失、提高氮肥利用率。氮肥利用率是指植物对氮肥中养分吸收的数量占施用氮肥的百分数。它是衡量氮肥施用是否合理的一项重要指标,在田间情况下氮肥利用率一般水田为 20%～50%,旱地为 40%～60%,在多数情况下,硫酸铵的利用率高于碳酸氢铵和尿素,水稻对硝酸铵的利用率低于铵态氮肥和尿素,氮肥利用率低是国内外普遍存在的问题。

合理施用氮肥的措施有以下几点:

1. 根据植物氮素营养特性

各种植物对氮的需要量不一样。一般叶菜类、桑、茶等植物需氮量多,水稻、玉米、小麦等植物需氮量也较多,而豆科植物只需在生长初期施用少量的氮肥,同种植物中又有耐肥品种和不耐肥品种,需氮量也不同。所以,必须根据植物种类和品种特性,合理分配氮肥,以提高氮素化肥的经济效益。

同一植物在不同生育期施氮肥的效果也不一样。如玉米在抽雄开花前后,需要氮素养分最多,重施穗肥能获得显著增产效果。早稻一般要蘖肥重,穗肥稳,粒肥补。晚稻除酌施分蘖肥外,要重施穗肥,看苗补施壮尾肥。因此,应根据植物不同生育期对氮素养分的要求,掌握适宜的施肥时期和施肥量,这是经济使用氮肥的关键措施之一。

2. 根据土壤条件

(1)土壤的供氮能力

碱解氮临界值 83 mg/kg,中低肥力土壤缺氮。

(2)土壤肥力特性

肥力高的土壤,施氮量和次数要少些,施氮时期不宜过晚,以免植物贪青晚熟。肥力低的土壤,应增加氮肥施用量,特别注意种肥的施用,促苗发根,提高单产。

(3)土壤的酸碱性质

一般碱性土壤可以选用酸性或生理酸性肥料,如硫酸铵、氯化铵等铵态氮肥,既能调节土壤反应,同时在碱性条件下,铵态氮也比较容易被植物吸收;而在酸性土壤上,应选用碱性或生理碱性肥料,如硝酸钠、硝酸钙等,可以降低土壤酸性,同时在酸性条件下,植物也易于吸收硝态氮。盐碱土不宜施用氯化铵,以免增加盐分,影响植物生长。排水不良、还原性强的水稻土中,硫酸铵易产生硫化氢的危害,硝酸铵易流失和脱氮,均不宜施用。

3. 采用正确的施肥方法

(1)氮肥深施

氮肥深施不仅减少肥料的挥发、淋失及反硝化损失,还可减少杂草和稻田藻类对氮肥的消耗。深层施肥的肥效稳长,后劲足,有利于根系发育、下扎,扩大吸引营养面积。由于深层施肥肥效较慢,比表施迟 3~5 d,因此,应配合施用面肥或种肥,以免影响幼苗生长。

(2)宜施用量

掌握适宜氮肥施用量是合理施用氮肥的重要环节。最佳产量所需的氮肥用量在很大程度上取决于植物种类、土壤肥力、气候和农业技术条件等。确定某一植物的氮肥施用量主要应根据多点多年的田间试验。目前也有采用推算法确定氮肥用量。

4. 氮肥与有机肥料、磷肥、钾肥配合施用

由于我国土壤普遍缺氮,长期大量投入氮肥,而磷肥、钾肥的施用相应不足,植物养分供应不均匀,影响了氮肥肥效的发挥。氮肥与有机肥料、磷肥、钾肥配合施用,既可满足植物对养分的全面需要,又能培肥土壤,使之供肥平稳,提高氮肥利用率。

通过试验表明,氮肥与其他化肥或有机肥料配合施用,均可获得较好的增产效果。

二、磷素营养与磷肥

(一)磷在植物体内的含量和分布

磷和氮一样也是植物体内的重要营养元素。它广泛参与有机体的生命过程,有机体所进行的各种生理活动几乎都是在磷酸参加下完成的。磷在植物体内的含量是随植物不同种类、不同器官而有差异的。一般油料植物含磷量比豆科植物高,豆科植物又比禾本科植物高。就是同一植物不同生长发育器官,磷的含量也是不一样的。一般是繁殖器官高于营养器官;地上部分大于地下部分;叶大于茎。由此可见,在繁殖器官以及进行着有机物质强烈合成的部位都含有较多的磷。

(二)土壤磷的含量、形态、转化

1. 土壤中磷的含量

我国土壤中磷的含量很低,土壤全磷的含量(P_2O_5)在 0.3~3.5 g/kg 之间,其中 99% 以上为迟效磷,植物当季能利用的磷仅有 1%。在我国不同地区土壤中全磷的含量不同,从南往北和从东到西逐渐增加。土壤中全磷的含量与土壤母质有关,而速效磷的含量与气候条件和

土壤中的水盐运动有关,也与土壤有机质的含量、耕作年限、生产水平等因素有关。

2. 土壤中磷的形态

土壤中磷的形态,按化学性质分类可分为有机态磷和无机态磷两大类。有机态磷和无机态磷之间可以互相转化(图4-5)。

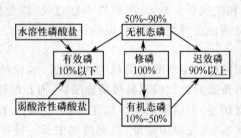

图 4-5　土壤中磷的形态

(1)有机态磷

有机态磷来源于有机肥料和生物残体,它与有机质含量呈正相关。关于土壤中有机态磷的形态,现在还不很清楚,目前已知道化学形态和性质的有磷酸肌醇、磷脂和核酸,还有少量的磷蛋白和磷酸糖等。这些有机磷化合物约占有机态磷的一半,另一半形态目前仍不太清楚。土壤中有机态磷的总量占土壤全磷的 10%~50%,有机态磷除少数能被植物直接吸收利用外,大部分要经过微生物的作用,使有机态磷变成无机态磷,植物才能吸收利用。

(2)无机态磷

土壤中无机态磷占全磷的 50%~90%,主要是由土壤中矿物质分解而成,无机磷含量与土壤母质有关。土壤中无机态磷根据植物对磷吸收程度可分为三种类型。

①水溶性磷。主要是磷酸二氢钾、磷酸二氢钠、磷酸氢二钾、磷酸氢二钠、磷酸一钙、磷酸一镁等,这类化合物多以离子状态存在于土壤中,可被植物直接吸收利用。

②弱酸溶性磷。主要是磷酸一氢钙、磷酸一氢镁等,它们能够被弱酸溶解,但不溶于水,能被植物吸收利用。

水溶性磷和弱酸溶性磷在土壤中含量很低,而且不稳定,易被植物吸收,也能转化成难溶性磷,二者统称为土壤速效磷。

③难溶性磷。不能被水和弱酸溶解,植物不能吸收利用,有时可被强酸溶解,主要是磷酸十钙、羧基磷灰石、磷酸八钙、氯磷灰石、盐基性磷酸铝等。难溶性磷是土壤无机态磷的主要部分,土壤中无机态磷按其所结合的阳离子性质不同可分为四类:磷酸钙(镁)类化合物,主要是一些磷酸钙镁盐类;磷酸铁类化合物;磷酸铝类化合物;闭蓄态磷(O－P 代表),主要是由氧化铁胶膜包蔽的磷酸盐。

3. 土壤中磷的转化

土壤中磷的转化包括有效磷的固定和难溶性磷的释放过程,它们处于不断的变化过程中。

(1)土壤中有效磷的固定

土壤中有效磷的固定形式主要有以下几种:

①化学固定。由化学作用所引起的土壤中磷酸盐的转化。

②吸附固定。土壤溶液中磷酸根离子的吸附作用,称为吸附固定。

③闭蓄态固定。磷酸盐被溶度积很小的无定形铁、铝、钙等胶膜所包蔽的过程(或现象)。

④生物固定。当土壤有效磷不足时就会出现微生物与植物争夺磷营养,因而发生磷的生物固定。

（2）土壤中磷的释放

土壤中难溶性无机态磷的释放主要依靠 pH、氧化还原电位的变化和螯合作用。在石灰性土壤中，难溶性磷酸钙盐可借助于微生物的呼吸作用和有机肥分解所产生的二氧化碳与有机酸作用，逐步转化为有效性较高的磷酸盐和磷酸二钙。在酸性土壤淹水后，pH 升高，氧化还原电位下降，促进磷酸铁水解，提高无定形磷酸铁盐的有效性，使闭蓄态磷胶膜溶解，活性提高。所以在水旱轮作田淹水种稻后，土壤供磷能力增高。

（三）磷肥的种类及施用

根据磷肥中磷的溶解度，也可以把磷肥分为以下几类：水溶性磷肥、枸溶性磷肥（弱酸溶性磷肥）、难溶性磷肥。

1. 水溶性磷肥

水溶性磷肥是指有效成分能够溶于水的磷肥，比如过磷酸钙、重过磷酸钙、富过磷酸钙、铵化过磷酸钙等。

（1）过磷酸钙

过磷酸钙也称普钙，外观为灰白色或浅灰色的粉末，主要成分是水溶性的磷酸一钙和石膏，还会有少量的硫酸铁、硫酸铝和游离酸，有效磷含量为 14%～20%；由于普钙中含有游离酸，所以它是化学酸性的肥料；有腐蚀性，易吸湿，易结块；会发生磷酸退化作用，因为硫酸铁、硫酸铝的存在，会使肥料中的水溶磷酸钙逐渐转化为难溶性的磷酸铁、磷酸铝，从而降低有效磷的含量，这一过程称为普钙的磷酸退化作用。

普钙中磷酸离子的移动性小，一般不超过 3 cm，绝大部分集中在施肥点 0.5 cm 以内。根据普钙在土壤中的特点，要尽量减少普钙与土壤的接触面积，以减少固定；尽量增加普钙与根系的接触面积，以有利于根系吸收。

普钙可做基肥、种肥、追肥施用，施用过程中要注意以下几点：

①集中施用。将磷肥集中施用在根际附近，既可因减少磷肥和土壤的接触面而减少固定，又有利于幼苗吸收利用，同时还能增加施肥点周围微域环境中土壤溶液的磷素浓度，提高磷源和植物根系的浓度梯度，有利于磷酸离子向根系扩散。

②制成颗粒肥料施用。颗粒磷肥表面积小可减少土壤对磷的吸附固定作用。由于磷移动性小，因此颗粒不宜过大，粒径一般以 3～5 cm 为宜。

③与有机肥料混合施用。能减少与土壤的接触面，并且有机肥料中的有机胶体对土壤中三氧化物起包被作用，减少水溶性磷的接触固定。

④根外追肥（双子叶植物 0.5%～1%，单子叶植物 1%～3%）。不仅避免了磷肥在土壤中的接触固定，而且用量省，见效快，尤其在植物生长后期，根系吸收能力减弱，且不易深施的情况下，效果更好。

⑤酸性土壤上配合石灰施用可以调节土壤酸度，促进微生物的活动，增加有机肥料中能与铁离子和铝离子结合的有机酸。同时，石灰能使土壤 pH 升高，降低铁离子、铝离子的活性，两者配合更能降低磷的固定，提高过磷酸钙的肥效。

（2）重过磷酸钙

重过磷酸钙是一种高浓度的磷肥，因它含磷双倍或三倍于普钙，故又称双料或三料过磷酸钙，灰白色粉状或颗粒状，主要成分为磷酸一钙，不含或很少含硫酸钙等杂质，含磷 40%～50%，易溶于水，腐蚀吸湿性比普钙强，吸湿结块后，不致发生退化现象。

基本与普钙相似，因不含硫酸钙，对喜硫的植物如马铃薯、豆类、十字花科的油菜施用效果不如普钙,碱土中效果也不及普钙。

2. 枸溶性磷肥——钙镁磷肥

(1)钙镁磷肥的成分和性质

钙镁磷肥是将磷矿石和适量的含镁硅矿物如蛇纹石、橄榄石、白云石和硅石等在高温下(1 350 ℃以上)共熔,使氟磷酸钙的晶体破坏,再将熔融体水淬而成为玻璃状碎粒,随后磨成细粉状而成。成品颜色不一,灰绿色或灰棕色,含磷量 P_2O_5 14%～19%,质量好的钙镁磷肥中的磷有95%以上可溶于2%柠檬酸中,但不溶于水,属弱酸溶性磷肥。这种肥料中的磷化合物一般认为是[α-$Ca_3(PO_4)$],还含有氧化钙、氧化镁,呈碱性。优质的钙镁磷肥,如制成2%的水溶液,pH为8～8.5,没有腐蚀性,也不吸湿,便于包装和贮运。它是目前我国生产的主要磷肥品种之一。

(2)钙镁磷肥的施用

钙镁磷肥施用后,经过一个溶解过程,才能被植物吸收。所以它的肥效与颗粒细度有一定关系。在石灰性土壤上试验:若以通过100目筛孔细度的肥效为100%,则通过80目筛孔的肥效为94%,通过60目筛孔的肥效为80.6%,而粗粒肥料的肥效仅为25%。由于不同土壤对钙镁磷肥的溶解力差异很大,因而对其细度的要求也有区别。在酸性土壤上施用时,钙镁磷肥的粒径可大些;而在石灰性土壤上,则应细些,一般要求90%能通过80目筛孔,粒径为0.177 mm。

钙镁磷肥中磷虽不溶于水,但能溶于弱酸,可为植物根系和微生物分泌的酸(如碳酸)和土壤中的酸所溶解,供给植物吸收利用。另外,还能供应钙、镁等养分。它的肥效虽不如过磷酸钙快,但后效较长。

实践表明:钙镁磷肥在不同土壤中,对不同植物普遍有效。在石灰性土壤中其效果往往稍低于过磷酸钙;在酸性土壤中,当季肥效大多与过磷酸钙相当,有时还略高于过磷酸钙。因此,钙镁磷肥以施用在红土、黄土等酸性土壤上最相宜,一些有效磷含量低的非酸性土壤如白浆土、垆土以及鸭屎泥、冷浸田一类的低温、高湿、黏重的土壤也有良好的效果。因它有中和土壤酸度和降低土壤中铁、铝危害的功能,同时,除供应磷素外,还能补充土壤中钙、镁、硅等元素,既能改良土壤物理化学性状,又利于改善植物的营养条件。

钙镁磷肥效果与植物种类关系较大。它对玉米、水稻、小麦等植物的效果一般为过磷酸钙的70%～80%,对油菜和绿肥,其肥效略有超过。不同的植物具有对钙镁磷肥不同的利用能力。因此,在轮作中,钙镁磷肥应优先在油菜、萝卜、白菜、豆科绿肥、豆类、瓜类等吸收能力强的植物上施用。

钙镁磷肥可做基肥、种肥和追肥,但以基肥深施效果最好。基肥、追肥宜集中施用,追肥要早施。钙镁磷肥还可与有机肥料堆沤后施用,借助微生物的作用,可以促进钙镁磷肥的溶解,提高肥效。

3. 难溶性磷肥——磷矿粉

(1)磷矿粉的理化性质

磷矿粉是磷矿石经机械加工磨细而制成的肥料,呈褐灰色粉末状,中性或微碱性反应。磷矿粉的成分复杂,但主要以 $Ca_{10}(PO_4)_6 \cdot F_2$ 存在,另外还有 $Ca_{10}(PO_4)_6 \cdot C_{12}$、$Ca_{10}(PO_4)_6 \cdot (OH)_2$ 等成分,一般以 $Ca_{10}(PO_4)_6 \cdot F_2$ 代表磷矿粉的分子式。

磷矿粉中磷的含量随品位的不同而不同,一般全磷10%～25%,枸溶性磷:P_2O_5 15%,是一种难溶性的迟效磷肥,肥效慢。

磷矿粉的品质指标,可以通过磷矿粉的品位和可给性来衡量。

(2)磷矿粉的有效施用条件

①磷矿粉的理化性质。磷矿粉的肥效与全磷含量关系不大,但是与枸溶性磷的含量有显

著的正相关,要求磷矿粉的可给性要在中等或中等以上才能施用。另外磷矿粉的细度也是影响肥效的因素之一,要求 90％以上的磷矿粉能通过 100 目筛,才有利于发挥肥效。

②土壤条件。从土壤因素来讲,酸性条件、有效磷含量低、土壤熟化程度低时有利于发挥磷矿粉的肥效,所以磷矿粉适宜施用在缺磷的酸性土壤上。

③植物的种类。植物的种类不同对磷矿粉中磷的吸收能力不同,一般来讲凡是根系发达、根系分泌的酸多、根表面对钙离子的结合能力强、根的阳离子代换量大的植物吸收磷矿粉中磷的能力强。例如:豆科植物,豆科绿肥植物,蓼科的荞麦,十字花科的油菜、萝卜,多年生牧草、果树、茶树、橡胶等吸收难溶性磷的能力强,磷矿粉应优先施用在这些植物上,而禾本科植物对难溶性磷的吸收能力较差,一般不施用磷矿粉。

(3)磷矿粉的施用措施

①优先施用在对难溶性磷酸盐吸收能力强的喜磷植物上,以及根的阳离子代换量大、地上部分 CaO/P_2O_5 大于 1.3 的植物上。

②豆科植物中大豆、花生、紫云英、苕子、豌豆,十字花科植物中的油菜、萝卜,多年生经济林木和果树中橡胶、茶树、柑橘、苹果等。

③磷优先施用在缺磷的酸性土壤上,利用土壤酸度促进磷矿粉的溶解。

④与其他肥料配合施用。

磷矿粉＋酸性或生理酸性肥料。过磷酸钙、NH_4Cl、KCl、$(NH_4)_2SO_4$、K_2SO_4 可以借助这些肥料本身的酸度或生理酸度来促进磷矿粉的溶解。

磷矿粉＋有机肥料。可以利用有机肥料在腐熟过程中产生的有机酸来促进磷矿粉的溶解,在一定程度上也能提高磷矿粉的肥效。

磷矿粉＋过磷酸钙。一方面可以弥补磷矿粉中有效磷含量低的缺点,满足植物在磷素营养临界期的迫切需要,促进根系的生长,从而又能促进植物在生长中后期对磷矿粉中磷的吸收利用。另一方面过磷酸钙中的游离酸也能促进磷矿粉的溶解。

钙镁磷肥和磷矿粉有两点不同:一是钙镁磷肥的有效水平增长到第二年,即出现下降趋势,而磷矿粉则一直上升,虽然速度有所变慢;二是在等量的肥料情况下,钙镁磷肥所提供的有效磷比磷矿粉高得多。

除了上述磷肥品种外,还有钢渣磷肥等,有关它们的主要成分、性质、施用技术等归纳于表 4-9。

表 4-9　几种磷肥的成分、性质及施用技术

肥料名称	主要成分	性质	施用技术
钢渣磷肥	$Ca_4P_2O_4CaSiO_2$ P_2O_5 7％～17％	黑褐色粉末,碱性,有吸湿性,物理性状良好	适用于酸性土壤,一般做基肥,不宜做种肥或追肥,与有机肥料混合堆沤后施用,效果良好
沉淀磷肥	$CaHPO_4 \cdot 2H_2O$ P_2O_5 30％～40％	白色粉末,不吸湿,其性质与钙镁磷肥相似	适用于酸性土壤,一般做基肥
脱氟磷肥	α-$Ca_3(PO_4)_2$ P_2O_5 14％～18％	深灰色粉末,呈碱性,物理性状好,贮、运、施方便	施用方法同钙镁磷肥
偏磷酸钙	$Ca(PO_3)_2$ P_2O_5 60％～70％	玻璃状,微黄色晶体,碱性,微有吸湿性	施用方法同钙镁磷肥,但用量要减少
骨粉	$Ca_3(PO_4)_2$ P_2O_5 22％～33％	灰白色粉末,不吸湿,含氮 1％～3％	适用于酸性土壤作基肥,在华北地区与有机肥料堆沤后施用

(四)磷肥的合理施用

所谓的合理施肥,在现代的施肥概念中主要包括两个方面的含义:一是充分发挥肥料的增产、增收作用;二是不会对环境产生危害。这里我们重点介绍第一方面,第二方面的基本要求是严格控制施肥量。

充分发挥磷肥的增产、增收作用主要需要考虑以下几个方面的内容。

1. 考虑施用磷肥的必要性

在我国一般只有在土壤缺磷的条件下,才有必要施用磷肥,也就是只有在施用磷肥可以获得增产效果时才施用磷肥。当然一些施用磷肥历史悠久的国家,土壤中已经累积了大量的磷,施用磷肥对当季植物增产效果不大,但是为了维持土壤的磷素水平,仍然需补充当季植物从土壤中带走的磷。所以在我国具体是否需要施用磷肥,首先就需要考虑土壤有效磷的水平。

2. 植物吸磷特点

植物吸收磷的特点也是影响磷肥施用技术的重要因素之一。

(1)植物主要吸收 $H_2PO_4^-$、HPO_4^{2-},大多数植物吸收 $H_2PO_4^-$ 比 HPO_4^{2-} 快(大约快 10 倍),植物还能吸收少量的有机态磷,但吸收量少,在植物营养上的地位不重要。

(2)植物整个生长期都吸收磷,但植物对磷的吸收主要集中在生长前期,后期吸收磷的数量少,所以植物在苗期的磷素营养很重要,有时在土壤有效磷含量高时,也会缺磷,所以磷肥要及早施用,磷肥一般做基、种肥施用,不做追肥施用。

(3)磷在植物体内可以移动大,缺磷时,磷能从老叶向幼嫩叶片转移,所缺磷的症状最先表现在老叶上。

3. 磷肥的品种的选择

磷肥品种的选择要遵循以下几个基本原则:

(1)根据植物的营养特性,确定适当的氮磷用量比,充分发挥氮磷的增产增收效果,一般来讲氮磷比在 5~10 较合适。

(2)在有相等或相似肥效的条件下,应优先选用难溶性磷肥,其次是枸溶性磷肥,最后是水溶性磷肥。一般来讲,碱性土壤或石灰土壤应选用水溶性或高水溶性磷肥,而酸性土壤,应选用枸溶性、难溶性磷肥,但酸性土壤上,磷肥的水溶率不重要,水溶率很低的肥料同样有效,甚至更有效。

(3)当土壤缺磷的同时还缺硫、钙、镁、硅等元素时,应选择含有这些元素的磷肥。比如土壤缺磷的同时还缺硫元素,应选择过磷酸钙;土壤缺磷的同时还缺钙、镁、硅等元素,应选择钙镁磷肥。

旱地在雨季应尽量避免选用含硝酸根离子的磷肥,以免硝态氮通过反硝化作用而造成氮素的损失。

4. 适当的施用技术

(1)适当的施用量

磷肥施用量的确定可根据肥料效应函数法、养分平衡法等方法确定。

(2)适当的施用时间

从理论上讲,水溶性磷肥不宜提前施用,以使减少磷肥与土壤的接触时间,减少固定,而酸性土壤上对枸溶性、难溶性磷肥来讲,提前施用是有好处的。

　　磷肥一般不提倡做追肥施用。一方面是因为磷在土壤中移动性小,而做追肥施用一般是表土撒施,施用磷肥中的磷难于移动到根系密集分布的土层;另一方面从植物磷的营养特性上来看,植物对磷的吸收主要集中的前期,后期对磷的吸收量少,所以磷肥一般做基肥或种肥施用,不做追肥施用。

　　(3)适当的施用方法

　　磷肥的施用方法大体上可分为撒施和集中施用两大类,集中施用又包括(条施、穴施、带施等)。

　　①撒施。将磷肥均匀的撒施在田块表面,然后翻耕入土。

　　水溶性磷肥,撒施会增加磷肥与土壤的接触面,增加磷的固定,降低磷的有效性,尤其是在酸性土壤上,所以水溶性磷肥不宜撒施。

　　枸溶性、难溶性磷肥,在酸性土壤上应采用撒施,以便促进土壤对磷的溶解。

　　②集中施用。相对撒施而言,凡是不和土壤均匀混合的施用技术都称集中施用。集中施用能减少磷肥与土壤的接触面积,从而减少磷的固定,使更多的磷肥保持有效状态。集中施用特别适合水溶性磷肥,尤其是在具有强烈固定磷能力的酸性土壤上施用。

三、钾素营养与钾肥

(一)钾在植物体内的含量和分布

　　植物体内的钾大多集中在生长活跃部分,如芽、幼叶、根尖等部位。钾在植物体内再利用程度比氮磷都高,所以当植物缺钾时,其症状很快就会从下部叶片上表现出来。钾在植物体内含量一般和氮相近,超过磷。但禾本类和谷类植物钾的含量比氮少;而块根类及糖类植物钾含量要大于氮。

(二)土壤钾素的含量、形态、转化

　　1.土壤中钾的含量

　　土壤中的钾绝大部分以难溶性的矿物形态存在,可作为植物利用的形态是很少的,钾的含量以全量而言,要比氮、磷高得多。全钾量为 $0.5\sim46.5\ g/kg$,一般为 $5\sim25\ g/kg$,而能被植物利用的只占全量的 $1\%\sim2\%$,因此,了解钾在土壤中的存在形态,对于合理施用钾肥具有重要意义。

　　2.土壤中钾的形态

　　(1)矿物态钾

　　矿场态钾存在于原生矿物中的钾,如长石类和白云母中的钾,占全钾量的 $90\%\sim98\%$,是植物不能吸收利用的钾,它们只有在长期风化过程中逐渐释放出来,才能被植物吸收利用。

　　(2)缓效态钾

　　缓效态钾包括被 $2:1$ 型层状黏粒矿物固定的钾和黑云母中的钾,较易风化,通常占全钾量的 2% 左右,高的可达 6%,这类钾不能被植物迅速吸收,但可转化为速效钾,并与速效钾保持一定的平衡关系,对保钾和供肥起着调节作用。

　　(3)速效态钾

　　速效态钾约占全钾量的 12%,包括交换性钾和水溶性钾。

①交换性钾。土壤胶体静电吸附的钾离子90％易被植物吸收利用与溶液中钾离子保持动态平衡,速效钾的主体与非交换性钾之间也有某种平衡关系。

②水溶性钾(溶液钾)。为植物可直接吸收的速效钾,数量很少占10％。

3. 土壤中钾的转化

(1)矿物态钾的有效化

矿物中的钾和有机体中的钾在微生物和各种酸的作用下,逐渐风化并转变为速效钾的过程。

(2)游离态钾的固定

土壤中钾的固定的主要方式是晶格固定钾的大小与2∶1型黏土矿物晶层上孔穴的大小相近,当2∶1型黏土矿物吸水膨胀时,钾随水进入晶层间;当干燥收缩时,则钾被嵌入晶层内的孔穴中而成为缓效性钾,这个过程称为钾的晶格固定。一般认为,在干湿变化频繁的条件下易发生晶格固定。

(三)钾肥的种类及施用

1. 氯化钾(KCl)

氯化钾含钾60％左右,呈白色或淡黄色或紫红色结晶,是溶于水的速效性钾肥,是一种生理酸性肥料。

氯化钾可做基肥、追肥施用,不宜做种肥。做基肥时在酸性和中性土壤上应与磷矿粉、有机肥、石灰等配合施用,一方面防止酸化,另一方面促进磷矿粉中磷的有效化。氯化钾含有氯离子,对马铃薯、甘薯、甜菜、柑橘、烟草、茶树等植物的产量和品质有不良影响,不宜多用。氯化钾特别适用于棉花、麻类等纤维植物,因为氯离子对提高纤维含量和质量有良好的作用。

2. 硫酸钾

硫酸钾含钾量为50％～52％,为白色结晶,溶于水,是生理酸性肥料。

适合各种植物和土壤,可做基肥、追肥、种肥及根外追肥。在酸性土壤上应与有机肥、石灰等配合施用;在通气不良的土壤中尽量少用。

3. 草木灰

草木灰是植物熏烧后的残灰,氮和有机物大多烧失,仅含有灰分元素,如钙、镁、铁和其他微量元素等。其中钙、钾较多,磷次之。不同植物的灰分含量:一般木灰含钙、钾、磷较多;草灰含硅较多,钾、磷、钙较少;稻壳灰和煤灰养分最少。

草木灰中钾的主要形态以碳酸钾为主,其次是硫酸钾和氯化钾,都是水溶性钾,可为植物直接吸收利用。草木灰中的磷是枸溶性磷,对植物是有效的。草木灰呈碱性反应,在酸性土壤上使用不仅能供钾,而且可以降低酸度,并可补充钙、镁等元素。

草木灰可做基肥、追肥,也可做盖种肥。追肥时可进行叶面撒施,这样不仅能供应养分,而且能防止和减轻病虫害的发生和危害。做盖种肥可以保持土壤表面湿度,促苗早发。需要注意的是草木灰是碱性肥料,不能与铵态氮肥、腐熟的有机肥料混合施用,以免造成氨的挥发损失。

(四)钾肥的合理施用

钾是植物生长发育所必需的三大营养元素之一,土壤中常因钾供应不及时和数量不足而影响植物的产量。目前,钾肥已被广大农民认识并普遍施用,但如果施用不当,就不能发挥其应有的效果。要做到合理施用,充分发挥其肥效,在与氮、磷肥配合施用前提下,应该掌握好以下几点:

1. 土壤供钾能力与钾肥肥效

土壤供钾水平是指土壤中速效性钾的含量和缓效性的贮藏量及其释放速度。在供钾水平较低时,钾肥的肥效才能表现出来。土壤含钾量和供钾能力决定钾肥的肥效,供钾能力低的土壤容易缺钾,土壤质地粗的砂质土,施用钾肥的效果较好。因此,钾肥应优先施在这种土壤上,满足植物生长对钾的需求,争取获得较好的经济效益,对块根或块茎植物也应增加施用数量。

植物对钾肥的反应首先取决于土壤供钾水平,钾肥的增产效果与土壤供钾水平呈负相关(表 4-10),因此钾肥应优先施用在缺钾地区的土壤上。

表 4-10 土壤供钾水平与钾肥肥效

级别	土壤速效钾 (K,mg/kg)	肥效反应	每千克钾(K_2O) 增粮(kg)	建议每亩用钾肥 (K_2O,kg)
严重缺钾	<40	极显著	>8	5~8
缺钾	40~80	较显著	5~8	5
含钾中等	80~130	不稳定	3~5	<5
含钾偏高	130~180	很差	<3	不施或少施
含钾丰富	>180	不显效	不增产	不施

2. 植物需钾特性与钾肥肥效

(1)植物种类对钾的要求

植物种类的不同,吸钾能力也不同,豆科植物对钾最敏感,施用后增产显著。含碳水化合物多的薯类植物和含糖较多的甜菜、甘蔗、西瓜以及果树等需钾量较多,经济植物中的棉花、麻类和烟草等需钾量也较多。禾本科植物中以玉米对钾肥最敏感,而对水稻、小麦施钾肥,相对来说则增产较少。目前,在钾肥供应有限的情况下,应将有限的钾肥优先施于喜钾植物上。

(2)植物不同生育期对钾的需要

一般植物钾的临界期在苗期,因此钾肥一般用于基肥,特别是生育期短的植物。如果基肥、追肥分开施,追肥应在最大需钾期前尽早施入。

(3)植物根系特性与钾肥施用

钾在土壤中移动性较小,钾离子的扩散也很慢,所以根系吸钾的多少,首先取决于根量及其与土壤的接触面积。因此须根植物从土壤中吸取的钾比直根植物的多。

3. 气候条件与钾肥肥效

通过土壤暴晒和冻融,可以促进土壤含钾矿物的风化,特别对固定在黏土矿物晶层上的钾的释放有好处,增加土壤速效钾的含量。如果水分不足会使钾离子的活度下降,降低钾离子的扩散。水分过多使通气不良,植物吸钾能力受到抑制。

4. 钾肥种类、施用方法与钾肥肥效

(1)对忌氯作物如薯类、糖用做物、浆果类果树、茶树等,施氯化钾效果不佳,并会影响品质;而对于纤维作物效果较好。硫酸钾适于各种作物,尤其是喜硫植物。盐碱地上不宜用氯化钾。

(2)宽行作物以条施、穴施或沟施效果较好,窄行作物可以撒施。一般施钾肥量为37.5～75 kg/hm²。

四、中量元素肥料

(一)土壤中的钙、镁、硫

1. 土壤中的钙

我国南方的红壤、黄壤含钙量低,一般小于10 g/kg,而北方的石灰性土壤中碳酸钙的含量可高达100 g/kg以上。土壤中的钙有四种存在形态,即矿物态钙、有机物中的钙、土壤溶液中的钙、土壤代换性钙。土壤矿物态钙一般占土壤总钙量的40%～90%,是钙主要的存在形式,但不能被作物直接吸收利用。土壤代换性钙含量一般在每千克几十到几百毫克之间,占土壤总钙量的20%～30%,土壤溶液中的钙含量很少,与代换性钙处于交换平衡,二者合称土壤有效钙,作为评价土壤钙素的供应水平的重要指标。

2. 土壤中的镁

我国土壤全镁的含量受气候条件和母质的影响差异较大,一般为0.1%～0.4%。土壤中镁的形态可分为矿物态、水溶态、交换态、非交换态和有机态五种。土壤中矿物态镁占全量的70%～90%,水溶态镁含量一般在5～100 mg/L,含量仅次于钙,与钾相似,交换态镁占土壤全镁量10%～20%,其含量一般在1～50 mg/kg 土,非交换态镁是矿物态镁中能为稀酸溶解的镁,是矿物态镁中较易释放的部分,一般占全镁量的5%～25%,有机态镁含量则较少。

3. 土壤中的硫

土壤中硫的总含量大多数为0.01%～0.50%。影响土壤含硫量的主要因素是成土母质、成土条件、植被、土壤通气条件与雨水中含硫量等。

(二)钙、镁、硫化学肥料的性质与施用

1. 钙肥的性质与施用

(1)钙肥的种类及性质

①石灰。由破碎的石灰岩石、泥灰石和白云石等含碳酸钙岩石,经高温烧制形成生石灰,其主要成分是氧化钙。生石灰吸湿或与水反应形成熟石灰。

②石膏。石膏是含水硫酸钙的俗称,微溶于水,农业上直接施用的为熟石膏。

(2)钙肥的施用

主要是石灰和石膏的合理施用。酸性土壤施用石灰是改土培肥的重要措施之一。

①可以中和土壤酸度。

②提高土壤的pH,土壤微生物活动得以加强,有利于增加土壤的有效养分。

③可以增加土壤溶液中钙的浓度,改善土壤物理性状。石灰多做基肥,也可以用做追肥。

2. 镁肥的性质与施用

(1)镁肥的种类及性质

常用的镁肥有硫酸镁、氯化镁、钙镁磷肥等。同时,有机肥料中也含有少量的镁。硫酸

镁与氯化镁均为酸性、易溶于水,易被作物吸收;而钙镁磷肥为微碱性,难溶于水。

(2)镁肥的施用

镁肥既可做基肥,也可做追肥。施用时,应注意要适当浅施,要严格控制用量,同时要因土酸碱性选用镁肥品种。不同镁肥品种对土壤酸碱性影响不同,接近中性或微碱性的土壤宜选用硫酸镁和氯化镁,而酸性土壤宜选用钙镁磷肥等肥料。镁肥可做基肥或追肥。追肥时也可施用根外追肥的形式,但肥效不持久,往往需要连续喷施几次。

3.硫肥的性质与施用

(1)硫肥的种类及性质

石膏也是一种重要的硫肥。农用石膏有生石膏、熟石膏和含磷石膏三种。硫磺、硫酸铵、过磷酸钙、硫酸钾中均含有硫。其中硫黄为无机硫,难溶水,需在微生物作用下逐步氧化为硫酸后,才能被作物吸收利用,硫酸钙微溶于水,其他硫酸盐肥料则为水溶性肥料。

(2)硫肥的施用

在温带地区,可溶性硫酸盐类硫肥,在春季施用比秋季好,而在热带、亚热带地区则宜在夏季施用。硫肥主要做基肥,常在播种前耕耙时施入,通过耕耙使之与土壤充分混合并达到一定深度,以促进其转化。在施用硫肥时,应注意土壤通气性,以免对作物根系产生毒害。

五、微量元素肥料

(一)土壤中的微量元素

土壤中微量营养元素含量的多少,与母质、质地轻重、有机质含量、环境 pH 以及淋溶程度等有关。其中,以铁的含量最高,其全量可以百分数计,其余元素大多以 mg/kg 计。

1.土壤中微量元素的形态

土壤中的微量营养元素有四种形态。

(1)有机态

土壤中有机态微量元素存在于土壤有机质中,它必须在有机残体分解以后才能释放出来。

(2)矿物态

土壤矿物态微量元素是指存在于矿物内的微量元素,不能和土粒上的阳离子进行交换,难溶解,只有在酸性条件下,多数微量元素才能逐步风化,转化为植物能够吸收的形态。

(3)吸附态

吸附态微量元素是指吸附在胶粒表面,可被交换的微量元素。

(4)水溶态

水溶态微量元素是指溶于土壤溶液中的微量元素。它们的存在都有一定的 pH 范围,超过此 pH 范围时,微量元素即形成沉淀,而不再属于速效性养分。

由此可见,土壤中微量元素含量的特点是虽然全量较多,但作物可以吸收利用的有效态微量元素却很少,因此应重视微肥的施用。

2.影响土壤微量元素有效性的因素

(1)土壤酸碱度

酸碱条件直接影响微量元素的溶解性及有效性,在酸性条件下铁、锰、锌、铜等溶解度较大,随土壤 pH 下降而增加,因此,它们的有效性随之提高。当土壤 pH 升高时,上述微量元素将逐渐转化为氢氧化物或氧化物,溶解度降低,对植物的有效性也变小。

(2)土壤的氧化还原条件

土壤的氧化还原状况对变价元素铁、锰的有效性影响较大,还原条件有效态铁、锰的含量增多,有效性提高。

(3)固定作用

阳离子型微量元素被黏粒吸附固定,可能进入晶格内部失去有效性。磷肥施用量大时,土壤中的锌、铁、锰等与磷酸根作用形成各种磷酸盐沉淀而被固定。

(二)微量元素肥料的性质与施用

1. 微量元素肥料的施用方法

(1)土壤施入法

微量元素肥料可做基肥、种肥或追肥施入土壤。为节省肥料,提高肥效,通常采用条施或穴施。

(2)植物体施肥法

对速效性微量元素肥料多应用植物体施肥法。

①拌种。用少量的水将微量元素肥料溶解,喷洒在种子上,边喷边搅拌,使种子沾上一层肥料溶液,阴干后播种。拌种用量一般为每千克种子用肥 $1\sim6$ g,用水 $40\sim60$ mL。

②浸种。微量元素肥料浸种浓度是 $0.01\%\sim0.1\%$,浸种时间为 $12\sim24$ h,种子与溶液比为 $1:1$。

③蘸根。对水稻及其他移栽作物施用微量元素肥料时,可采用此方法。浓度为 $0.1\%\sim1.0\%$,用于蘸根的肥料应不含危害幼根的物质。

④根外喷施。根外喷施是微量元素肥料经济有效的施用方法。常用浓度为 $0.02\%\sim0.1\%$。

⑤树干注射法。在对果树进行微量元素肥料施肥时,某些微量元素肥料土壤施用易被土壤固定,叶面喷施易被氧化,不利于吸收,如铁肥等可采用树干注射法。

2. 微量元素肥料的施用技术

(1)锌肥

锌肥主要有硫酸锌、氧化锌和碳酸锌,以施用硫酸锌最普遍。以做基肥施用效果最好,每亩用硫酸锌 $1.0\sim1.5$ kg,与其他有机肥混合或单独撒于地面,耕翻入土,或开沟条施,在播种前用 0.1% 的硫酸锌溶液浸种 12 h。拌种的种子与硫酸锌的重量比为 $150:1\sim250:1$。

(2)硼肥

硼肥常用的主要有易溶性硼酸和硼砂。以做基肥施用最好,叶面喷施次之,再次是拌种。作基肥施用时,每亩用硼肥 0.50 kg,与有机肥混合或细土混合,撒于地面,耕翻入土,或开沟条施。硼肥浸种的浓度为 $0.01\%\sim0.10\%$,浸种 $8\sim12$ h。

(3)锰肥

锰肥常用的主要是硫酸锰,每亩用硫酸锰 $1\sim2$ kg,做基肥撒施耕翻入土或开沟条施。微肥切忌穴施,避免局部浓度过高,产生毒害。

(4)钼肥

钼肥常用有钼酸铵。底肥每亩施用量 $1\sim3$ kg。叶面喷施浓度为 $0.02\%\sim0.05\%$。

（5）铜肥

铜肥常用有硫酸铜。底肥每亩施用量 1.5～2 kg。叶面喷施浓度为 0.02%～0.05%。

（6）铁肥

铁肥常用有硫酸亚铁。因其施入土壤后易转化成难溶解的化合物，不易被作物吸收利用，所以不要做底肥使用。叶面喷施浓度为 0.1%～0.2%。

3. 微量元素肥料施用应注意的事项

微量元素肥料施用有其特殊性，如果施用不当，不仅不能增产，甚至会使作物受到严重危害。为提高肥效，减少危害，施用时应注意如下事项。

（1）控制用肥量浓度且力求施用均匀

作物需要微量元素的数量很少，许多微量元素从缺乏到适量的浓度范围很窄，因此，施用微量元素肥料要严格控制用量，防止浓度过大，施用必须注意均匀。也可将微量元素肥料拌混到有机肥料中施用。

（2）针对土壤中微量元素状况而施用

不同的土壤类型，不同质地的土壤微量元素的有效性及含量不同，其施用微量元素肥料的效果不一样。一般来说在北方的石灰性土壤上，土壤中铁、锌、锰、硼的有效性低，易出现缺乏。而南方的酸性土壤钼的有效性低，因此施用微肥时应针对土壤中微量元素状况合理施用。

（3）注意各种作物对微量元素的反应选择施用

各种作物对不同的微量元素有不同的反应，敏感程度不同，需要量也不同，施用效果有明显差异。如北方栽培果树对铁、锌、硼等敏感，玉米施锌肥效果较好，油菜、棉花等对硼敏感，禾本科作物对锰敏感，豆科作物对钼、硼敏感，所以，针对不同作物对不同微量元素的敏感程度和肥效，合理选择和施用。

六、复混肥料

复混肥料是指同时含有两种或两种以上氮、磷、钾主要营养元素的化学肥料。肥料中仅含氮、磷、钾其中两种元素的称为二元复混肥料，同时含有氮、磷、钾三种元素的称三元复混肥料。

（一）常用复混肥料的种类和特点

1. 常用复混肥料的种类

一般根据生产工艺可分为以下三种类型。

（1）化合复混肥

在生产工艺流程中发生显著的化学反应而制成的复混肥料，也称化成复混肥，一般属二元型复合肥，无副成分。如磷酸铵、硝酸磷肥、硝酸钾和磷酸钾等。

（2）混合复混肥

通过几种单元肥料混合，或单元肥料与化合复混肥简单的机械混合，或二次加工造粒而制成的复混肥料，也称配成复混肥。如尿素磷酸钾、硫磷铵钾等。

（3）掺和复混肥

将颗粒大小比较一致的单元肥料或化合复混肥作为基础肥料，直接由肥料经销商按当地土壤和作物要求确定的配方，经称量配料和简单机械混合而成，常含副成分。

2. 复混肥料的特点

(1)复混肥料的优点

与单元肥料相比,主要表现在:

①养分含量高,养分种类多。复混肥料养分总量较高,且含营养元素的种类也较多,施用一次复混肥料至少可以同时供给作物两种以上的主要营养元素。

②副成分少。如磷酸铵等复合肥不含任何无用副成分,所含的阳离子和阴离子都可被作物吸收利用。

③成本较低。复混肥料中有效养分含量高,副成分少,能节省包装及贮运费用。

④物理性状好。复混肥多为颗粒状,性质比较稳定,吸湿性小,不易结块,便于贮存和施用。

(2)复混肥料的不足

主要表现在:

①养分比例相对固定,不能适用于各类作物在不同生育阶段对养分种类、数量的要求。

②难以满足施肥技术的要求。如氮肥移动性比磷钾肥大,而后效却不如磷钾肥长,一般氮肥做追肥,磷肥做基肥或种肥,而复混肥要把各种养分施在同一位置,很难完全符合作物某一时期对养分的要求。

(二)常见复混肥料的性质与施用

1. 二元复合肥

(1)磷酸铵肥

磷酸铵是氨中和浓缩磷酸而制成。由于氨中和的程度不同,可分别生成磷酸一铵、磷酸二铵、磷酸三铵(不稳定)。含 N 为 12%~28%,P_2O_5 为 46%~52%,易溶于水,有一定吸湿性,潮解引起氨的挥发损失,所以贮运中要注意包装密封,防雨防潮,且不能与碱性物质存放在一起。适用于各种土壤和作物,可做基肥和种肥,不与种子接触。

(2)硝酸磷肥

硝酸磷肥是用硝酸分解磷矿粉而制成的氮磷复合肥料。其生产方法有冷冻结晶法、混酸法、碳化法等。硝酸磷肥为灰白色颗粒,具有一定的吸湿性。碳化法生产硝酸磷肥含 N 为 18%~19%,含 P_2O_5 为 12%~13%,磷素全部为枸溶性。混酸法生产的硝酸磷肥含 N 为 12%~14%,含 P_2O_5 为 12%~14%,K_2O 为 30%~50% 为水溶性,其余为枸溶性。冷却法生产的硝酸磷肥含 N 为 20% 左右,含 P_2O_5 为 20% 左右,磷素中 50%~75% 为水溶性,其余为枸溶性。硝酸磷肥可用于多种作物和土壤,但不宜施于豆科作物和甜菜,适宜旱地而不宜水田。硝酸磷肥宜做基肥和追肥,也可做种肥,但不要与种子直接接触,以免烧种。

(3)硝酸钾肥

硝酸钾分子式为 KNO_3,含 N 为 13.5%,含 K_2O 为 45%~46%。白色结晶,易溶于水,吸湿性小,具有强氧化性质,属易燃、易爆品,在运输和贮藏时要特别注意安全。硝酸钾宜做追肥,不宜做基肥;宜施于旱地,不宜施于水田;宜施于马铃薯、甘薯、烟草、甜菜等喜钾作物上。硝酸钾适宜作根外追肥和浸种。

(4)磷酸二氢钾肥

磷酸二氢钾分子式为 KH_2PO_4,含 P_2O_5 为 52%,含 K_2O 为 34.5%。白色结晶,易溶于水,化学酸性,物理性状良好,不易吸湿结块。由于磷酸二氢钾价格昂贵,目前多用于根外追肥、浸种和无土栽培。

2. 三元复合肥料

三元复合肥料一般都是在生产上述二元复合肥料过程中加入第三种元素而形成的,主要品种有硝磷钾、铵磷钾、尿磷钾、硝磷铵钾等。

（1）硝磷钾肥

硝磷钾肥是混酸法制硝酸磷肥基础上增加钾盐而制成的三元复合肥料,一般养分含量为10-10-10。硝磷钾肥为淡黄色颗粒,有吸湿性,作烟草专用肥效果很好。施用方法同硝酸磷肥。

（2）铵磷钾肥

铵磷钾肥是用硫酸钾和磷酸盐按不同比例制成的三元复合肥料,也可用磷酸铵加钾盐制成,一般有 12-24-12、12-20-15、10-30-10 等比例。铵磷钾肥为白色或灰白色粉末,物理性状好。可做基肥和追肥,适用于喜磷作物和缺磷土壤。用于其他作物或土壤时,应适当补充单质氮、钾肥,以调整氮、磷、钾比例,目前主要用于烟草、棉花、甘蔗等经济作物上。

项目四　肥料的混合

一、肥料与肥料混合

肥料混合必须遵循一定的原则:①肥料混合不会造成养分损失或有效性降低;②肥料混合不会产生不良的物理性状;③肥料混合有利于提高肥效和工效。

(一)化学肥料之间的混合

根据上述三条原则,肥料是否适宜混合通常有三种情况。

1. 可以混合

肥料混合过程中或混合后的贮存、施用过程中,不会因肥料的组分不同而发生一系列变化,不会引起养分的损失或有效性下降,也不会使肥料的物理性状变差,降低肥效和工效。相反,甚至能够改善肥料的物理性状,使施用更加方便。例如,磷矿粉与生理酸性肥料,硝酸铵与氯化钾,硫酸铵与过磷酸钙,氯化铵与氯化钾,尿素与过磷酸钙等都可以混合。

如硝酸钙与氯化钾混合后发生反应,反应产生的氯化铵、硝酸钾的吸湿性弱,从而使肥料混合后物理性状得到改善,施用方便,并且肥效没有降低。

2. 可以暂混

有些肥料混合后,立即施用,不致产生不良影响,但混合后存放时间较长,则容易引起肥料物理性状变坏或肥效变差,所以这些肥料可以暂混但不能长久放置。例如过磷酸钙与硝态氮肥,尿素与氯化钾,石灰氮与氯化钾等,都可以暂时混合。

（1）硝态氮肥与过磷酸钙

两种肥料混合后,在放置过程中会引起潮解,肥料物理性质恶化,施用难度增大,并且还会引起硝态氮的逐步分解,造成氮素损失。如果在过磷酸钙中先加入少量磷矿粉或骨粉或碳酸氢铵,中和其游离酸,然后再混合,就会减缓潮解,也不会很快引起化学变化。因此这两种肥料可以暂时混合,但不宜长时间放置。

（2）尿素与氯化钾

尿素和氯化钾混合，不会降低肥效，但物理性状变差，吸湿性增强，易于结块，两者分别放置存放 5 d，尿素吸湿 8%，氯化钾吸湿 5.5%，而两者混在一起吸湿达 36%，所以，这两种肥料混合后应马上施入土壤。

（3）硝态氮肥与其他无机肥料

硝态氮肥有极强的吸湿性，与其他无机肥料混合，则吸湿更强，并且放置过久不易施用。如果在混合后加入少量干的有机物，并及时施用，不会产生不良的影响。

3. 不可混合

混合后发生养分损失、肥效降低的肥料不可以混合。例如铵态氮肥与碱性肥料，碱性肥料与过磷酸钙，硝态氮肥与窑灰钾肥等都不可以混合。

（1）铵态氮肥与碱性肥料

硫酸铵、硝酸铵、氯化铵、碳酸氢铵不能与石灰、草木灰、钙镁磷肥、窑灰钾肥混合，否则引起氮的损失。

（2）过磷酸钙与碱性肥料

过磷酸钙不能与草木灰、窑灰钾肥等碱性肥料混合，以免导致水溶性磷转化为难溶性磷，使磷肥有效性降低。

（3）难溶性磷肥与碱性肥料

如骨粉、磷矿粉与石灰、草木灰等碱性肥料混合后，碱性肥料与土壤中酸及根系分泌的酸中和，使植物更难吸收利用难溶性磷肥。

（4）过磷酸钙与碳酸氢铵

碳酸氢铵与过磷酸钙混合，会引起水溶性磷含量的降低和加速氨的挥发。

各种肥料混合的适应性如图 4-6 所示。

（二）化肥与有机肥料混合

1. 可以混合

过磷酸钙、磷矿粉、钙镁磷肥与堆肥、厩肥混合，可减少土壤对水溶性磷的固定，促进难溶性磷分解，释放有效磷，提高磷肥肥效。

新鲜厩肥与铵态氮肥、钾肥，堆肥与钢渣磷肥、沉淀磷肥，人粪尿与少量过磷酸钙，泥炭与石灰氮、草木灰等都可以混合。

2. 不可以混合

一些碱性肥料如草木灰、石灰氮、钙镁磷肥与堆肥、沤肥等混合积制，铵态氮易变成氨气而损失。

（三）混合肥料的配料计算

取得复合（混）肥料配方后，生产 1 t 复合（混）肥料时需配入原料各多少，常有两种计算方法。现举例说明。

例 1：欲配制 1 t 的 $N-P_2O_5-K_2O$ 含量为 8-10-4 的混合肥料，需用硫铵（N＝20%）、过磷酸钙（P_2O_5＝20%）、氯化钾（K_2O＝60%）各多少，这可以用下面的公式算出。

$$x = \frac{A \cdot B}{c}$$

		1	2	3	4	5	6	7	8	9	10	11	12
1	硫酸铵												
2	硝酸铵	△											
3	碳酸氢铵	×	△										
4	尿素	○	△	×									
5	氯化铵	○	△	×	○								
6	过磷酸钙	○	△	○	○	○							
7	钙镁磷肥	△	△	×	○	×	×						
8	磷矿粉	○	△	×	○	△	○	△					
9	硫酸钾	○	△	×	○	○	○	○	○				
10	氯化钾	○	△	×	○	○	○	○	○	○			
11	磷铵	○	△	×	○	○	○	×	×	○	○		
12	硝酸磷肥	△	△	×	△	△	△	×	△	△	△	△	
		1	2	3	4	5	6	7	8	9	10	11	12
		硫酸铵	硝酸铵	碳酸氢铵	尿素	氯化铵	过磷酸钙	钙镁磷肥	磷矿粉	硫酸钾	氯化钾	磷铵	硝酸磷肥

△ 可以暂时混合但不宜久置
○ 可以混合
× 不可以混合

图 4-6 各种肥料的可混性

式中：x 为所需某种肥料的质量（kg）；A 为配制混合肥料的质量（kg）；B 为混合肥料中有效 N、P_2O_5、K_2O 的含量（%）；c 为某种肥料中有效养分含量（%）。

则此例中：

$$硫酸铵用量 = \frac{1000 \times 8\%}{20\%} = 400 \text{ kg}$$

$$过磷酸钙用量 = \frac{1000 \times 10\%}{20\%} = 500 \text{ kg}$$

$$氯化钾用量 = \frac{1000 \times 4\%}{60\%} = 66.7 \text{ kg}$$

三者相加共为 966.7 kg，其余 33.3 kg 可添加填充料，凑成 1 t 混合肥料。填充料一般可选用磷矿粉、泥炭等物质。

例 2：欲配制 1 t N：P_2O_5：K_2O 比例为 1：1：1 的掺混肥料，现选用原料肥料为尿素

（N＝46％）、磷酸一铵（N＝12％、P_2O_5＝52％）、氯化钾（K_2O＝60％）进行配制时,各需原料肥料多少吨?可采用解析式法。

设立求解公式:

(1)混合肥料中养分比例为 N∶P_2O_5∶K_2O＝$A∶B∶C$;

(2)各养分在混合肥料中百分比含量为 a、b、c;

(3)三种肥料中养分的百分比含量分别为①a_1、b_1、c_1,②a_2、b_2、c_2,③a_3、b_3、c_3;

(4)设组成混合肥料中各个原料肥料的加入量（百分比含量）分别为 x、y、z;

(5)求解 a、b、c、x、y、z;可建立 6 个方程式。

$$a=a_1\times\frac{x}{100}\div a_2\times\frac{y}{100}+a_3\times\frac{z}{100}$$

$$b=b_1\times\frac{x}{100}\div b_2\times\frac{y}{100}+b_3\times\frac{z}{100}$$

$$c=c_1\times\frac{x}{100}\div c_2\times\frac{y}{100}+c_3\times\frac{z}{100}$$

$$\frac{a}{b}=\frac{A}{B}$$

$$\frac{a}{c}=\frac{A}{C}$$

$$x+y+z=100$$

$A＝1$、$B＝1$、$C＝1$;$a_1＝46$、$b_1＝0$、$c_1＝0$;$a_2＝12$、$b_2＝52$、$c_2＝0$;$a_3＝0$、$b_3＝0$、$c_3＝60$。代入上述 6 个方程式中,可求得 $a＝b＝c＝19$,即分析式为 19-19-19。

制取 1∶1∶1 掺混肥料,尿素 $x＝31.78$ 份,磷酸一铵 $y＝36.55$ 份,氯化钾 $x＝31.67$ 份,则 1 t 掺混肥料需要尿素 317.8 kg、磷酸一铵 365.5 kg、氯化钾 316.7 kg。

二、肥料与农药混合新技术

农药与肥料混用是近几年发展起来的一项新技术。采用这种技术,使施肥和防病、治虫、除草工作能够一次性完成,缩短工作时间,节省劳动力,提高肥效和药效,降低农药成本,减少农药毒害,因此应大力提倡和推广。农药与肥料混合应严格遵循以下原则:不能因混合而降低肥效与药效;对植物无毒、副作用;理化性质稳定;施用时间和方法应当一致。

目前与肥料混合使用的农药以除草剂最多,杀虫剂次之,杀菌剂最少。

(一)肥料与除草剂混合

肥料与除草剂混合施用,使两者的作用都发生了变化。

1. 肥料可影响除草剂的除草效果

除草剂与肥料混用能够提高除草剂的除草功效,有 3 个方面原因。

(1)二者混用,使除草剂分布更均匀,增加对杂草的杀伤机会,使除草效果更佳。

(2)二者混用,肥料能够促进植物对除草剂的吸收,如氮肥能提高除草剂的杀虫效果,硝酸钾或尿素能促进阿特拉津的吸收。

(3)二者混用,化肥能影响除草剂的杀草机制。

2. 除草剂也能影响化肥肥效

大多数除草剂能增加土壤中有效氮含量,其原因是除草剂有毒性,能抑制土壤微生物活动。如扑草净能明显抑制硝化作用和反硝化作用,减少氮的损失;在中性土壤上使用西玛津和2,4-D,能提高土壤中有效磷含量。

(二)肥料与杀虫剂、杀菌剂混合

目前与肥料混合的杀虫剂主要是防止地下害虫的农药,如过磷酸钙与氯丹、七氯、艾氏剂等,有机氯杀虫剂与化肥配成液体进行叶面喷施,可起到杀虫和根外追肥的作用。

肥料和杀菌剂混合,如代森锰锌与尿素、硫酸锰混合喷在番茄上,既可以防病,也能起到根外追肥作用。肥料还可与植物生长调节剂混用。

(三)肥料与农药的混用方法

如果农药和化肥都是固体,并且都施于土壤中,可以将二者直接混拌一起,撒施地表翻耕入土。如果药剂为可湿性粉剂,可以用少量水把肥料表面拌湿,然后加药充分拌匀。如果药剂为乳油型或水剂型,可直接倒在肥料上混拌,如太湿可加少量干细土。能与某些农药混用的化肥有尿素、硫酸铵、过磷酸钙、氯化钾和氮磷钾复合肥。

进行叶面喷施时,乳油、水剂或可湿性粉剂可与化肥配成水溶液、水乳液或水悬液,进行叶面喷施。可用此法的肥料有:尿素、硫酸铵、硝酸铵、磷酸二氢钾等。

目前比较成熟的肥料与农药配合有:除草剂 2,4-D、2,4,5-T、西玛津、阿特拉津、利谷隆、二甲四氯、氟乐灵、氯苯胺灵等可以与化肥混合施用;杀虫剂马拉硫磷、氯丹、乙拌磷、1,3-二溴丙烷、三唑磷、保棉磷等可与化肥混合施用;杀菌剂代森锰锌可与尿素、硫酸锰等混合施用。

(四)肥料与农药混合的注意事项

(1)碱性农药不宜与铵态氮肥和水溶性磷肥混合施用。

(2)碱性肥料不能与有机磷等混合施用。

(3)有机肥料不能与除草剂混合施用。

(4)自制混剂时,应预先做混合试验。如无不良变化,方可混用。

(5)液体混剂以现用现混为好,混后不宜长时间放置。

(6)最好选用比较成熟的混合类型。避免滥用,造成危害。

项目五　肥料的市场营销

一、肥料的识别和鉴别

目前,我国肥料市场纷繁复杂,化肥品种有 200~300 个,在给农民提供了更多选择空间的同时也给农民在选择化肥品种上增加了一定的难度,大多数农民选择不到配方适合的化肥品种,有时还会买到假、劣化肥。为了避免这种情况的发生,对怎样识别和鉴别化肥做以下说明。

(一)肥料识别所应掌握的化肥商品标识的相关知识

化肥商品的标识是指以文字、符号、图案以及其他说明物来识别化肥商品的质量、数量等

特征的一种方式。国家质量监督检验检疫局于 2001 年发布了《肥料标识　内容和要求》(GB 18382—2001),其使用范围包括全部商品肥料。

1. 化肥标识的基本原则

标识所标注的所有内容,必须符合国家法律和法规的规定,并符合相应产品标准的规定;标识所标注的所有内容,必须准确、科学、通俗易懂;标识所标注的所有内容,不得以错误的、引起误解的欺骗性的方式描述或介绍肥料;标识所标注的所有内容,不得以直接或间接暗示性的语言、图形、符号导致用户将肥料或肥料的某一性质与另一种肥料产品混淆。

2. 化肥标识一般要求

标识所标注的所有内容,应清楚并持久地印刷在统一的并形成反差的基底上。

(1)文字。标识中的文字应使用规范汉字,可以同时使用少数民族文字、汉语拼音及外文(养分名称可以用化学元素符号或分子式表示),汉语拼音和外文字体应小于相应汉字和少数民族文字;应使用法定计量单位。

(2)图示。应符合 GB 190—2016 和 GB 191—2016 的规定。

(3)颜色。使用的颜色应醒目、突出,易使用户特别注意并能迅速识别。

(4)耐久性和可用性。直接印在包装上,应保证在产品的可预计寿命期内的耐久性,并保持清晰可见。

(5)标识的形式。分为外包装标识、合格证、质量证明书、说明书及标签等。

3. 标识内容

(1)肥料名称及商标

①应标明国家标准、行业标准已经规定的肥料名称。对商品名称或者特殊用途的肥料名称,可在产品名称下以小 1 号字体予以标注;②国家标准、行业标准对产品名称没有规定的,应使用不会引起用户、消费者误解和混淆的常用名称;③产品名称不允许添加带有不实、夸大性质的词语,如"高效××""××肥王""全元素××肥料"等;④企业可以标注经注册登记的商标。

(2)肥料规格、等级和净含量

①肥料产品标准中已规定规格、等级、类别的,应标明相应的规格、等级、类别。若仅标明养分含量,则视为产品质量全项技术指标符合养分含量所对应的产品等级要求。

②肥料产品单件包装上应标明净含量。净含量标注应符合《定量包装商品计量监督规定》的要求。

(3)养分含量。应以单一数值标明养分的含量

①单一肥料。应标明单一养分的百分含量。

②复混肥料(复合肥料),应注明 N、P_2O_5、K_2O 总养分的百分含量,总养分标明值应不低于配合式中单养分标明值之和,不得将其他元素或化合物计入总养分;应以配合式分别标明总氮、有效五氧化二磷、氧化钾的百分含量,如氮磷钾复混肥料 15-15-15,二元肥料应在不含单养分的位置标"0",如氮、钾复混肥料 15-0-15;若加入中量元素、微量元素,不在包装和质量证明书上标明(有国家标准或行业标准规定的除外)。

③中量元素肥料。应分别单独注明各中量元素养分含量及中量元素养分含量之和,含量小于 2% 的单一中量元素不得标明;若加入微量元素,可标明微量元素,应分别标明各微量元素的含量及总含量,不得将微量元素含量与中量元素相加。

④微量元素肥料。应分别标出各种微量元素的单一含量及微量元素养分含量之和。

⑤其他肥料。参照单一肥料和复混肥料执行。

(4)其他添加物含量

肥料中若加入其他添加物,可标明其他添加物,应分别标明各添加物的含量及总含量,不得将添加物含量与主要养分相加。产品标准中规定需要限制并标明的物质或元素等应单独标明。

(5)生产许可证编号

对国家实施生产许可证管理的产品,应标明生产许可证的编号。

(6)生产者或经销者的名称、地址

应标明经依法登记注册并能承担产品质量责任的生产者或经销者的名称和地址。

(7)生产日期或批号

应在产品合格证、质量证明书或产品外包装上标明肥料产品的生产日期或批号。

(8)肥料标准

应标明肥料产品所执行的标准编号;有国家或行业标准的肥料产品,如标明标准中没有规定的其他元素或添加物,应制定企业标准,该企业标准应包括所添加元素或添加物的分析方法,并应同时标明国家标准(或行业标准)和企业标准。

4. 标签

(1)粘贴标签及其他相应标签。如果容器的尺寸及形状允许,标签的标识区最小应为120 mm×70 mm,最小文字高度至少为3 mm,其余应符合"肥料标识、内容与要求"国家标准(GB 1882－2001)的规定。

(2)系挂标签。系挂标签的标识区最小应为 120 mm×70 mm,最小文字高度不小于3 mm。

5. 质量认证书或合格证

质量认证书或合格证应符合 GB/T 14436－1993 的规定。

(二)肥料的鉴别注意事项

1. 从包装上鉴别

(1)检查标识　国家有关部门规定,化肥包装袋上必须注明产品名称、养分含量、等级、商标、净重、标准代号、厂名、厂址、生产许可证号等标志;如果上述标识没有或不完整、可能是假化肥或劣质化肥。

(2)包装。包装上必须注明水溶性磷、速效钾的百分率及是否含氯,包装袋上必须印上详细的使用说明。

(3)检查包装袋封口。对包装袋封口有明显拆封痕迹的化肥要特别注意,这种化肥有可能掺假。

2. 从形状和颜色上鉴别

(1)尿素。白色或淡黄色,呈颗粒状、针状或棱柱状结晶。

(2)硫酸铵。白色晶体。

(3)碳酸氢铵。白色或其他粉末或颗粒状结晶,个别厂家生产大颗粒扁球状碳酸氢铵。

(4)氯化铵。白色或淡黄色结晶。

(5)硝酸铵。白色粉状结晶或白色、淡黄色球状颗粒。

(6)氨水。无色或深色液体。

(7)石灰氮。灰黑色粉末。

(8)过磷酸钙。灰白色或浅肤色粉末。

(9)重过磷酸钙。深灰色、灰白色颗粒或粉末状。

(10)钙镁钾肥。灰褐色或暗绿色粉末。

(11)磷矿粉。灰色、褐色或黄色细末。

(12)硫酸钾。白色晶体或粉末。

(13)磷酸二铵。白色或淡黄色颗粒。

3. 从气味上鉴别

有强烈的刺鼻味的液体是氨水;有强烈氨臭味的是碳酸氢铵;有酸味的细粉是重过磷酸钙;有特殊腥臭味的是石灰氮。如果过磷酸钙有刺鼻的怪酸味,则说明生产过程中很可能使用了废硫酸,这种劣质化肥有很大的毒性,极易损伤或烧死作物。

4. 加水溶解鉴别

取化肥 1 g,放于干净的玻璃管(或玻璃杯、白瓷碗中),加入 10 mL 蒸馏水(或干净的凉开水),充分摇动,看其溶解的情况,全部溶解的是氮肥或钾肥;溶于水但有残渣的是过磷酸钙;溶于水无残渣或残渣很少的是重过磷酸钙;溶于水但有较大氨味的是碳酸氢铵;不溶于水,但有气泡产生并有电石氯味的是石灰氮。

5. 灼烧鉴别法

取一小勺化肥放在烧红的木炭上,剧烈地燃烧,仔细观察情况,冒烟起火,有氨味的是硝酸铵;爆响、无氨味的是氯化钾;无剧烈反应,有氨味的是尿素和氯化铵;加点硫酸铵而无氮味的是磷矿粉。

6. 化验定性鉴别

鉴别过磷酸钙和钙镁磷肥时,将两种肥料取出少许,溶于少量蒸馏水中,用 pH 广泛试纸鉴别,呈酸性的是过磷酸钙,呈中性的是钙镁磷肥。

鉴别氯化钾和硫酸钾时,加入 5%的氯化钡溶液,产生白色沉淀的为硫酸钾,加入 1%硝酸银时,产生白色絮状物的为氯化钾。

值得注意的是有些肥料虽然是真的,但含量很低,如过磷酸钙,有效磷含量低于 8%(最低标准应达 12%),则属于劣质化肥,对作物肥效不大。如果遇到这种情况,可采集一些样品(500 g 左右),送到当地有关农业、化工或标准部门进行鉴定真假化肥的简易鉴别。

(三)农民在购买肥料时应该注意的问题

某些经销商为了达到促销的目的,存在以下误导农民的现象。

1. 以低含量化肥充当高含量化肥。

2. 以不含有长效剂和缓释剂的一次性化肥充当含有长效剂和缓释剂的化肥。

3. 以含氯型化肥品种充当含硫型化肥品种。

4. 更有甚者,以只含有机质或腐殖酸的肥料充当含氮、磷、钾大量元素的化肥。

二、常用肥料的包装标识及贮藏

(一)术语

1. 标明量

根据国家法规规定,在肥料或土壤调理剂标签或质量证明书上标明的元素(或氧化物)含量。

2. 保证量

按法规或合同要求,商品肥料必须具备的数量和(或)质量指标。

3. 标识

用于识别肥料产品及其质量、数量、特征、特性和使用方法所做的各种表示的统称。标识可用文字、符号、图案以及其他说明物等表示。

4. 标签

供识别肥料和了解其主要性能并附以必要资料的纸片,塑料片或者包装等容器的印刷部分。

5. 配合式

按 $N-P_2O_5-K_2O$(总氮-有效五氧化二磷-氧化钾)顺序,用阿拉伯数字分别表示其在复混肥料中所占百分比含量的一种方式。"0"表示肥料中不含该元素。

(二)肥料的包装

固体化学肥料的包装执行国家标准 GB 8569—2009。

1. 多层袋

塑料编织袋外袋＋高密度聚乙烯薄膜内袋。塑料编织袋外袋＋改性聚乙烯薄膜内袋。塑料编织袋外袋＋低密度聚乙烯海膜内袋。

2. 复合袋

二合一袋(塑料编织布/膜)。三合一袋(塑料编织布/膜/牛皮纸)。

每袋净含量 50 kg±0.5 kg、40 kg±0.4 kg、25 kg±0.25 kg 或 10 kg±0.1 kg。每批产品平均袋净含量不得低于 50 kg、40 kg、25 kg 和 10 kg。

(三)肥料的标识内容和要求

肥料的标识内容和要求执行 GB 18382—2001,应标明产品名称、商标、有机质含量、总养分含量、净重、生产许可证号、标准号、登记证号、企业名称、厂址。

产品如含硝态氮,应在包装容器上标明"含硝态氮"。

以钙镁磷肥等枸溶性磷肥为基础磷肥的产品应在包装容器上标明为"枸溶性磷"。如产品中氯离子的质量分数大于 3.0%,应在包装容器上标明"含氯"。其余执行 GB 18382—2001 在规定每袋净含量范围内的产品中有添加物时,必须与原物料混合均匀,不得以小包装形式放入包装袋中。

(四)化肥的合理运输与贮存

化肥包装件的运输工具应干净、平整、无突出的尖锐物,以免刺伤刮破包装件。严禁违章装卸。

化肥的包装件不允许露天贮存,以防止日晒雨淋。应贮存于场地平整、阴凉、通风、干燥的仓库内,注意防潮、防晒、防破裂。堆置高度应小于 7 m。

有特殊要求的产品贮存,应符合相应的产品标准规定。

避免与粮食、蔬菜、种子、农药同室堆放。

三、田间促销

(一)促销意义与主要内容

1. 三要点

改变环境、踏实服务、解决问题。

促销到现场,服务到田间。现场勘察农户的种植条件,如土壤结构、肥水灌溉等,找出农民在农业生产中存在的问题,特别是化肥施用过程中存在的问题,施用过产品的可作为调查回访,未施用过产品则进行宣传推广,侧重向农民提出科学种田的好建议、好点子。强调平衡施肥,传播科学种田知识,具体了解农民的土地与种植情况,促销定位角色是农化专家,是农户的贴心好友,需要制造真实的现场效果。此项活动应请区域性农化专家参加,现场为农户解决实际问题。田间促销的好处是改变了与客户交流的环境,消除客户的心理戒备,易于沟通,易于发展忠诚客户。

2. 组织田间促销的意义

动员网络成员以及一切相关人员,培养下乡到田间的习惯。由于季节的原因到田间的时间会受到影响,如果把田间工作进一步细化就会发现,无论什么时候到田间,都会有事可做。营销人员在田间可以促销,更加重要的是通过在服务过程中学习农化知识,运用农化知识,培养和建立与消费者的情感纽带,这是一个优秀的营销人员必备的素质。特别是农资行业,业务员要热爱农民,关心农民,在此之基础之上,开展商务活动。否则促销会变样走形,业务人员的短期行为就是企业的短期行为,若有偏差,企业很难长久发展。

(二)田间促销关注事宜

1. 关注当地农业生产的基本情况

了解当地的农业生产情况对于促销有直接意义,如农业生产导向、农业扶持政策、农业生产的发展方向、农业支柱性产业的发展与规划等方面,使促销工作具有宏观性和预见性,这样才不会迷失方向,才能够更好地取得政府的各种支持。

2. 关注当地农民生产方式与种植结构

农民的生产方式或多或少地存在这样或那样的问题,这是我们促销的突破点,要仔细观察,认真分析,才能发现问题,然后帮助农民解决问题,最后才是促销工作。其中种植结构问题是主要方向,粮食种植与经济作物种植都存在问题。

3. 关注当地农业生产投入与产出的问题

农民生产性投入是比较粗放的,要学会从中发现问题,并帮助农民解决问题。农业产出的问题不仅是产量的问题,还有品质、品种、品牌等一系列问题,要关注当地农民种植过程中存在的问题,农民的种植技术在进步,但与时代的要求距离还很大,要针对性地进行科学指导。

4. 关注化肥施用存在的问题

化肥利用率低,特别是氮肥品种,农民因不掌握施肥技术,造成严重的化肥浪费,既增加了农民的负担,又浪费了国家的资源。化肥施用方法不当主要表现在农民对不同化肥的施用方法没有掌握,操作比较粗放等方面,这就需要我们进一步通过田间促销进行普及指导。化肥品种选择不正确的主要表现有不了解化肥、不懂测土施肥、不懂化肥配方、不会选购肥、不了解化肥品种的不同功能等。如果在田间促销中增加平衡施肥与测土施肥技术两项服务,促销的效果会更好。

5. 寻找为农民创造财富的办法

可定期、定时采用多种方法向农民传播市场信息,向农民提供针对性的信息全程服务。要向农民提出有效建议,田间促销的建议不能集中在施肥上,是全方位的农业生产建议,这就对营销人员的素质提出了更高的要求,企业可以进行有针对性的培训,编制操作手册,也可以借力操作。

6. 直接介入操作

动员网络成员力量以及社会力量,构建农产品的产、运、销一条龙服务。参加农业生产投入,定价收购农产品,如按合同向农民供应豆类配方肥料,定价收购黄豆或花生,销售给食用油加工厂,再收回加工厂的废料生产肥料,继续销售给农民。玉米也可以这样操作,将玉米卖给酒精厂,再将酒精厂的废料加工成肥料,返销售给农民。

(三)掌握促销时机

(1)化肥施用前要以产品推销为主,植物生长过程中要以回访与肥效为主,收获时与收获后要看效果并进行问题总结。

田间促销的组织包括时间、人员、地点、内容和着重点,具体的实施包括工作要点、导购、农化服务和宣传方式。

(2)实际操作地点要选择农户蔬菜种植大棚。参加人员可以是业务员、经销商、门店经理和农化人员,主要观察种植的品种分类与长势(根、叶、茎)以及大棚条件(土质、棚温、通风、灌溉条件)。重点询问种植情况、生长情况、施肥情况。找出问题所在,并与去年同期对比、与同类化肥对比。然后进行技术指导并采取措施进行补救。

活动策划要事先做好日程、线路、地点、组织等安排。辅助内容主要有促销用品、交通工具、食宿安排等。费用预算也是必要的,包括费用列项、费用审核和费用负担。

四、田间促销的营销策划

(一)田间促销与服务必须得到充分的认识

田间促销涉及范围极其广泛,需要预先培养专业队伍。田间服务是规模性促销,要实现规模。田间促销以销售系统为主,如果组织规模性促销活动可以要求农化系统配合,或另行组织人员系统操作。要将田间促销的方式固定下来,企业可制定制度与流程管理,以保证持续操作的可能性。田间促销也可与其他促销有机结合起来。企业可以编写《田间促销手册》,供业务员使用。

（二）田间促销用语

1. 化肥与植物营养方面

植物营养缺乏症会导致植物在生长过程中出现许多问题，具体可以从植物生长过程的表观现象分析出来。不同植物在生长过程中对养分田间管理的需求不同，植物生长障碍不一定只是养分吸收问题，要同时了解其他因素可能造成的影响。植物生长问题要早发现，早解决。判断肥效的方法有很多，如苗期看肥效，不能只简单地看苗是否发绿，还要看叶片的颜色、厚度、脉络、整体形状是否畸形等。

2. 化肥与田间管理方面

田间促销关注的要点包括土、肥、水、种、密、保、管、工等方面。正确的化肥施用方法要看化肥品种选择是否正确，在合理的时间以合理的化肥量施用，在合适的位置、深度施用，同时要注意种、肥隔离。

3. 化肥造成肥害的原因

化肥造成肥害的原因包括施肥方法、时间、用量不对，没有浇灌或掌握雨水情况、产品的质量问题，化肥配方不对，灾害后的负面影响等。

4. 化肥与施用特点方面

化肥与农家肥配合施用效果最好，也可以与微量元素肥料配合施用；生物肥料施用要注意不能和农药一同使用，保管时也不能与农药放在一起。

【模块小结】

本模块主要内容：合理施肥的时期和方法，常见有机肥肥料的种类和特点，常见化肥的种类和特点，肥料混合的基本原则和肥料的市场营销。

传统的施肥方法是把肥料施入土壤，补给作物最缺的养分，土壤缺什么养分就补什么肥料，施肥方法较简单。根据施用时期不同可分为基肥、种肥和追肥。根据植物吸收部位不同可分为土壤施肥（土施）和植株施肥。土施包括撒施、穴施、条施等。植株施肥包括叶面施肥、注射施肥和种子施肥等。

有机肥料亦称"农家肥料"，凡以有机物质（含有碳元素的化合物）作为肥料的均称为有机肥料。在农村，可就地取材，就地积制和施用，所以习惯上又称为农家肥料。主要有人畜粪尿、各种堆肥、沤肥，厩肥、绿肥、草炭等。有机肥料不仅含有大量的有机质，分解后还能为作物提供各种养分，且具有改土作用，是无公害有机农产品的首选肥料。

化学肥料是指由化学工业方法制成，并标明养分是无机盐形式的肥料。化学肥料具有养分含量高、成分单一、肥效迅速而不持久等特点。只有正确掌握常用化肥的成分和特性，才能做到科学施肥，达到增产、高效、环保的目的。

肥料混合必须遵循一定的原则：一是肥料混合不会造成养分损失或有效性降低；二是肥料混合不会产生不良的物理性状；三是肥料混合有利于提高肥效和工效。

【模块巩固】

1. 合理施肥的方式有哪些？如何正确应用？

2. 有机肥和化学肥料相比，有哪些特点？其作用是什么？

3．人粪尿的贮存应满足哪些条件？如何合理使用？

4．普通堆肥与高温堆肥在积制与腐熟特征等方面有何区别？

5．未经腐熟的堆肥、厩肥为什么不宜直接施用在土壤上？

6．秸秆还田的方式主要有哪几种？秸秆直接还田时应注意哪些问题？

7．比较硝态氮肥和铵态氮肥的特点有哪些异同？在施用这两类氮肥时应注意哪些问题？

8．磷肥分为哪几种类型？常见磷肥的品种有哪些？

9．过磷酸钙在土壤中如何转化？叙述过磷酸钙的合理施用技术。

10．比较氯化钾和硫酸钾在施用上的不同。

11．根外喷施微量元素肥料应注意哪些问题？

12．肥料混合的基本原则有哪些？

13．如何在包装上鉴别肥料的伪劣？

14．肥料与农药混合应注意什么？

15．欲配制 1 000 kg 10-10-5 的混合肥料，现选用尿素（N＝46%）、过磷酸钙（P_2O_5＝17%）、氯化钾（K_2O＝60%）做基础肥料进行配制，计算每种肥料各需多少用量？

模块五

主要作物施肥技术

【知识目标】

　　通过本模块学习,使学生了解主要粮食作物、果树和蔬菜的需肥特点,掌握主要粮食作物、果树和蔬菜的养分管理技术。

【能力目标】

　　具备辨识主要粮食作物、果树和蔬菜缺素症状的能力。

项目一　主要粮食作物施肥技术

一、小麦测土施肥技术

　　我国小麦的产区主要集中在河南、山东、河北、安徽、甘肃、新疆、江苏、陕西、四川、山西、内蒙古及湖北等省(自治区),这些地区的小麦种植面积占全国小麦种植面积的 4/5 以上,其总产量占我国小麦总产量的 90% 及以上,其中以山东、河南小麦种植面积最大。我国冬、春小麦兼种,但以冬小麦为主,冬小麦种植面积占我国小麦种植总面积的 85%,冬小麦的总产量占全国小麦总产量的 90% 以上。

(一)小麦的需肥特点

　　在不同的生育期,小麦的氮、磷、钾养分的吸收率不同。氮的吸收有两个高峰期:一个是从分蘖到越冬,氮素的吸收量占总吸收量的 13.5%,是群体发展较快时期;另一个是从拔节到孕穗,氮素的吸收量占总吸收量的 37.3%,是氮素的吸收最多的时期。小麦对磷、钾的吸收,一般随小麦生长的推移而逐渐增多,在拔节后其吸收率急剧增长,40% 以上的磷、钾养分是在孕穗以后被吸收的。

　　小麦吸收锌、硼、锰、铜、钼等微量元素的绝对数量少,但微量元素对小麦的生长发育却起着十分重要的作用。在不同的生育期,小麦吸收微量元素的大致趋势是:越冬前较多,返青;拔节期吸收量缓慢上升;抽穗成熟期吸收量达到最高,并占整个生育期吸收量的 43.2%。

(二)小麦生产常见的缺素症及补救

1. 缺氮

当小麦缺氮时,其植株矮小,叶片淡绿,叶尖由下向上变黄,分蘖少,茎秆细弱。可在返青期每追施尿素 5～8 kg/亩,在拔节期可再追施尿素 10～15 kg/亩。

2. 缺磷

当小麦缺磷时,其植株瘦小,次生根少,分蘖少,新叶暗绿,叶尖紫红色,茎呈紫色,穗小粒少,籽粒不饱满,千粒重下降。可追施过磷酸钙 20～25 kg/亩,随水浇施。叶面喷施 5% 过磷酸钙溶液,或 0.2% 磷酸二氢钾溶液,隔 7～10 d 喷 1 次,连喷 2～3 次。

3. 缺钾

当小麦缺钾时,先从下部老叶的叶尖、叶缘开始变黄,叶质柔弱,并卷曲,然后逐渐变褐色。叶脉绿色,茎秆细而柔弱,分蘖不规则,成穗少,造成籽粒不匀实,易倒伏。可施硫酸钾或氯化钾 10 kg/亩,并撒施草木灰 100 kg/亩,叶面喷施 0.2% 的磷酸二氢钾溶液,7～10 d 喷 1 次,连喷 2～3 次。

4. 缺锌

当麦苗缺锌时,叶片失绿,心叶白化,节间缩短,植株矮小,中部叶缘过早干裂皱缩,根系变黑,空粒多,千粒重降低。缺锌时,可在拔节期叶面喷施 0.3% 的硫酸锌溶液,5～7 d 喷 1 次,连喷 2～3 次。

5. 缺硼

当小麦缺硼时,小麦分蘖不正常,叶鞘呈紫褐色,有时不抽穗,或者只开花不结实。可叶面喷洒 0.2% 硼砂溶液,7～10 d 喷 1 次,连喷 2～3 次。

6. 缺铁

当小麦缺铁时,先在新叶发病,叶肉组织黄化,上部叶片可变为黄白色。叶尖和叶缘也会逐渐枯萎并向内扩展。可叶面喷洒 0.2% 的硫酸亚铁溶液,7～10 d 喷 1 次,连喷 2～3 次。

7. 缺钼

当小麦缺钼时,首先,表现在叶片前部,叶变褐色,其次,在心叶下部全展上,沿叶脉平行出现细小的页日斑点,并逐渐连成线状、片状,最后使叶片前部干枯,严重的整叶干枯。可叶面喷施 0.5% 的钼酸铵溶液,7～10 d 喷 1 次,连喷 2～3 次。

8. 缺锰

当小麦缺锰时,症状同缺钼相似,但病斑发生在叶片的中后部,病叶干枯后,便卷曲,叶前部逐渐干枯。可叶面喷施 0.2% 的硫酸锰溶液,5～7 d 喷 1 次,连喷 2～3 次。

9. 缺镁

当小麦缺锰时,中、下部叶片叶缘组织逐渐失绿变黄,叶脉呈现绿色,叶缘向上或向下卷曲,后期叶片枯萎。可叶面喷施 0.3% 硫酸镁溶液,7～10 d 喷 1 次,连喷 2～3 次。

10. 缺钙

当小麦缺钙时,其主要表现为新叶上部叶片明显缩小,叶脉间黄化,近生长点叶片、叶缘枯死,叶尖常弯曲呈钩状。可叶面喷施 0.3% 氯化钙或 1% 过磷酸钙浸出液,7～10 d 喷 1 次,连喷 2～3 d。

(三)小麦养分管理技术

1. 华北平原灌溉冬小麦区

华北平原灌溉冬小麦区包括山东和天津全部,河北中南部,河南中北部,陕西关中平原,山西南部。

(1)施肥原则

①根据苗情长势和冬春季冻害发生情况,分次施用氮肥,适当增加拔节中后期的施用比例;根据底(基)肥施用量、苗情、温度以及土壤肥力状况科学确定追肥用量和时间;因地、因苗、因时追肥。

②根据土壤墒情和保水、保肥能力,合理确定灌水量和时间,做到水、肥管理一体化。

③抓住小麦返青拔节的有利时机,及时采取促控措施,促进弱苗转化,提高成穗率;控制旺长田块,预防后期贪青倒伏。

(2)施肥建议

①返青前每亩总茎数小于 45 万,叶色较淡、长势较差的 3 类麦田,应及时进行肥水管理,春季追肥可分 2 次进行。第 1 次在返青期,随浇水每亩追施尿素 5~8 kg;第 2 次在拔节期,随浇水每亩追施尿素 5~10 kg。

②返青前每亩总茎数为 45 万~60 万,群体偏小的二类麦田,在小麦起身期结合浇水每亩追施尿素 10~15 kg。

③返青前每亩总茎数为 60 万~80 万,群体适宜的一类麦田,可在拔节期结合浇水每亩追尿素 12~15 kg。

④返青前每亩总茎数大于 80 万、叶色浓绿、有旺长趋势的麦田,应在返青期采取中耕镇压,推迟氮肥施用时间和减少氮肥用量,控制群体旺长,预防倒伏和贪青晚熟。一般可在拔节后期每亩追施尿素 8~10 kg。

⑤受到越冬期或返青期冻害的小麦应根据冻害发生情况追肥和灌水,对于冻害严重的要立即每亩施尿素 5~10 kg 和浇水,促进小麦早分蘖、提高分蘖成穗率、减轻冻害的损失。

⑥对底肥未施磷肥或缺磷田块要追施氮磷复合肥,未施或少施钾肥的建议在返青或拔节期追施氮钾复合肥;没有灌溉条件或无有效降水,可在春季叶面喷施尿素和磷酸二氢钾,起到以肥济水的作用。

⑦可以在小麦灌浆期叶面喷施磷酸二氢钾、硼肥和锌肥,预防干热风和倒伏,提高灌浆强度,增加粒重。

⑧在缺硫地区的麦田,如底肥没有施用过磷酸钙、硫酸钾、硫基复合肥等,应在第一次追肥时选择施用硫酸铵,每亩施硫酸铵用量为 2 kg 左右。

⑨由于部分农户旋耕后不耙地,造成播种过深出现深播弱苗,分蘖少,苗势弱的田块建议返青期追施尿素 10~15 kg。

2. 华北雨养冬麦区

华北雨养冬麦区包括江苏及安徽两省淮河以北地区,河南东南部。

(1)施肥原则

①应针对不同地方墒情,在小麦返青前进行镇压与中耕划锄结合,保住土壤水分,提高地温促进苗情转化,提高小麦抗旱能力。

②小麦施肥要分层、多次、少量,即与气象结合,降雨降雪前后趁墒少量掩施,施肥后不要把肥料暴露到空气中。

(2)施肥建议

①趁早春土壤返青或降雨雪,用化肥耧或开沟条施,每亩施入尿素 5～7 kg,施肥后盖土,如果生育中后期遇降雨每亩可追施尿素 5～8 kg。缺磷田块每亩用磷酸二铵 7～10 kg,缺钾地块每亩追施氮钾复合肥 15～20 kg,施肥后掩盖。

②为防止后期干旱,在土壤解冻返青前适时镇压,破除坷垃,沉实土壤,提墒保墒。镇压要与中耕划锄结合,先压后锄。小麦封行前,每亩用小麦或玉米秸秆在行间覆盖,以减少土壤水分蒸发损失。

③如果年前发生旺长,总茎数大于 80 万,由于小麦群体过大养分消耗严重,春季麦苗发黄或垫片发黄,可在返青到拔节期内分 2～3 次进行追肥,每亩追施高氮复合肥 10 kg/次。

④越冬期干旱导致小麦群体过小的(返青前每亩总茎数小于 45 万,叶色较淡、长势较差的三类麦田),应及时进行肥水管理,返青到拔节期内分 2～3 次进行追肥,跟随降雨每亩追施尿素 5～8 kg/次。

⑤要结合病虫害防治、"一喷三防"等手段进行根外追肥补充硫、锌、硼等中微量元素,喷施尿素和磷酸二氢钾等,起到以肥济水的作用。

3.长江中下游冬麦区

长江中下游冬麦区包括湖北、湖南、江西、浙江和上海五省市,河南南部,安徽和江苏两省淮河以南地区。

(1)施肥原则

①应针对各地墒情及苗情,在小麦返青前进行镇压或划锄,提墒保墒,防寒防冻,促进苗情转化,增强小麦抗旱御寒能力。

②根据土壤肥力、基肥施用情况、苗情和土壤墒情科学确定追肥、灌水数量,因地因苗施肥灌水。

③肥水管理与抗旱排涝及病虫草害防治相结合。

(2)施肥建议

①密切注意小麦返青拔节前天气状况和苗情,特别是降雨情况。如旱情持续,则在早春趁天气回暖、土壤蒸发量加大、麦苗对土壤水分有所需求时及早灌水,要注意气温变化,掌握好灌水量和时间。

②根据冬季冻害和群体情况进行综合判断。如有大分蘖冻死较多或群体严重不足时,应尽早结合灌水,施返青肥,以促春季大分蘖,保证成穗数。

③产量水平 300 kg/亩以下,起身期到拔节期结合灌水追施尿素 6～8 kg/亩;产量水平 300～400 kg/亩,起身期到拔节期结合灌水追施尿素 8～11 kg/亩和氯化钾 1～3 kg/亩;产量水平 400～550 kg/亩,起身期到拔节期结合灌水追施尿素 11～16 kg/亩和氯化钾 3～5 kg/亩;产量水平 550 kg/亩以上,起身期到拔节期结合灌水追施尿素 17～20 kg/亩和氯化钾 3～5 kg/亩。

④在一些微量元素缺乏的地区,提倡结合"一喷三防",结合病虫草害(蚜虫和赤霉病)的防治,在小麦拔节期、孕穗期和灌浆期喷施微量元素叶面肥,且在小麦灌浆期用磷酸二氢钾 150～200 g 加 0.5～1 kg 的尿素兑水 50 kg 进行叶面喷施。

4. 西北雨养旱作冬麦区

西北雨养旱作冬麦区包括河北北部,内蒙古乌兰察布南部,山西大部,陕西北部,河南西部,宁夏北部,甘肃东部。

(1)施肥原则

①去年小麦播前和冬季各地降水有较大差异,今春应针对当地降水情况和土壤墒情,在小麦返青前进行镇压或划锄,提墒保墒,促进苗情转化,增强小麦抗旱御寒能力,防寒、防冻、防春旱。

②针对苗情,抓住时机,进行早春顶凌追肥、结合降水追肥或化学调控,促控结合,保证旱地小麦稳产、增产。

(2)施肥建议

①为防止后期干旱,旱地小麦应及时采取有效的保水措施,防止和减少早春小麦封行前土壤水分大量损失。在土壤解冻返青前适时镇压或划锄,破除坷垃,沉实土壤,提墒保墒。对于浇过越冬水的旱地,在解冻返青前及早划锄,破除板结,消除裂缝。小麦封行前,还可每亩用200～300 kg 小麦或玉米秸秆在行间覆盖,以减少土壤水分蒸发损失。

②肥料投入不足的田块,要抓住降雨时机,适时进行小麦早春追肥。缺氮田块每亩用尿素5～7 kg,缺磷田块每亩用磷酸二铵 7～10 kg,采用施肥机(耧)施入土壤。有灌溉条件的旱地,结合春季灌水,缺氮田块每亩施尿素 6～8 kg,缺磷田块每亩施磷酸二铵 8～10 kg。

③播前墒情好或播种早,施肥量高的冬前旺长田块,以控为主。没有灌溉条件的旱地,要及早镇压划锄、提墒保墒。浇过越冬水的旱地,应及早划锄并将春季浇水推迟至拔节后期。

④播种偏晚、苗情偏弱的田块,宜结合保墒尽早浅划锄,提高地温,促进弱苗转壮。

5. 西北灌溉春麦区小麦

西北灌溉春麦区主要以春小麦为主,包括内蒙古中部,宁夏北部,甘肃中西部,青海东部和新疆。

(1)施肥原则

①根据土壤肥力确定目标产量,减少氮磷肥投入,补充钾肥,适量补充微肥。

②增施有机肥,全量秸秆还田培肥地力,提倡有机无机肥料配合施用。

③"氮磷钾配合、早施底肥、巧施追肥"。严把基肥施用和播种质量关,确保苗齐、苗全。适时追肥,防止小麦前期过旺倒伏,后期脱肥减产。

④追肥应与灌溉有效结合。采用水肥一体化或灌水前追肥,孕穗期根外喷施锌和硼等微肥。

(2)施肥建议

①推荐 17-18-10($N-P_2O_5-K_2O$)或相近配方。

②产量水平为 300～400 kg/亩,配方肥推荐用量为 20～25 kg/亩,起身期到拔节期结合灌水追施尿素 10～15 kg/亩。

③产量水平为 400～550 kg/亩,配方肥推荐用量为 30～35 kg/亩,起身期到拔节期结合灌水追施尿素 15～20 kg/亩。

④产量水平为 550 kg/亩以上,配方肥推荐用量为 35～40 kg/亩,起身期到拔节期结合灌水追施尿素 15～20 kg/亩。

⑤产量水平为 300 kg/亩以下,配方肥推荐用量为 15～20 kg/亩,起身期到拔节期结合灌

水追施尿素 5~10 kg/亩。

二、水稻测土施肥技术

水稻是我国的主要粮食作物,全国以稻米为主食的人口约占总人口的50%。水稻种植面积平均占谷物播种面积的 1/4 以上,稻谷总产量占粮食总产的 40% 及以上。我国水稻产区划分为 6 个稻作带:华南双季稻稻作区、华中单双季稻稻作区、西南高原单双季稻稻作区、华北单季稻稻作区、东北早稻稻作区和西北干燥单季稻稻作区。

(一)水稻需肥量

水稻养分吸收量,据产量水平不同、生长环境不同而有所差异。我国主要水稻产区生产100 kg 水稻籽粒需要的氮、磷、钾吸收量见表 5-1 和表 5-2。

表 5-1　我国主要水稻产区生产 100 kg 水稻籽粒需要的氮素吸收量

种植类型	目标产量/(kg/亩)	氮素需求量/kg		
		秸秆	籽粒	全株
双季早稻	400~433	0.6~0.8	1.2~1.6	1.8~2.4
双季晚稻	433~500	0.8~1.0	1.4~1.8	2.2~2.8
南方单季稻	500~633	0.6~0.8	1.6~1.8	2.2~2.6
华北单季稻	567~633	0.6~0.8	1.6~1.8	2.2~2.6
东北单季稻	500~600	0.6~0.8	1.6~1.8	2.2~2.6

表 5-2　我国主要水稻产区生产 100 kg 籽粒需要的磷、钾吸收量

种植类型	目标产量/(kg/亩)	磷素需求量/kg 全株	钾素需求量/kg 全株
双季早稻	400~433	0.2~0.4	1.6~1.9
双季晚稻	433~500	0.2~0.6	1.8~2.0
南方单季稻	500~633	0.3~0.6	1.8~2.1
华北单季稻	567~633	0.3~0.5	1.6~1.8
东北单季稻	500~600	0.3~0.5	1.6~1.8

(二)水稻各生育期需肥规律

1. 水稻不同时期对养分的吸收

植株吸收氮量有分蘖期和孕穗期 2 个高峰。吸收磷量在分蘖至拔节期是高峰,约占总量的 50%,抽穗期吸收量也较高。钾的吸收量集中在分蘖至孕穗。自抽穗期以后,氮、磷、钾的吸收量都已微弱,因此在灌浆期所需养分,大部分是抽穗期以前植株体内所贮藏的。

杂交水稻氮的吸收在生育前期和中期与常规稻基本相同,所不同的是在齐穗和成熟阶段杂交水稻还吸收 24.6%,这特性使植株在后期仍保持较高的氮素浓度和较高的光合效率,有

利于青穗黄熟,防止早衰。杂交水稻在齐穗后还要吸收 19.2% 的钾素,这有利于加强光合作用和光合产物的运转,提高结实率和千粒重。

2. 不同类型水稻对养分的吸收

双季稻是我国长江以南普遍栽培的水稻类型,分早稻和晚稻。一般从移栽到分蘖终期,早稻吸收的氮、磷、钾量占一生中总吸收量的百分数比晚稻高,早稻吸收氮、磷、钾量分别占总量的 35.5%、18.7%、21.9%,而晚稻分别占 23.3%、15.9%、20.5%,早稻的吸收量高于晚稻,尤其是氮,晚稻氮的吸收量增加很快。从出穗至结实成熟期,早稻吸收氮、磷、钾有所下降,分别是 15.9%、24.3%、16.2%,而晚稻为 19.0%、36.7%、27.7%,可见晚稻后期对养分的吸收高于早稻。中稻从移栽到分蘖停止时,氮、磷、钾吸收量均已接近总吸收量的 50%,整个生育期中平均每日吸收三要素的数量最多时期为幼穗分化至抽穗期,其次是分蘖期,不论何种类型的水稻,在抽穗前吸收肥料三要素的数量已占吸收量的大部分,所以各类肥料均土施效果较好。

(三)水稻生产的常见缺素症及补救

1. 缺氮

当水稻缺氮时,其叶片体积减小,植株叶片自下而上变黄,稻株矮,分蘖少,叶片直立。应及时追施速效氨肥,配施适量磷、钾肥,施后中耕耘田,使肥料融入泥土中。

2. 缺磷

当稻缺磷时,植株高度基本正常,但叶片深绿色或紫绿色,株型直立,分蘖少。要浅水追肥,每亩用过磷酸钙 30 kg 混合碳酸氢铵 25～30 kg 随拌随施,施后中耕耘田;浅灌勤灌,反复露田,以提高地温,增强稻株对磷素的吸收代谢能力。待新根发出后,亩追尿素 3～4 kg,促进恢复生长。

3. 缺钾

当水稻缺钾时,其植株叶片由下而上,叶片叶脉出现红褐色斑点,下部叶片叶边变黄,稻株分蘖较少,植株矮,叶片暗绿色,顶部有赤褐斑。应立即排水,每亩施草木灰 150 kg,施后立即中耕耘田,或每亩追氯化钾 7.5 kg,同时配施适量氮肥,并进行间歇灌溉,促进根系生长,提高吸肥力。

4. 缺硅

当水稻缺硅时,其体内可溶性氮和糖增加,抗病性减弱,穗粒数和结实率降低。严重时变为白穗。水稻每亩施硅量在 100～150 kg。

5. 缺锌

当水稻缺锌时,其最明显的症状是植株矮小,叶片叶脉变白,分蘖受阻,出叶速度慢,严重影响产量。因此,有人将锌列入仅次于氮、磷、钾的水稻"第四要素"。秧田期于插秧前 2～3 d,每亩用 1.5% 硫酸锌溶液 30 kg,进行叶喷施。始穗期、齐穗期,每次用硫酸锌 100 g 对水 50 kg 喷施。

6. 缺镁

当水稻缺镁时,其植株不能合成叶绿素,叶脉出现绿色,而叶脉之间的叶肉变黄或呈红紫色,严重缺镁的植株则形成褐斑坏死。每亩基施钙镁磷肥 15～20 kg,应急时 1% 硫酸镁溶液叶面喷施。

7. 缺硫

水稻分蘖期对缺硫最敏感,缺硫植株明显变矮;同时缺硫影响水稻吸收磷素营养及磷素转化。注意施用含硫肥料。如硫铵、硫酸钾、硫黄及石膏等,除硫黄需与肥土堆积转化为硫酸盐后施用外,其他几种每亩施 5～10 kg 即可。

8. 缺钙

缺钙导致茎、根分生组织的早期死亡,嫩叶畸形,叶尖钩状向后弯曲。每亩施石灰 50～100 kg。

(四)水稻养分管理技术

1. 东北寒地单季稻区

东北寒地单季稻区包括黑龙江的全部以及内蒙古呼伦贝尔的部分县。

(1)施肥管理原则

①根据测土配方施肥的结果适当减少氮磷肥用量,优化钾肥用量。

②减少基肥、分蘖肥施氮量和比例,增加穗肥比例,使拔节期穗肥施氮量占整个生育期施氮量的 30% 左右。

③早施返青肥促分蘖早发,插秧后 3 d 内施用返青肥。

④根据土壤中微量元素养分状况适当的补充中微量元素。

⑤偏酸性地块应施用钙镁磷肥,偏碱性地块基肥选用 pH 较低的复合肥或复混肥,少用或不用尿素作追肥,可采用硫酸铵作追肥。

⑥基肥施用后旱旋耕,实现全层施肥;采用节水灌溉技术,施肥前晒田 3 d 左右,施肥以水带氮,有条件地区可采用侧深施肥插秧一体化。

(2)施肥建议

①推荐 13-19-13($N-P_2O_5-K_2O$)或相近配方。

②产量水平 450～550 kg/亩,配方肥推荐用量 18～23 kg/亩,分蘖肥和穗粒肥分别追施尿素 5～7 和 3 kg/亩。

③产量水平 550 kg/亩以上,配方肥推荐用量 23～29 kg/亩,分蘖肥和穗粒肥分别追施尿素 7～8 kg/亩、3～4 kg/亩,穗粒肥追施氯化钾 1～3 kg/亩。

④产量水平 450 kg/亩以下,配方肥推荐用量 14～18 kg/亩,分蘖肥和穗粒肥分别追施尿素 4～5 kg/亩、2～3 kg/亩。

2. 东北单季稻区

东北单季稻区包括吉林、辽宁两省的全部以及内蒙古的赤峰、通辽和兴安盟的部分县。

(1)施肥原则

①根据测土配方施肥结果和品种需肥特性确定地块合理肥料用量。

②控制氮肥总量、合理分配氮肥施用时期,适当增加穗肥比例。

③合理施用磷肥和钾肥,适当补充中微量元素肥料。

④在提高有机肥的施用数量基础上,适当减少后期氮肥用量。

(2)施肥建议

①推荐 15-16-14($N-P_2O_5-K_2O$)或相近配方。

②产量水平为 500～600 kg/亩,配方肥推荐用量 24～28 kg/亩,分蘖肥和穗粒肥分别追施

尿素 8～9 kg/亩、4～5 kg/亩。

③产量水平为 600 kg/亩以上,配方肥推荐用量 28～33 kg/亩,分蘖肥和穗粒肥分别追施尿素 9～11 kg/亩、5～5 kg/亩,穗粒肥追施氯化钾 1～3 kg/亩。

④产量水平为 500 kg/亩以下,配方肥推荐用量 19～24 kg/亩,分蘖肥和穗粒肥分别追施尿素 6～8 kg/亩、3～4 kg/亩。缺锌或冷浸田基施硫酸锌 1～2 kg/亩,硅肥 15～20 kg/亩。

3. 长江上游单季稻区

长江上游单季稻区包括湖北西部,四川东部,重庆的全部,陕西南部,贵州北部。

(1)施肥原则

①增施有机肥,提倡有机无机相结合。

②根据土壤肥力情况,适当调整基肥与追肥比例。

③基肥深施,追肥"以水带氮"。

④在油-稻轮作田,适当减少水稻磷肥用量。

⑤选择中低浓度磷肥,如钙镁磷肥和普钙等,钾肥选择氯化钾。

⑥土壤 pH 在 5.5 以下的田块,适当施用含硅的碱性肥料或基施生石灰。

(2)施肥建议

①产量水平 450 kg/亩以下,氮肥(N)用量 6～8 kg/亩;产量水平 450～550 kg/亩,氮肥(N)用量 8～10 kg/亩;产量水平 550～650 kg/亩,氮肥(N)用量 10～12 kg/亩;产量水平 650 kg/亩以上,氮肥(N)用量 12～14 kg/亩。磷肥(P_2O_5)4～6 kg/亩,钾肥(K_2O)5～8 kg/亩(秸秆还田的中上等肥力田块钾肥用量 4～7 kg/亩)。

②氮肥基肥占 50%～60%,蘖肥占 20%～30%,穗肥占 20%～30%;有机肥与磷肥全部基施;钾肥分基肥(占 50%～60%)和穗肥(占 40%～50%)2 次施用。

③在缺锌和缺硼地区,适量施用锌肥和硼肥;在土壤酸性较强田块每亩基施含硅碱性肥料或生石灰 30～50 kg。

4. 长江中游单双季稻区

长江中游单双季稻区包括湖北中东部,湖南东北部,江西北部,安徽全部。

(1)施肥原则

①适当降低氮肥、磷肥总用量,增加氮肥穗肥比例。

②基肥深施,追肥"以水带氮"。

③磷肥优先选择普钙或钙镁磷肥,钾肥选择氯化钾。

④增施有机肥料,提倡秸秆还田。

⑤配合施用锌肥与硅肥。

(2)施肥建议

①产量水平为 350 kg/亩以下,氮肥(N)用量为 6～7 kg/亩;产量水平为 350～450 kg/亩,氮肥(N)用量为 7～8 kg/亩;产量水平为 450～550 kg/亩,氮肥(N)用量为 8～10 kg/亩;产量水平 550 kg/亩以上,氮肥(N)用量为 10～12 kg/亩。磷肥(P_2O_5)4～7 kg/亩,钾肥(K_2O)4～8 kg/亩。

②氮肥 50%～60% 作为基肥,20%～25% 作为蘖肥,20%～25% 作为穗肥;磷肥全部作基肥;钾肥 50%～60% 作为基肥,40%～50% 作为穗肥;在缺锌地区,适量施用锌肥(硫酸锌)

1 kg/亩;适当基施含硅肥料;有机肥基施。

③施用有机肥或种植绿肥翻压的田块,基肥用量可适当减少;在常年秸秆还田的地块,钾肥用量可适当减少30%左右。

5.长江下游单季稻区

长江下游单季稻区包括江苏全部,浙江北部。

(1)施肥原则

①增施有机肥,有机无机相结合。

②控制氮肥总量,调整基肥及追肥比例,适当减少基肥氮肥用量。

③基肥深施,追肥"以水带氮"。

④油(麦)稻轮作田,适当减少水稻磷肥用量,钾肥选择氯化钾。

(2)施肥建议

①产量水平500 kg/亩以下,氮肥(N)用量8~10 kg/亩,磷肥(P_2O_5)2~3 kg/亩;钾肥(K_2O)3~4 kg/亩;产量水平500~600 kg/亩,氮肥(N)用量10~12 kg/亩,磷肥(P_2O_5)3~4 kg/亩;钾肥(K_2O)4~5 kg/亩;产量水平600 kg/亩以上,氮肥(N)用量12~18 kg/亩。磷肥(P_2O_5)5~6 kg/亩;钾肥(K_2O)6~8 kg/亩,锌肥(硫酸锌)1~2 kg/亩。

②氮肥基肥占40%~50%,蘖肥占20%~30%,穗肥占20%~30%;有机肥与磷肥全部基施;钾肥分基肥(占50%~60%)和穗肥(占40%~50%)两次施用;缺锌土壤每亩施用硫酸锌1~2 kg;适当基施含硅肥料。

③施用有机肥或种植绿肥翻压的田块,基肥用量可适当减少。

6.江南丘陵山地单双季稻区

江南丘陵山地单双季稻区包括湖南中南部,江西东南部,浙江南部,福建中北部,广东北部。

(1)施肥原则

①根据土壤肥力确定目标产量,控制氮肥总量,氮磷钾平衡施用,有机无机相结合。

②基肥深施,追肥"以水带氮"。

③磷肥优先选择钙镁磷肥或普钙。

④酸性土壤适当施用土壤改良剂或基施生石灰。

⑤锌缺乏地区注意合理施用锌肥。

(2)施肥建议

①在亩产500 kg左右条件下,氮肥(N)10~13 kg/亩,磷肥(P_2O_5)3~4 kg/亩,钾肥(K_2O)8~10 kg/亩。

②氮肥分次施用,基肥占35%~50%,分蘖肥占25%~35%,穗肥占20%~30%,分蘖肥适当推迟施用;磷肥全部基施;钾肥50%作为基肥,50%作为穗肥。

③推荐秸秆还田或增施有机肥。常年秸秆还田的地块,钾肥用量可适当减少30%;施用有机肥的田块,基肥用量可适当减少。

④在土壤酸性较强田块上,整地时施含硅碱性肥料或生石灰40~50 kg/亩。

⑤在缺锌地区,适量施用锌肥。

7.华南平原丘陵双季早稻

华南平原丘陵双季早稻包括广西南部,广东南部,海南全部和福建东南部。

（1）施肥原则

①控制氮肥总量，调整基、追比例，减少前期氮肥用量，实行氮肥后移。

②基肥深施，追肥"以水带氮"。

③磷肥优先选择钙镁磷肥或普钙。

④土壤 pH 在 5.5 以下的田块，适当施用含硅的碱性肥料或基施生石灰。

⑤缺锌田块、潜育化稻田和低温寡照地区补充微量元素锌肥。

⑥有机无机配施，提倡秸秆还田。

（2）施肥建议

①推荐 18-12-16（N-P_2O-K_2O）或相近配方。

②每亩产 350～450 kg，配方肥推荐用量 26～33 kg/亩，基肥 13～20 kg/亩，分蘖肥和穗粒肥分别追施 5～8 kg/亩、3～5 kg/亩。

③每亩产 450～550 kg，配方肥推荐用量 33～41 kg/亩，基肥 17～24 kg/亩，分蘖肥和穗粒肥分别追施 7～10 kg/亩、4～7 kg/亩。

④每亩产 550 kg 以上，配方肥推荐用量 41～48 kg/亩，基肥 22～29 kg/亩，分蘖肥和穗粒肥分别追施 8～11 kg/亩、5～8 kg/亩。

⑤每亩产 350 kg 以下，配方肥推荐用量 20～25 kg/亩，基肥 11～14 kg/亩，分蘖肥和穗粒肥分别追施 4～6 kg/亩、3～5 kg/亩。

8. 西南高原山地单季稻区

西南高原山地单季稻区包括云南全部，四川西南，贵州大部，湖南西部，广西北部。

（1）施肥原则

①增施有机肥，实施秸秆还田，有机无机相结合。

②调整基肥与追肥比例，减少前期氮肥用量。

③缺磷土壤，应适当增施磷肥，以选择钙镁磷肥最佳。

④供钾能力低的稻田，注意水稻生长后期补钾。

⑤土壤 pH 在 5.5 以下的田块，适当施用含硅钙的碱性土壤改良剂或基施生石灰。

⑥肥料施用与高产优质栽培技术相结合。

（2）施肥建议

①推荐 17-13-15（N-P_2O_5-K_2O）或相近配方。

②产量水平为 400～500 kg/亩，配方肥推荐用量为 26～33 kg/亩，分蘖肥和穗粒肥分别追施尿素 6～7 kg/亩、4～5 kg/亩。

③产量水平为 500～600 kg/亩，配方肥推荐用量 33～39 kg/亩，分蘖肥和穗粒肥分别追施尿素 7～8 kg/亩、5～6 kg/亩，穗粒肥追施氯化钾 1～2 kg/亩。

④产量水平为 600 kg/亩以上，配方肥推荐用量 39～46 kg/亩，分蘖肥和穗粒肥分别追施尿素 8～10 kg/亩、6～7 kg/亩，穗粒肥追施氯化钾 2～4 kg/亩。

⑤产量水平为 400 kg/亩以下，配方肥推荐用量为 20～26 kg/亩，分蘖肥和穗粒肥分别追施尿素 4～6 kg/亩、3～4 kg/亩。

⑥在缺锌地区，每亩施用 1～2 kg 硫酸锌；在土壤 pH 较低的田块每亩基施含硅碱性肥料或生石灰 30～50 kg。

三、春玉米施肥技术

我国玉米种植面积和产量,在世界上居第二位,占世界总产量的1/5左右。玉米主产区在东北、华北和西北地区,以吉林山东、河南等省种植面积最大。依据分布范围、自然条件和种植制度,我国玉米划分为6个产区:北方春播玉米区、黄淮海夏播玉米区、西南山地丘陵玉米区、南方丘陵玉米区、西北灌溉玉米区和青藏高原玉米区。

(一)春玉米需肥量

玉米是需肥水较多的高产作物,一般随着产量提高,所需营养元素也增加。在玉米全生育期吸收的主要养分中,以氮为多,钾次之,磷较少。综合国内外研究资料,一般每生产100 kg籽粒需吸收氮3.5～4.0 kg、磷1.2～1.4 kg、钾5.0～6.0 kg,三要素的比例约为1:0.3:1.5。其中春玉米每生产100 kg籽粒吸收N、P_2O_5、K_2O分别为3.47 kg、1.14 kg和3.02 kg,N:P_2O_5:K_2O为3:1:2.7;套种玉米吸收N:P_2O_5:K_2O分别为1.7:1:1.4;夏玉米每生产100 kg籽粒吸收N、P_2O_5、K_2O分别为2.59 kg、1.09 kg和2.62 kg,N:P_2O_5:K_2O为2.4:1:2.4。吸收量常受播种季节、土壤肥力、肥料种类和品种特性的影响。

(二)春玉米生育期需肥规律

在不同的生育阶段,玉米对氮、磷的吸收是不同的。一般玉米苗期(拔节前)吸收氮量占整个生育期吸收氮量的2.2%,中期(拔节至抽穗开花)占51.2%,后期(抽穗后)占46.6%;玉米对磷的吸收,苗期占整个生育期吸收磷量的1.1%,中期占63.9%,后期占35.0%;玉米对钾的吸收,在拔节后迅速增加,而且到开花期达到高峰,吸收速率大,容易导致供钾不足,出现缺钾症状。

春玉米需肥的高峰比夏玉米来得晚,到拔节、孕穗时对养分吸收开始加快,直到抽雄开花达到高峰,在后期灌浆过程中吸收数量减少。春玉米需肥可分为2个关键时期,一是拔节至孕穗期,二是抽雄至开花期。

(三)春玉米生产常见的缺素症及补救

1. 缺氮

当春玉米缺氮时,株型细瘦,叶色黄绿。首先,从下部老叶从叶尖开始变黄,其次,沿中脉伸展呈楔(V)形,叶边缘仍叶绿色,最后,整个叶片变黄干枯,缺氮还会引起雌穗形成延迟,甚至不能发育,或穗小粒少产量降低。春玉米,施足底肥,有机肥质量要高,夏玉米来不及施底肥的,要分次追施苗肥、拔节肥和攻穗肥,后期缺氮,进行叶面喷施,用2%的尿素溶液连喷2次。

2. 缺磷

当玉米缺磷时,幼苗根系减弱,生长缓慢,叶色紫红;开花期缺磷,抽丝延迟,雌穗受精不完全,发育不良,粒行不整齐;后期缺磷,果穗成熟推迟。春玉米,基施有机肥和磷肥,混施效果更好;夏玉米由于时间紧,一般应施在前茬作物上,若发现缺磷,早期还可开沟每亩追施过磷酸钙20 kg,后期叶面喷施0.2%～0.5%的磷酸二氢钾溶液。

3. 缺钾

当玉米缺钾时,生长缓慢,叶片呈黄绿色或黄色。首先是老叶边缘及叶尖干枯呈灼烧状是其突出的标志,缺钾严重时,生长停滞,节间缩短,植株矮小,其次是果穗发育不正常,常出现秃顶,籽粒淀粉含量降低,千粒重减轻,容易倒伏。春玉米施足有机肥,高产地块,每亩配施氯化钾 10 kg;夏玉米苗期和拔节期追施,每亩追施 10~15 kg 氯化钾,调节氮钾比例,雨后及时排水。

4. 缺硼

当缺硼时,在玉米早期生长和后期开花阶段植株呈现矮小,生殖器官发育不良,易成空秆或败育,造成减产。缺硼植株新叶狭长,叶脉间出现透明条纹,稍后变白变干,缺硼严重时,生长点死亡。施用硼肥,春玉米每亩基施硼砂 0.5 kg,与有机肥混施效果更好;夏玉米前期缺乏,开沟追施或叶面喷施两次浓度为 0.1%~0.2% 的硼酸溶液;灌水抗旱,防止土壤干燥。

5. 缺锌

当玉米幼苗期和生长中期缺锌时,新生叶片下半部出现淡黄色,甚至白色,叶片成长后,叶脉之间出现淡黄色斑点,或缺绿条纹,有时中脉和边缘之间出现白色或黄色组织条带,或是坏死斑点,此时叶面都呈透明白色,风吹易折。基施锌肥可每亩施 1~2 kg 硫酸锌,可用于春玉米;夏玉米来不及基施的发生缺锌可叶面喷施,用 0.2% 的硫酸锌溶液,在苗期和拔节期喷 2~3 次,也可在苗期条施于玉米苗两侧。在播种时对缺锌地块可种子处理,每千克种子用 1~6 g 硫酸锌,加适量水溶解后浸种或拌种。

6. 缺锰

当玉米缺锰,其症状是顺着叶片长出黄色斑点和条纹,最后黄色斑点穿孔,表示这部分组织破坏而死亡。每亩用硫酸锰 1 kg,以条施最为经济;叶面喷施,用 0.1% 的锰肥溶液在苗期、拔节期各喷 1~2 次;种子处理,每 10 kg 种子用 5~8 g 硫酸锰加 150 g 滑石粉。

7. 缺钼

当玉米缺钼,其症状是玉米幼嫩叶首先枯萎,随后沿其边缘枯死。有些老叶顶端枯死,继而叶边和叶脉之间出现枯斑,甚至坏死。可用 0.15%~0.2% 的钼酸铵溶液进行叶面喷施。

8. 缺铁

当玉米缺铁时,其幼苗叶脉间失绿呈条纹状,中、下部叶片为黄绿色条纹,老叶绿色;严重时整个心叶失绿发白,失绿部分色泽均一,一般不出现坏死斑点。每亩用混入 5~6 kg 硫酸亚铁的有机肥 1 000~1 500 kg 作基肥,以减少与土壤接触,提高铁肥有效性;根外追肥,以 0.2%~0.3% 尿素、硫酸亚铁混合液连喷 2~3 次(选用耐缺铁品种)。

(四)玉米养分管理技术

1. 东北冷凉春玉米区

东北冷凉春玉米区包括黑龙江大部分和吉林东部。

(1)施肥原则

①依据测土配方施肥结果,确定氮磷钾肥合理用量。

②氮肥分次施用,高产田适当增加钾肥的施用比例。

③依据气候和土壤肥力条件、农机农艺相结合,种肥和基肥配合施用。

④增施有机肥,提倡有机无机肥配合施用,适量秸秆粉碎方式还田。

⑤重视硫、锌等中微量元素的施用,酸化严重土壤增施碱性肥料。

⑥建议玉米和大豆间作、套种或者轮作,同时减少化肥施用量,增施有机肥和生物肥料。

(2)施肥建议

①推荐 14-18-13($N-P_2O_5-K_2O$)或相近配方。

②产量水平为 500~600 kg/亩,配方肥推荐用量为 23~28 kg/亩,七叶期追施尿素 11~13 kg/亩。

③产量水平为 600~700 kg/亩,配方肥推荐用量为 28~32 kg/亩,七叶期追施尿素 13~16 kg/亩。

④产量水平为 700 kg/亩以上,配方肥推荐用量为 32~37 kg/亩,七叶期追施尿素 16~18 kg/亩。

⑤产量水平为 500 kg/亩以下,配方肥推荐用量为 18~23 kg/亩,七叶期追施尿素 9~11 kg/亩。

2. 东北半湿润春玉米区

东北半湿润春玉米区包括黑龙江西南部、吉林中部和辽宁北部。

(1)施肥原则

①控制氮磷钾肥施用量,氮肥分次施用,适当降低基肥用量,充分利用磷钾肥后效。

②一次性施肥的地块,选择缓控释肥料,适当增施磷酸二铵作种肥。

③有效钾含量高、产量水平低的地块在施用有机肥的情况下可以少施或不施钾肥。

④长期施用氯基复合肥的地块应改施硫基复合肥或含硫肥料。

⑤增加有机肥施用量,加大秸秆还田力度。

⑥推广应用高产耐密品种,合理增加玉米种植密度。

⑦无秸秆还田地块可采用深松打破犁底层,促进根系发育,提高水肥利用效率。

⑧地膜覆盖种植区,可考虑在施底(基)肥时,选用缓控释肥料,以减少追肥次数。

⑨中高肥力土壤采用施肥方案推荐量的下限。

(2)基追结合施肥建议

①推荐 15-18-12($N-P_2O_5-K_2O$)或相近配方。

②产量水平为 550~700 kg/亩,配方肥推荐用量为 24~31 kg/亩,大喇叭口期追施尿素 13~16 kg/亩。

③产量水平为 700~800 kg/亩,配方肥推荐用量为 31~35 kg/亩,大喇叭口期追施尿素 16~18 kg/亩。

④产量水平为 800 kg/亩以上,配方肥推荐用量为 35~40 kg/亩,大喇叭口期追施尿素 18~21 kg/亩。

⑤产量水平为 550 kg/亩以下,配方肥推荐用量为 20~24 kg/亩,大喇叭口期追施尿素 10~13 kg/亩。

(3)一次性施肥建议

①推荐 29-13-10($N-P_2O_5-K_2O$)或相近配方。

②产量水平为 550~700 kg/亩,配方肥推荐用量为 33~41 kg/亩,作为基肥或苗期追肥一次性施用。

③产量水平为 700～800 kg/亩,要求有 30％释放期为 50～60 d 的缓控释氮肥,配方肥推荐用量为 41～47 kg/亩,作为基肥或苗期追肥一次性施用。

④产量水平为 800 kg/亩以上,要求有 30％释放期为 50～60 d 的缓控释氮肥,配方肥推荐用量为 47～53 kg/亩,作为基肥或苗期追肥一次性施用。

⑤产量水平为 550 kg/亩以下,配方肥推荐用量为 27～33 kg/亩,作为基肥或苗期追肥一次性施用。

3. 东北半干旱春玉米区

东北半干旱春玉米区包括吉林西部、内蒙古东北部、黑龙江西南部。

(1)施肥原则

①采用有机无机肥结合施肥技术,风沙土区域可采用秸秆覆盖免耕施肥技术。

②氮肥深施,施肥深度应达 8～10cm;分次施肥,提倡大喇叭期追施氮肥。

③充分发挥水肥耦合,利用玉米对水肥需求最大效率期同步规律,结合补水施用氮肥。

④掌握平衡施肥原则,氮磷钾比例协调供应,缺锌地块要注意锌肥施用。

⑤根据该区域的土壤特点,采用生理酸性肥料,种肥宜采用磷酸一铵。

⑥中高肥力土壤采用施肥方案推荐量的下限。

⑦膜下滴灌种植,可考虑在施底(基)肥时,选用缓控释肥料,以减少滴灌追肥次数。

(2)施肥建议

①推荐 13-20-12(N-P_2O_5-K_2O)或相近配方。

②产量水平为 450～600 kg/亩,配方肥推荐用量为 25～33 kg/亩,大喇叭口期追施尿素 10～14 kg/亩。

③产量水平为 600 kg/亩以上,配方肥推荐用量为 33～38 kg/亩,大喇叭口期追施尿素 14～16 kg/亩。

④产量水平为 450 kg/亩以下,配方肥推荐用量为 19～25 kg/亩,大喇叭口期追施尿素 8～10 kg/亩。

4. 东北温暖湿润春玉米区

东北温暖湿润春玉米区包括辽宁大部分和河北东北部。

(1)施肥原则

①依据测土配方施肥结果,确定合理的氮磷钾肥用量。

②氮肥分次施用,尽量不采用一次性施肥,高产田适当增加钾肥施用比例和次数。

③加大秸秆还田力度,增加施用有机肥比例。

④重视硫、锌等中微量元素的施用。

⑤肥料施用必须与深松、增密等高产栽培技术相结合。

⑥中高肥力土壤采用施肥方案推荐量的下限。

(2)施肥建议

①推荐 17-17-12(N-P_2O_5-K_2O)或相近配方。

②产量水平为 500 kg/亩以下,配方肥推荐用量为 20～24 kg/亩,大喇叭口期追施尿素 11～14 kg/亩。

③产量水平为 500～600 kg/亩,配方肥推荐用量为 24～29 kg/亩,大喇叭口期追施尿素 14～16 kg/亩。

④产量水平为 600～700 kg/亩,配方肥推荐用量为 29～34 kg/亩,大喇叭口期追施尿素 16～19 kg/亩。

⑤产量水平为 700 kg/亩以上,配方肥推荐用量为 34～39 kg/亩,大喇叭口期追施尿素 19～22 kg/亩。

四、大豆施肥技术

我国大豆主要生长在北方地区,黑龙江和山东省是我国大豆最大的产区,其次是河南、河北和内蒙古自治区。根据耕作栽培制度、自然条件,我国大豆产区可划分为 5 个栽培区:北方一年一熟春大豆区、黄淮流域夏大豆区、长江流域大豆区、长江以南秋大豆区和南方大豆两熟区。

(一)大豆需肥量

大豆是需肥较多的作物,一般认为:每生产 100 kg 大豆,需吸收氮(N)5.3～7.2 kg、磷(P_2O_5)1～1.8 kg、钾(K_2O)1.3～4.0 kg。大豆生长所需的氮素并不完全需要根系从土壤中吸收,而仅需吸收 1/3 的氮素,其余 2/3 则由根瘤菌来满足大豆生长发的需要。

(二)大豆各生育期需肥规律

大豆不同生育阶段需肥量有差异。开花至鼓粒期是大豆吸收养分最多的时期,开花前和鼓粒后吸收养分较少。其吸肥规律为:出苗至分枝期吸氮率占全生育期吸氮总量的 15%;分枝至盛花期占 16.4%;盛花期至结荚期占 28.3%;鼓粒期占 24%,开花至鼓粒期是大豆吸氮的高峰期。苗期至初花期吸磷率占全生育期吸磷总量的 17%,初花期至鼓粒期占 70%,鼓粒期至成熟期占 13%;大豆生长中期对磷的需要最多。开花前吸钾率累计占全生育期吸钾量的 43%,开花期至鼓粒期占 39.5%,鼓粒期至成熟期仍需吸收 17.2% 的钾。由此可见,开花期至鼓粒期既是大豆干物质累积的高峰期,又是吸收氮、磷、钾养分的高峰期。

(三)大豆生产常见的缺素症及补救

1. 缺氮

当大豆缺氮时,叶片变成淡绿色,生长缓慢,叶子逐渐变黄。应及时追施氮肥,每亩追施尿素 5～7.5 kg 或用 1%～2% 的溶液进行叶面喷肥,每隔 7 d 左右喷施 1 次,共喷 2～3 次。

2. 缺磷

当大豆缺磷时,其根瘤少,茎细长,植株下部叶色深绿,叶厚,凹凸不平,狭长;缺磷严重时,叶脉黄褐色,后全叶呈黄色。及时追施磷肥,每亩可追施过磷酸钙 12.5～17.5 kg 或用 2% 的过磷酸钙水溶液进行叶面喷施,每隔 7 d 左右喷施 1 次,共喷 2～3 次。

3. 缺钾

当大豆缺钾时,老叶从叶片边缘出现不规则的黄色斑点并逐渐扩大,叶片中部叶脉附近及其他部分仍为绿色,籽粒常皱缩、变形。每亩可追施氯化钾 4～6 kg 或用 0.1%～0.2% 的磷酸二氢钾水进行叶面喷肥,每隔 7 d 左右喷施 1 次,共喷 2～3 次。

4. 缺钼

当大豆缺钼时,叶色淡黄,生长不良,表现出缺氮症状,严重时中脉坏死,叶片变形。可用

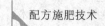

0.05%～0.1%的钼酸铵水溶液进行叶面喷施。

5. 缺铁

当大豆缺铁时,早期是上部叶子发黄并有点卷曲,叶脉仍保持绿色,严重缺铁时,新的叶子包括叶脉在内几乎变成白色,而且很快在靠近叶缘的地方出现棕色斑点,老叶枯而脱落。可用0.4%～0.6%的硫酸亚铁水溶液进行叶面喷肥。

6. 缺硼

当大豆缺硼时,大豆生育变慢,幼叶变为淡绿色,叶畸形,节间缩短,茎尖分生死亡,不能开花。可用0.1%～0.2%的硼砂水溶液进行叶面喷施。

7. 缺锌

当大豆缺锌时,幼叶逐渐发生褪绿症状,褪绿症状开始发生在叶脉间,逐步蔓延到整个叶面看不见明显的绿色叶脉。可用0.1%～0.2%的硫酸锌水溶液进行叶面喷施。

(四)北方大豆养分管理技术

1. 施肥原则

①根据测土结果,控制氮肥用量、适当减少磷肥施用比例,对于高产大豆而言,可适当增加钾肥施肥量,并提倡施用根瘤菌剂。

②在偏酸性土壤上,建议选择生理碱性肥料或生理中性肥料,磷肥选择钙镁磷肥,钙肥选择石灰。

③提倡侧深施肥,施肥位置在种子侧方5～7 cm,种子下方5～8 cm;如做不到侧深施肥可采用分层施肥,施肥深度在种子下方3～4 cm占1/3,6～8 cm占2/3;难以做到分层施肥时,在北部高寒有机质含量高的地块采取侧施肥,其他地区采取深施肥,尤其磷肥要集中深施到种子下方10 cm。

④补施硼肥和钼肥,在缺乏症状较轻地区,钼肥可采取拌种的方式,最好和根瘤菌剂混合拌种,提高接瘤效率。

⑤在"镰刀弯"种植区域和玉米改种大豆区域,要大幅减少氮肥施用量、控制磷肥用量,增施有机肥、中微量元素和根瘤菌剂。

2. 施肥建议

①依据大豆养分需求,氮磷钾(N-P_2O_5-K_2O)施用比例在高肥力土壤为1∶1.2∶(0.3～0.5);在低肥力土壤可适当增加氮钾用量,氮磷钾施用比例为1∶1∶(0.3～0.7)。

②目标产量为130～150 kg/亩,氮肥(N)2～3 kg/亩、磷肥(P_2O_5)2～3 kg/亩、钾肥(K_2O)1～2 kg/亩。

③目标产量为150～175 kg/亩,氮肥(N)3～4 kg/亩、磷肥(P_2O_5)3～4 kg/亩、钾肥(K_2O)2～3 kg/亩。

④目标产量大于175 kg/亩,氮肥(N)3～4 kg/亩、磷肥(P_2O_5)4～5 kg/亩、钾肥(K_2O)2～3 kg/亩。在低肥力土壤可适当增加氮钾用量,氮磷钾施用量:氮肥(N)4～5 kg/亩、磷肥(P_2O_5)5～6 kg/亩、钾肥(K_2O)2～3 kg/亩。

⑤高产区或土壤钼、硼缺乏区域,应补施硼肥和钼肥;在缺乏症状较轻地区,可采取微肥拌种的方式。提倡施用大豆根瘤菌剂。

五、马铃薯施肥技术

马铃薯是茄科茄属一年生草本作物,是重要的粮食、蔬菜兼用做物。马铃薯的生长一般是从薯块到薯块的无性生长过程。马铃薯的整个生育期可分为休眠期、发芽期、幼苗期、发棵期、结薯期和成熟期等 6 个时期。一般应选择疏松、肥沃、通气性好和土层深厚的砂壤土栽增为宜。

(一)马铃薯需肥量

马铃薯吸收养分的特点是以钾吸收量最大,氮次之,磷最少,是一种喜钾的作物。一般认为每生产 1 000 kg 鲜薯需氮(N)4.5～5.5 kg、磷(P_2O_5)1.8～2.2 kg、钾((K_2O)8.1～10.2 kg,氮、磷、钾的比例为1：0.4：2。

(二)马铃薯各生育期需肥规律

氮能促进茎、叶生长繁茂,使叶色浓绿,光合作用旺盛,增加有机物质积累,蛋白质含量提高。磷使植株健壮,提高块茎的品质和耐贮性,增加淀粉含量和产量。钾能增强植株抗病和耐寒能力,加速养分转运,使块茎中淀粉和维生素含量增多。马铃薯吸收氮、磷、钾的数量和比例随生育期的不同而变化。苗期是马铃薯的营养生长期,此期植株吸收的氮、磷、钾为全生育期总量的 18%、14%、14%,养分来源前期主要由种薯供应,种薯萌发新根后,从土壤和肥料中吸收养分。块茎形成期所吸收的氮、磷、钾占马铃薯全生育期吸收氮、磷、钾总量的 35%、30%、29%,而且吸收速度快,此期供肥好坏将影响结薯多少。块茎增长期,主要以块茎生长为主,植株吸收的氮、磷、钾占马铃薯全生育期吸收氮、磷、钾总量的 35%、35%、43%,养分需求量最大,吸收速率仅次于块茎形成期。淀粉积累期叶片中的养分向块茎转移,茎叶逐渐枯萎,养分吸收减少,植株吸收氮、磷、钾养分占马铃薯全生育期吸收氮、磷、钾总量的 12%、21%、14%,此期供应一定的养分对块茎的形成与淀粉积累具有重要意义。马铃薯除去需要大量元素外,还需要钙、镁、硫、锰、锌、硼、铁等中、微量营养元素,缺乏这些中、微量元素时,不但会引发马铃薯的缺素病害,还会降低马铃薯产量和质量。马铃薯施肥应根据各个时期的需肥特点选择合适的肥料并运用合理的施肥方式施用,有机肥料与无机肥料结合,氮、磷、钾合理搭配,特别是注意增施钾肥,钾肥品种应选用硫酸钾。

(三)马铃薯生产常见的缺素症及补救

1. 缺氮

当马铃薯缺氮时,叶片面积小,淡绿色到黄绿色,中下部小叶边缘褪色呈淡黄色,向上卷曲,提早脱落,植株矮,茎细长,分枝少,生长直立。早施氮肥,用做种肥或苗期追肥。叶面喷施 0.2%～0.5%尿素液或含氮复合肥。

2. 缺磷

当马铃薯缺磷时,植株瘦小,严重缺乏时,顶端生长停滞,叶片、叶柄及小叶边缘有皱缩、下部叶片向下卷曲叶缘焦枯,老叶提前脱落,茎块有时会产生一些锈棕色斑点。缺磷田块增施有机肥,并沟施过磷酸钙或磷酸二铵作基肥。当缺磷严重时,应叶面喷施 0.3%～0.5%的磷酸二氢钾溶液,每隔 6～7 d 喷 1 次。

3. 缺钾

当马铃薯缺钾时,生长缓慢,节面积缩小。小叶排列紧密,与叶柄形成比较小的夹角,叶面粗糙,皱缩并向下卷曲。早期叶片暗绿,以后变黄,变棕,叶色变化由叶尖及边缘逐渐扩展到整个叶片,下部老叶干枯脱落,块茎内部带蓝色。防止钾的缺乏可以在基肥中加入草木灰,或者使用草木灰拌种,40 d 后使用草木灰 150～200 kg 或者使用硫酸钾 10 kg 兑水浇施,另外,在收获前的 40～50 d,使用 1％的硫酸钾喷施,每隔 15 d 喷 1 次。

4. 缺钙

当马铃薯缺钙时,生长点即根尖和顶芽的生长停滞,根尖坏死、根毛畸变;幼叶失绿、变形,呈弯钩状,叶片皱缩,叶片边缘卷曲,黄化;易生畸形成串小块茎。在酸性较强的土壤中易出现缺钙现象,可撒施一部分石灰补充土壤中钙素的不足或调整土壤 pH,缺钙严重时,叶面喷施 0.5％的过磷酸钙水溶液,每隔 5～7 d 喷 1 次。

5. 缺镁

当马铃薯缺镁时,老叶的叶尖叶缘及脉间褪绿,并向中心扩展,后期下部叶片变脆增厚。严重时植株矮小,失绿叶片变棕色而坏死脱落,块根生长受抑制。缺镁田应沟施硫酸镁或白云石等含镁肥料,严重缺镁是应及时叶面喷施 0.5％～1％硫酸镁溶液。

6. 缺硼

当马铃薯缺硼时,根尖、茎尖生长停止,严重时生长点坏死,侧芽侧根萌发生长,枝叶丛生。叶片粗糙、皱缩、卷曲、增厚变脆、褪绿萎蔫,叶柄及枝条增粗变短、开裂、木栓化,或出现水渍状斑点或环结凸起。缺硼土壤每亩基施硼砂 0.5 kg。植株严重缺硼时应叶面喷施 0.1％～2％硼砂溶液。

7. 缺锌

当马铃薯缺锌时,其生长受抑制,节间短,株型萎缩,顶端叶片直立,叶小,叶面上出现灰色至古铜色的不规则斑点,叶缘上卷。严重时叶柄及茎上均出现褐色斑点或斑块,与早期卷叶病毒病相似。土壤缺锌基施硫酸锌 0.5～1 kg,植株出现缺锌症状应叶面喷施 0.5％硫酸锌溶液,每 10 d 左右喷 1 次。

8. 缺锰

当马铃薯缺锰,叶脉间失绿后呈浅绿色或黄色,严重时叶脉间几乎全为白色,并沿叶蔓出现许多棕色小斑。小斑枯死脱落,使叶面残缺不全。因土壤 pH 过高而引起的缺锰,应多施硫酸铵等酸性肥料来降低 pH,如土壤本身缺锰,可每亩基施硫酸锰 2 kg。植物植株出现缺锰现象可及时叶面喷施 0.5％～1％的硫酸锰溶液。

(四)马铃薯养分管理技术

1. 北方马铃薯一作区

北方马铃薯一作区包括内蒙古、甘肃、宁夏、河北、山西、陕西、青海、新疆。

(1)施肥原则

①依据测土结果和目标产量,确定氮磷钾肥合理用量。

②降低氮肥基施比例,适当增加氮肥追施次数,加强块茎形成期与块茎膨大期的氮肥供应。

③依据土壤中微量元素养分含量状况,在马铃薯旺盛生长期叶面适量喷施中微量元素

肥料。

④增施有机肥,提倡有机无机肥配合施用。

⑤肥料施用应与病虫草害防治技术相结合,尤其需要注意病害防治。

⑥采用滴灌和喷灌等管道灌溉模式的,尽量实施水肥一体化。

(2)施肥建议

①推荐 11-18-16(N-P_2O_5-K_2O)或相近配方作种肥,尿素与硫酸钾(或氮钾复合肥)作追肥。

②产量水平为 3 000 kg/亩以上,配方肥(种肥)推荐用量为 60 kg/亩,苗期到块茎膨大期分次追施尿素 18～20 kg/亩,硫酸钾 12～15 kg/亩。

③产量水平为 2 000～3 000 kg/亩,配方肥(种肥)推荐用量为 50 kg/亩,苗期到块茎膨大期分次追施尿素 15～18 kg/亩,硫酸钾 8～12 kg/亩。

④产量水平为 1 000～2 000 kg/亩,配方肥(种肥)推荐用量为 40 kg/亩,苗期到块茎膨大期追施尿素 10～15 kg/亩,硫酸钾 5～8 kg/亩。

⑤产量水平为 1 000 kg/亩以下,建议施用 19～10～16(N-P_2O_5-K_2O)或相近配方肥 35～40 kg/亩,播种时一次性施用。

2. 南方春作马铃薯区

南方春作马铃薯区包括云南、贵州、广西、广东、湖南、四川、重庆等地。

(1)施肥原则

①依据测土结果和目标产量,确定氮磷钾肥合理用量;依据土壤肥力条件优化氮磷钾化肥用量。

②增施有机肥,提倡有机无机配合施用;忌用没有充分腐熟的有机肥料。

③依据土壤钾素状况,适当增施钾肥。

④肥料分配上以基肥、追肥结合为主,追肥以氮、钾肥为主。

⑤依据土壤中、微量元素养分含量状况,在马铃薯旺盛生长期叶面适量喷施中、微量元素肥料。

⑥肥料施用应与高产优质栽培技术相结合,尤其需要注意病害防治。

(2)施肥建议

①推荐 13-15-17(N-P_2O_5-K_2O)或相近配方作基肥,尿素与硫酸钾(或氮钾复合肥)作追肥;也可选择 15-10-20(N-P_2O_5-K_2O)或相近配方做追肥。

②产量水平为 3 000 kg/亩以上:配方肥(基肥)推荐用量为 60 kg/亩;苗期到块茎膨大期分次追施尿素 10～15 kg/亩,硫酸钾 10～15 kg/亩,或追施配方肥(15-10-20)20～25 kg/亩。

③产量水平为 2 000～3 000 kg/亩:配方肥(基肥)推荐用量为 50 kg/亩;苗期到块茎膨大期分次追施尿素 5～10 kg/亩,硫酸钾 8～12 kg/亩,或追施配方肥(15-10-20)15～20 kg/亩。

④产量水平为 1 500～2 000 kg/亩:配方肥(基肥)推荐用量为 40 kg/亩;苗期到块茎膨大期分次追施尿素 5～10 kg/亩,硫酸钾 5～10 kg/亩,或追施配方肥(15-10-20)10～15 kg/亩。

⑤产量水平为 1 500 kg/亩以下:施用配方肥(基肥)推荐用量为 40 kg/亩;苗期到块茎膨大期分次追施尿素 3～5 kg/亩,硫酸钾 4～5 kg/亩,或追施配方肥(15-10-20)10 kg/亩。

⑥每亩施用 2～3 方有机肥做基肥;若基肥施用了有机肥,可酌情减少化肥用量。

⑦对硼或锌缺乏的土壤,可基施硼砂 1 kg/亩或硫酸锌 1～2 kg/亩。

项目二　主要果树施肥技术

　　果树随季节的变化一年中要经历抽梢、长叶、开花、果实生长与成熟、花芽分化等不同的时期,即年周期。在年周期中,果树的需肥特性也表现出明显的阶段营养特性。其中,以开花期、花芽分化期、果实膨大期需肥的数量和强度最大。因此,果树的施肥应该根据整个生命周期和年周期的营养要求来确定肥料用量和合理配比,以提高产量和质量。

　　树体多年生长,具有贮藏营养的特性。果树经过多年的营养吸收,树体内贮藏了大量的营养物质,这些营养物质在夏末秋初由叶片向树体回运,春季又由树体向新生长点调运,供应前期芽的继续分化和枝叶生长发育的需要。贮藏营养是果树安全越冬、来年前期生长发育的物质基础。果树在春季抽梢、开花、结果初期所用的养分 80% 来自树体贮藏的营养物质。树体营养和果实营养要协调一致。在果树的年周期中,营养生长和生殖生长有重叠或交叉,容易形成果树各器官对养分的竞争。如偏施氮肥,会导致营养生长过旺,枝叶徒长,花芽分化不良,果实也会着色不良,糖少酸多,影响品质。反之,如果施氮不足则营养生长不良,也不能正常发育。因此,在果树生产中必须保持营养生长和生殖生长的平衡,才能保证其高产、稳产。

一、苹果施肥技术

　　苹果,蔷薇科木本植物,是我国栽培面积最广,产量最多的果树品种之一。从苹果的生产特点看,其适应性强、丰产性广、结果周期长、品种繁多、耐贮运。

（一）苹果的营养特点

1. 不同树龄的苹果树需肥规律

　　（1）幼树的需肥规律　幼树生长以建立良好的根系结构,扩大树冠、搭好骨架为主。营养生长旺盛,需要的主要养分是氮和磷,氮肥应以铵态氮肥为主,辅以适量的磷肥,磷素对植物根系的生长发育具有良好的作用。养分需求量随着温度上升越来越大,7、8月达到高峰,后期逐渐减少,施肥原则应是前期多、后期少。

　　（2）成年树的需肥规律　成年树以结果为主,对养分的需求主要是氮和钾,由于果实的采收带走了大量的氮素和钾素等养分,若不能及时补充则将严重影响苹果来年的生长及产量。在保证氮肥用量的基础上,增加磷、钾肥的施用量,尤其要重视钾肥的施入,以提高果品质量,成年果树对养分的需求量从萌芽至采收一直是高而稳,施肥应是前期氮磷为主,钾为辅;中期磷钾为主,氮为辅;后期钾为主,磷为辅。

2. 苹果树的贮藏营养特性

　　苹果树体内前年贮藏营养的多少直接影响果树树体当年的营养状况,影响果树的花芽分化和生长发育,而当年贮藏营养物质的多少又直接影响果树下一年的生长和开花结果。在苹果树的根、干和枝内,贮藏着大量的营养物质,有碳水化合物、含氮物质和各类矿质元素,这些贮藏物质在夏末、秋初由叶向枝干回运,早春又由贮藏器官向新生长点调运,供应前期芽的继续分化和枝叶生长发育的需要。贮藏的营养物质对于保证树体健壮、丰产和稳产都具有重要作用。

3. 苹果树年周期内吸收养分的规律

春季随着果树生长的开始,氮的吸收迅速增加,到 6 月中旬前后达到高峰,以后吸收量迅速下降,直到晚秋才有所回升。磷的吸收,在生长初期也是随着生长的加强而增加,并迅速达到吸收盛期,其后一直保持在盛期这个吸收水平上,直到生长后期也无明显变化。钾的吸收,在生长前期急剧增加,到果实迅速膨大期达到吸收高峰,以后便下降,直到生长季结束。总之,在果树年周期的发育中,前期以氮为主,中后期以钾为主,磷的吸收整个生长季比较平稳。主要营养元素的这种年吸收规律是与果树生长结果之间的平衡相联系的,前期开花坐果、幼果发育和新梢生长需要大量的氮,到 6 月中旬新梢生长达到高峰(苹果树春梢生长完成),氮的吸收量亦达到高峰。此后进入花芽分化和果实膨大期,钾素营养转为重点,钾的需要量增加,并在果实迅速膨大期达到高峰。我们可以利用这个规律指导施肥,促进果树生长与结果之间的平衡,结合果树不同发育阶段的营养特点,促进幼树早结果,结果树均衡结果、结好果、连年结果,延迟衰老期的到来。

苹果树对磷、钾肥需求量相对较多。结果期树氮、磷、钾比例一般为 1:1:1.5;果实膨大期更不能偏施氮肥,而应增加磷、钾肥。此外,还需一定量的钙、硼、锰、锌、钼等微量元素,以保证苹果树的正常生长。8 月份后终止施氮,可喷复合磷肥或单施钾肥。

(二)苹果常见的缺素症及补救

1. 缺氮

苹果缺氮主要表现为叶小,淡绿色,较老叶片为橙色、红色或紫色,以至早期落叶;叶柄与新梢夹角变小;新梢褐色至红色,短而细;花芽和花减少,果实小且高度着色。氮素过剩症状为叶色墨绿,叶片大而皱;新梢贪青旺长,成花难,果小,着色差,晚熟,易患苦痘病及斑点病;植株抗寒力降低,采收前落果增加。

2. 缺磷

当苹果缺磷时,新叶暗绿色,老叶青铜色,叶片边缘上出现紫褐色斑点或斑块,叶柄及叶背部叶脉呈紫红色,叶片小,叶稀少;发枝少,枝条细弱,叶柄与枝条成锐角;果小。

3. 缺钾

苹果缺钾主要表现为典型的叶缘枯焦。首先是从新生枝条的中下部叶片叶缘开始黄化,然后向叶片中部扩展,叶片常发生皱缩或向上卷曲,叶缘枯焦,与绿色部分界限清晰,不枯焦部分仍能正常生长。当缺钾严重时,叶缘甚至整叶褐色卷曲枯焦,挂在枝上,不易脱落;果实小,着色不好,味淡,不耐贮藏。一般落叶是从下部叶片开始,但当其缺钾时,苹果落叶是从顶部叶片开始。缺钾严重时果实的发育停止,果汁中酸含量降低,味道变淡。

4. 缺钙

苹果缺钙主要表现为新生枝上幼叶出现褪色或坏死斑,叶尖及叶缘向下卷面,较老叶片可能出现部分枯死;根系短而能大,并有强烈分生新根的现象;严重时,果实发生水心病、苦痘病、痘斑病和红玉斑点病等。苹果苦痘病复现为果实表面出现下陷斑点,果肉组织变软,有苦味。苹果水心病果肉呈半透明水渍状,由中心向外里放射状扩展,最终果肉细胞间隙充满汁液而导致内部腐烂。

5. 缺镁

当苹果缺镁时,叶片脉间出现淡绿斑或灰绿斑,常扩散到叶缘,并迅速变为黄褐色,随后叶脉间和叶缘坏死,叶片脱落,顶部呈莲座叶丛,叶片薄而色淡;严重时,果实不能正常成熟,果小着色不良,风味差。

6. 缺硼

苹果缺硼主要表现于果实,苹果缺硼症也叫作木栓化缩果病。缩果病有2种:一是变成畸形;二是外观虽无变化,但果心木栓化。如果在花瓣脱落后6周以内发生因缺硼而细胞受害,则枯死部位木栓化,出现龟裂,果实畸形。在生长发育后期缺硼,果皮上不出现缺乏症,果肉一部分木质化或呈海绵状。苹果缺硼首先是当年生新枝上的叶片叶缘向上微卷,叶脉扭曲,叶柄变粗,叶片呈红色或暗紫色,出现叶烧,新叶变细、萎缩且密生,叶片提早脱落,形成枯梢;幼果果皮出现水浸状斑点,坏死干缩而凹陷不平,异常落果或形成干缩果;后期缺硼果实的果肉局部坏死,呈棕褐色,同时形成空洞状,味苦。苹果硼过剩症状为果实着色快,落果多。而且即使正常成熟,也会导致贮藏性能下降。此外,过剩严重时,将会引起枝枯。

7. 缺锌

苹果缺锌出现典型的"小叶病",新梢节间极度缩短,腋芽萌生,形成大量细瘦小枝,新梢缩短,呈密生丛状;枝顶轮生小型黄化畸形叶,密生成簇;幼叶变小、变窄,出现鲜明的黄斑,严重时新梢由上而下枯死;果实小,色不正,品质差。

8. 缺铁

当苹果缺铁时,新梢顶端叶片黄白化,严重时整叶白化,叶缘呈褐色烧焦状坏死,新梢也有"枯梢"现象。

9. 缺锰

当苹果缺锰时,叶脉失绿,呈浅绿色,有斑点,从叶缘向叶中脉发展。严重缺锰时,脉间为褐色并坏死,叶片全部为黄色,失绿遍及全树。当苹果锰过剩时,功能叶叶缘失绿,并逐渐沿脉间向内扩散,随着中毒失绿症状的加重,失绿部位出现褐色坏死斑,不仅表皮组织坏死,对应部位的韧皮部组织也同样坏死而呈褐色。

10. 缺铜

苹果缺铜时已经生长健壮的顶梢枯死;顶叶发生坏死斑点和褐色斑疤,叶脉残留绿色似的网眼状,随后顶梢萎凋而死,在下一个生长季,从枯死点以下的芽再生新的枝梢,使受害的植株表现丛生、矮化。

11. 缺钼

苹果在果实膨大期易缺钼,症状为叶片出现黄褐色斑点,严重缺乏时,叶片脱落,只留下果实。

(三)苹果养分管理技术

1. 施肥原则

①增施有机肥,提倡有机无机配合施用;依据土壤测试和树相,适当调减氮磷钾化肥用量;注意增加钙、镁、硼和锌的施用。

②秋季已经施基肥的果园,萌芽前不施肥或少施肥。秋季未施基肥的果园一是参照秋季施肥建议在萌芽前尽早施入,早春干旱缺水产区要在施肥后补充水分以利于养分吸收利用;二是在萌芽前(3月上旬开始)喷3遍1%~3%的尿素(浓度前高后低)加适量白糖(约1%)和其他缺乏的微量元素及防霜冻剂以增加贮藏养分,利于减轻早春晚霜冻危害。

③与高产优质栽培技术相结合,如平原地起垄栽培、生草技术、下垂果枝修剪技术以及壁蜂授粉技术等。黄土高原等干旱的区域要与地膜(园艺地布)等覆盖结合。

④土壤酸化的果园可通过施用硅钙镁肥或石灰等其他土壤改良剂改良土壤。

2. 施肥建议

①产量水平 2 500 kg/亩以下果园:氮肥(N)5～7.5 kg/亩,磷肥(P$_2$O$_5$)3～3.5 kg/亩,钾肥(K$_2$O)7.5～10 kg/亩;产量水平 2 500～4 000 kg/亩果园:氮肥(N)7.5～15 kg/亩,磷肥(P$_2$O$_5$)3.5～7 kg/亩,钾肥(K$_2$O)10～17.5 kg/亩;产量水平 4 000 kg/亩以上果园:氮肥(N)10～17.5 kg/亩,磷肥(P$_2$O$_5$)4.5～10 kg/亩,钾肥(K$_2$O)12.5～20 kg/亩。

②化肥分 3～6 次施用,第 1 次在 3 月中旬到 4 月中旬,以氮、钙肥为主,建议施用一次硝酸铵钙,每亩用量 30～50 kg;第 2 次在果实套袋前后(5 月底到 6 月初),氮、磷、钾配合施用,建议施用 17-10-18 苹果配方肥;6 月中旬以后建议追肥 2～4 次;前期以氮、钾肥为主,增加钾肥用量,建议施用 16-6-20 配方肥;后期以钾肥为主,配合少量氮肥(氮肥用量根据果实大小确定,果实较大的一定要减少氮肥用量,且增加钙肥等用量)。干旱区域建议采用窄沟多沟施肥方法,多雨区域可放射沟法或撒施。

③土壤缺锌、硼的果园,萌芽前后每亩施用硫酸锌 1～1.5 kg、硼砂 0.5～1.0 kg;在花期和幼果期叶面喷施 0.3%硼砂、果实套袋前喷 3 次 0.3%的钙肥。土壤酸化的果园,每亩施用石灰 150～200 kg 或硅钙镁肥 50～100 kg。

二、梨施肥技术

梨,蔷薇科梨属多年生落叶果树,梨树是我国分布最广的重要果树之一。全国各地都有梨树栽培。梨树对土壤的适应能力很强,山地、丘陵、沙荒、洼地、盐碱地等都能生长结果,且较易获得高产。

(一)梨树的营养特点

1. 梨树对养分秋贮的春用特性

梨树萌芽、开花、坐果、中短梢叶片形成都需要大量营养。梨树吸收氮、钾量相当,吸磷量只占整个生育期总肥量的 1/4～1/3。高产梨园增施磷肥、钾肥,对提高产量、品质,增强树的抵抗力均有明显效园,梨树树体内前 1 年贮藏营养的多少直接影响梨树树体当年的营养状况,不仅影响其萌芽开花的整齐一致性,而且还影响坐果率的高低及果实的生长发育。当年贮藏营养物质的多少又直接影响梨树翌年的生长和开花结果,管理不当极易形成大小年。

2. 梨树不同树龄的需肥规律

不同树岭的梨树需肥规律不同。幼龄树以扩大树冠、搭好骨架为主,以后逐步过渡到以结果为主。由于各个时期对梨树种植的要求不同,因此,对养分的需求也各有不同。梨树幼龄树需要的主要养分是氮和磷,特别是磷,其对植物根系的生长发育具有良好的作用。建立良好的根系结构是梨树树冠结构良好、健壮生长的前提。成年果树对营养的需求主要是氮和钾,特别是由于果实的采收带走了大量的氮、磷和钾等许多营养元素,若不能及时补充则将严重影响梨树翌年的生长及产量。

3. 梨树的结果部位与营养

梨树的结果部位与品种有一定关系,但多数品种以短果枝结果为主;也有一些品种主要以腋花芽进行结果的能力较强,以长枝结果为主,进入成年后由于生长势的减弱,逐步转为完全以短枝结果。因此,在梨树的生长中,随树龄的增加,结果的部位有一个不断更替过程,其对养分需求的数量和比例也随之发生一定的变化。梨树的花芽在上年的 6 月开始进行分化,开花和果实的发育则在当年内完成,整个过程需要 2 年,因此,其需要注意梨树的营养生长和生殖生长的相互平衡及营养生长和果实发育的平衡。

(二)梨树常见的缺素症及补救

1. 缺氮

梨树缺氮的早期表现为下部老叶褪色,新叶变小,新梢长势明,缺氮严重时,全树叶片均有不同程度褪色,多数呈淡绿色至黄色,较老叶片橙色、红色或紫色,脱落早;枝条老化,花芽、花、果减少,果小,果肉中石细胞增多,产量低,品质差,成熟提早。氮过剩的表现为营养生长和生殖生长失调;叶呈暗绿色;枝条徒徒长;果实膨大及着色减缓,成熟推迟;树体内纤维素、木质素形成减少,细胞质丰富而壁薄,易发生轮纹病、黑斑病等病害。

2. 缺磷

梨树早期缺磷的无形态症状表现为进入中、后期时,生长发育受阻,抗性减弱,出现落叶等症状,花、果和种子减少,开花期和成熟期延迟,产量降低。

3. 缺钾

当梨树缺钾,新梢枝条细弱柔软,抗性减弱;下部叶片由叶尖边缘逐渐向下叶色变黄,坏死,部分叶片叶缘枯焦,整片叶子形成杯状卷曲或皱缩;小枝长势很弱。

4. 缺钙

在梨树缺钙的初期,根系生长差;缺钙中、后期,幼叶出现扭曲,小叶、叶缘变形,叶片上出现坏死斑点;顶芽枯萎,枝条生长受阻;果实表面出现枯斑,甚至果肉坏死。

5. 缺镁

当梨树缺镁时,叶片中脉两边脉间失绿,并有暗紫色区,但叶脉、叶缘仍保持绿色。顶端新梢的叶片上出现坏死斑点,而叶缘仍为绿色,严重缺镁时,新梢基部叶片开始脱落。

6. 缺硫

当梨树缺硫时,新叶呈黄绿色。梨树二氧化硫中毒症状为叶尖、叶缘或叶脉间褪绿,逐渐变成褐色,2~3 d 后出现黑褐色斑点。

7. 缺硼

梨树缺硼的症较少见,缺硼时表现为树皮上出现胶状物质,形成树瘤;顶芽附近呈簇叶多枝状,继而出现枯梢;根尖坏死,根系伸展受阻;花粉发育不良,坐果率降低;果皮木栓化,出现坏死斑并造成裂果;果肉失水严重,石细胞增加,风味差,果实早熟且转黄不一致,部分果肉呈海绵状,品质下降。

8. 缺锌

当梨树缺锌时,新枝萎缩、叶片小而黄化,在枝条先端常出现小叶,并呈莲座状畸形,且枝条的节间缩短呈簇生状,称为"小叶病";严重缺锌时,枝条枯死,并严重下降。

9. 缺铁

当梨树缺铁时,幼叶脉间失绿黄化;严重时整叶呈黄白色,甚至白化;有时叶缘或叶尖也会出现焦枯及坏死,叶片脱落,易形成"顶枯"现象。

10. 缺锰

当梨树缺锰时,叶片失绿,出现杂色斑点,但叶脉仍为绿色,失绿往往由叶缘开始发生;严重时失绿部位常常变为灰色,甚至变成苍白色,叶片变薄脱落;出现枯梢,枝梢生长量下降。

11. 缺铜

当梨树缺铜时,顶端新长出的枝梢枯死或凋萎,翌年,从枝梢枯死部位底下的芽发生一条或一条以上的梢;严重受害的树,顶梢短小、叶小、低产;枝梢不断枯死,更新,引起丛生、丛枝,状如扫帚,枝条和茎秆的皮粗糙。

(三)梨树养分管理技术

1. 施肥原则

①增施有机肥料,实施梨园生草、覆草,培肥土壤;土壤酸化严重的果园施用石灰和有机肥进行改良。

②依据梨园土壤肥力条件和梨树生长状况,适当减少氮磷肥用量,增加钾肥施用,通过叶面喷施补充钙、镁、铁、锌、硼等中微量元素。

③结合高产优质栽培技术、产量水平和土壤肥力条件,确定肥料施用时期、用量和元素配比。

④优化施肥方式,改撒施为条施或穴施,结合灌溉施肥,以水调肥。

2. 施肥建议

(1)产量水平为 2 000 kg/亩以下的果园:氮肥(N)8~10 kg/亩,磷肥(P_2O_5)6~8 kg/亩,钾肥(K_2O)9~11 kg/亩;产量水平为 2 000~4 000 kg/亩的果园:氮肥(N)10~18 kg/亩,磷肥(P_2O_5)6~12 kg/亩,钾肥(K_2O)12~20 kg/亩。

(2)化肥分 3~5 次施用,第一次在 5 月中旬,氮磷钾配合施用;6 月中旬以后建议追肥 2~4 次;前期以氮钾肥为主,增加钾肥用量,建议施用 20-5-20 配方肥;后期以钾肥为主,配合少量氮肥。

(3)根外追肥。硼、锌、铁等缺乏的梨园可用 0.2%硼砂溶液、0.2%硫酸锌、0.3%尿素混合液(或 0.3%硫酸亚铁)和 0.3%尿素溶液于发芽前至盛大花期多次喷施,隔周 1 次。

三、桃树施肥技术

桃,蔷薇科、李属植物,原产于我国的西北地区,分布极广,品种很多,目前在世界南、北纬25°~45°的地区广泛栽培,在果树生产中占有重要的经济地位。桃树生长强健,对土壤、气候适应性强,无论南方、北方,还是山地、平原均可选择适宜砧木与品种进行栽培。

(一)桃树的营养特点

1. 桃树对氮、磷、钾的吸收

桃树结果早,寿命短,较苹果、梨等果树耐贫瘠。在肥料三要素中,桃树对钾的需求量最大,对氮的需求量仅次于钾,对磷的需求量较少。一般每生产 100 kg 桃,需氮 0.48 kg、磷 0.2 kg、钾 0.76 kg,对氮、磷、钾的吸收比例大体为 1:0.42:1.58。桃树对氮素较为敏感,氮肥适量,能促进枝叶生长,有利于花芽分化和果实发育。磷肥不足,则根系生长发育不良,春季萌芽开花推迟,影响新梢和果实生长,降低品质,且不耐贮运。钾素对果实的发育特别重要,在果实内的含量为氮的3.2倍。钾肥充足,果个大,含糖量高,风味浓,色泽鲜艳,轻度缺钾时,在硬核期以前不易发现,而到果实第二次膨大,才表现出果实不能迅速膨大的症状。

2. 桃树对矿质养分的贮存和利用

桃树所吸收的矿质营养元素,除了满足当年产量形成的需要外,还要形成足够营养生长和贮藏养分,以备继续生长发育的需要。营养生长和生殖生长对贮藏营养都有很强的依赖性,贮藏营养主要通过秋季追施提供的。树体这种循环供给养分的能力使得肥料效应可能不会在当年完全显现。有研究表明,69%～80%的氮素贮藏在桃树的根系中,开始新的生长前25～30 d,所有的氮素全部来自贮藏营养,贮藏氮素可以用来供给新的生长一直到花后大约75 d。

(二)桃的常见缺素症及补救

1. 缺氮

当桃树缺氮时,枝梢顶端叶片淡黄绿色,基部叶片红褐色,呈现红色、褐色和坏死斑点,叶片早期脱落;枝梢细、短、硬,皮部呈淡褐红至淡紫红色;全树营养生长减弱,幼树长成"小老树";成年树加速衰老,花芽不充实,开花少,果实产量下降,品质变差。氮素过剩表现为徒长枝增加,叶片变肥大,叶色深绿发暗;花芽分化不良;果实成熟延迟;着色差,品质变劣,产量下降。

2. 缺磷

桃树缺磷的早期症状不明显,当严重缺磷时,叶片稀少,叶片暗绿转青铜色,或发展为紫色;一些较老叶片窄小,叶缘向外卷曲,并提早脱落;到秋季,叶柄及叶,叶背的叶脉带红色;花、果减少,生长明显受阻,产量下降。

3. 缺钾

桃树缺钾症最先出现在新梢中部成熟叶片,逐步向上部叶片蔓延。新梢中部叶片变皱卷曲,随后坏死,症状叶片发展为裂痕、开裂;从果实膨大期开始叶色变淡,出现黄斑,随后从叶尖开始枯萎,并扩展到叶缘,分散性地出现小孔;叶片向内卷曲,坏死脱落;中央叶脉呈现红色或紫色,并明显突出;新生枝生长纤弱,花芽形成少,产量下降。由于缺钾,叶片上出现的坏死部分逐渐扩大。即使在其他果树尚未出现缺钾的地方,桃树也出现缺钾症。尤其是沙质土或含腐殖质少的土壤容易缺钾。

4. 缺钙

当桃树缺钙时,幼叶由叶尖及叶缘或沿中脉干枯,严重时,小枝枯死,大量落叶;根尖枯死,并在枯死的根尖后部又发生很多新根;果实缝合线部位软化,品质变劣。

5. 缺镁

当桃树缺镁时,当年生枝条成熟叶或树冠下部叶片叶脉间褪绿呈淡绿色,叶脉保持绿色,出现水渍状斑点以及有明显界线的紫红色坏死斑块,随着缺镁加重,靠近顶部的叶片也明显褪绿,老叶的水渍状斑为灰色或白色,而后呈淡黄色,随之叶片脱落;花芽减少,产量下降。一些幼年树如缺镁严重,过冬后可能死亡。

6. 缺硫

当桃树缺硫时,新叶均匀失绿,呈黄绿色。桃树二氧化硫中毒表现为叶脉褪绿,呈灰白色或黄白色,并落叶。

7. 缺硼

当桃树缺硼时,枝条顶端枯死,在枯死部位下端发生很多丛生弱枝,小枝增多;叶片变小且畸形脆弱;果实发病初期出现不规则局部倒毛,倒毛部底色呈青绿色,以后随果增大由青绿转为深绿色,并开始脱毛出现硬斑,逐步木栓化,分泌胶状物质,产生畸形果。桃树硼过剩表现为叶小,叶背主脉有坏死斑点。1～2年生小枝轻度溃疡。严重时,叶片转黄且早期落叶。

8. 缺锌

当桃树缺锌时,叶缘卷缩,叶片变狭,叶脉间逐渐变黄白色,出现黄色斑纹;新梢先端变细,节间短缩,近枝顶端呈莲座状叶;严重时,叶片枯死,从下而上出现落叶,造成光干;发病枝花芽形成受阻;结果量很少,果实多畸形,无食用价值。

9. 缺铁

当桃树缺铁时,幼叶叶肉失绿黄化,有时整个新梢黄萎,新叶呈黄白色;枝条的中下部叶片常呈现黄绿相间的花纹叶;严重缺铁时,叶缘呈褐色烧焦状,叶片提前脱落,生长停滞甚至死亡;果实小,味淡,红色素不易形成。

10. 缺锰

当桃树缺锰时,其上部叶片脉间黄化,只有叶脉保持绿色,多在新叶暗绿色的叶脉之间出现淡绿色的斑点或条斑。

11. 缺铜

桃树缺铜的最先症状是不正常深绿色叶片的出现。当缺素症严重时,叶片脉间变黄绿色,顶端发出畸形叶,叶长而窄,叶缘不整齐。

(三)桃的养分管理技术

1. 施肥原则

①加强有机肥施用比例,依据土壤肥力和早中晚熟品种及产量水平,合理调控氮磷钾肥施用水平,注意钙、镁、硼和锌或铁肥的配合施用。

②不同品种果树春季追肥时期要有差别,早熟品种较晚熟品种追肥时期早,更要加强秋施基肥,其春季追肥次数比晚熟品种少。

③与优质栽培技术相结合,夏季易出现涝害的平原地区需注意结合起垄、覆膜或果园生草技术;干旱地区提倡采用地表覆盖和穴贮肥水技术。

2. 施肥建议

①早熟品种、土壤肥沃、树龄小、树势强的果园施有机肥1～2方/亩;晚熟品种、土壤瘠薄、树龄大、树势弱的果园施有机肥2～4 m^3/亩。

②产量水平为1 500 kg/亩的桃:氮肥(N)8～10 kg/亩,磷肥(P_2O_5)5～8 kg/亩,钾肥(K_2O)10～13 kg/亩;产量水平为2 000 kg/亩的桃园:氮肥(N)13～16 kg/亩,磷肥(P_2O_5)7～10 kg/亩,钾肥(K_2O)15～18 kg/亩;产量水平为3 000 kg/亩的桃园:氮肥(N)16～18 kg/亩,磷肥(P_2O_5)10～12 kg/亩,钾肥(K_2O)18～21 kg/亩。

③全部有机肥作基肥最好于秋季施用,秋季未施用的在春季土壤解冻后及早施入,采用开沟或挖穴方法土施;40%～50%的氮肥、60%以上的磷肥和30%～40%钾肥一同与有机肥基施。中早熟品种可以在桃树萌芽前(3月初),果实迅速膨大前分2次追肥,第一次氮磷钾配合施用,第二次以钾肥为主配合氮磷肥;晚熟品种可以在萌芽前,花芽生理分化期(5月下旬至6

月下旬),果实迅速膨大前分 3 次追肥。萌芽前追肥以氮肥为主配合磷钾肥,后两次追肥以钾肥为主配合氮磷肥。

④上一年负载量过高的桃园,今年应加强根外追肥,萌芽前可喷施 2～3 次 1‰～3‰的尿素,萌芽后至 7 月中旬之前,每隔 7 d 喷施 1 次,按 2 次尿素与 1 次磷酸二氢钾(浓度为 0.3‰～0.5‰)的顺序喷施。

⑤中微量元素推荐采用"因缺补缺"、矫正施用的管理策略。出现中微量元素缺素症时,通过叶面喷施进行矫正。

四、葡萄施肥技术

葡萄,葡萄科,落叶藤本植物。它是栽培最早、分布最广的果树之一,在我国主要分布在东北、华北、西北和黄淮海地区,华南也有一定的分布。葡萄喜光,在充分的光照条件下,叶片的光合效率较高、同化能力强、口味好、产量高。

(一)葡萄的需肥特点

氮是葡萄需要量较大的营养元素之一,在葡萄年生长周期中,对氮素的需求以花期至幼果膨大期为最多,从果实着色期开始逐渐减少,果实成熟期吸收最少,等果实采收后二次生根时又开始大量吸收。葡萄对磷的需要是从伤流期开始,在新梢旺盛生长期及果粒膨大期达到高峰,以后下降,采收后吸收再次增加。从萌芽到果实成熟,葡萄都需要一定量的钾,整个年生长周期中对钾的吸收相对平稳,但在果实膨大期对钾的吸收量也有明显的增加。研究表明,每生产 100 kg 果实,葡萄树需要从土壤中吸收氮(N)0.3～0.6 kg,磷(P_2O_5)0.1～0.3 kg,钾(K_2O)0.3～0.65 kg。

(二)葡萄常见的缺素症及补救

1. 缺氮

葡萄氮素缺乏的症状为枝蔓短而细,呈红褐色,生长缓慢。严重时停止生长;老叶先开始褪绿,逐渐向上部叶片发展,新叶小而薄,呈黄绿色,易早落、早衰;花、芽及果均少,果穗和果实均小,产量低。葡萄氮素过剩表现为枝叶繁茂,叶色浓绿,枝条徒长,抗逆性能差,结果少;生长后期氮肥过多时,果实成熟晚;着色差,风味不佳,产量低。

2. 缺磷

当葡萄缺磷时,叶小,叶色暗绿,有时叶柄及背面叶脉呈紫色或紫红色;从老叶开始,叶缘先变为金黄色,然后变成淡褐色,继而失绿,叶片坏死,干枯,易落花;果实发育不良,产量低。

3. 缺钾

当葡萄缺钾时,早期症状为正在发育的枝条中部叶片叶缘失绿。绿色葡萄品种的叶片颜色变为灰白或黄绿色,而黑红色葡萄品种的叶片则呈红色至古铜色,并逐渐向脉间伸展,继而叶向上或向下卷曲。大约从果实膨大期开始出现叶缘失绿。这与缺镁症不易区分,不过缺钾时叶缘的失绿与叶中心的绿色部分界限分明。严重缺钾时,老叶出现许多坏死斑点,叶缘枯焦、发脆、早落;果实小,穗紧,成熟度不整齐;浆果含糖量低,叶肉也出现褐色枯死斑点,着色不良,风味差。葡萄钾过量阻碍植株对镁、锰和锌的吸收而出现缺镁、缺锰或缺锌等症状。

4. 缺钙

当葡萄缺钙时,叶呈淡绿色,幼叶脉间及边缘褪绿,叶片向内弯曲,脉间有灰褐色斑点,继而边缘出现针头大的坏死斑,基蔓先端枯死,叶组织变脆弱。

5. 缺镁

当葡萄缺镁时,在果实膨大期从果实附近叶片开始黄化,顶部叶片却不出现症状。首先叶缘黄化,随后脉间逐渐变黄色或黄白色,叶脉呈绿色,叶柄略微带红色。严重时黄化区逐渐坏死,叶片早期脱落。从叶缘开始黄化这一点与缺钾相似,但缺钾时叶缘黄化部分褐变,接近叶柄处却保持深绿色,而缺镁时除叶脉外全部黄化,黄化部分很少发生褐变枯死。但不同品种发生缺镁程度和症状不同,有些品种脉间容易变红褐色。有些地区将缺镁葡萄叶片称为"条纹叶"或"虎皮叶"。

6. 缺硫

当葡萄缺硫时,植株矮小,上部叶黄化。葡萄二氧化硫中毒症状表现为叶片的中央部分出现赤褐色斑点。

7. 缺硼

葡萄是易缺硼作物,在生长发育初期,蔓尖幼叶出现油浸状淡黄色斑点,此时症状轻,如不仔细观察可能被忽略。如症状发展,叶片的淡黄色斑点增多并枯死,叶片畸形增大,叶肉皱缩,叶柄脆弱,老叶肥厚,向背反卷;节间缩短密生,卷须出现坏死。严重时,新梢生长停止,形成胶状物质的突起并枯死;主干顶端生长点死亡,并出现小的侧枝,枝条脆,未成熟的枝条往往出现裂缝或组织损伤;即使叶片症状较轻,花穗也表现明显症状,开花后不落花,不形成果粒的部分增多,如果膨大期以后发生缺乏症,则果实中部变黑,有时影响到表皮,一般称为"夹馅葡萄",其商品价值将大大降低。这种症状出现得极其突然。因此,必须经常仔细观察,即使出现轻微缺乏症,也应立即采取时面喷施等防治措施。

8. 缺锌

葡萄缺锌枝条细弱,新枝叶小密生,节间短,顶端呈明显小时从生状,树势弱,叶脉间的叶肉黄化;严重缺锌枝条死亡,花芽分化不良,落花落果严重,果穗和果实小,产量显著下降。

9. 缺铁

葡萄缺铁老叶呈绿色,幼叶却变黄白色,新梢生长停止;果穗小,果粒膨大受抑制。

10. 缺锰

葡萄缺锰从开花期开始出现于叶片,叶脉间呈淡绿色,只有叶脉保持绿色,外观上不像缺镁症那样明显,而且不出现于顶部叶片;果穗中,既有着色果粒,也有不着色的青果粒,不均匀地混合存在,着色不良的受害果其果粒膨大、着色、光泽均受影响,糖含量降低,酸略微增多,品质下降。

(三)北方葡萄的养分管理技术

1. 施肥原则

①重视有机肥料的施用,根据生育期施肥,合理搭配氮磷钾肥,视葡萄品种、产量水平、长势、气候等因素调整施肥计划。

②土壤酸性较强果园,适量施用石灰、钙镁磷肥来调节土壤酸碱度和补充相应养分。

③采用适宜施肥方法,有针对性施用中微量元素肥料,预防裂果。

④施肥与其他管理措施相结合,有条件的水肥一体化,遵循少量多次的灌溉施肥原则。

2．施肥建议

①根据产量水平进行合理施肥。产量水平为 1 500 kg/亩以下的果园,氮肥(N)10～15 kg/亩,磷肥(P₂O₅)5～10 kg/亩,钾肥(K₂O)10～15 kg/亩;产量水平为 1 500～2 000 kg/亩的果园,氮肥(N)15～20 kg/亩,磷肥(P₂O₅)10～15 kg/亩,钾肥(K₂O)15～20 kg/亩;产量水平为 2 000 kg/亩以上的果园,氮肥(N)20～25 kg/亩,磷肥(P₂O₅)15～20 kg/亩,钾肥(K₂O)20～25 kg/亩。

②土壤缺硼、锌、镁和钙的果园,花前至初花期喷施 0.3%～0.5%的优质硼砂溶液;坐果后到成熟前喷施 3～4 次 0.3%～0.5%的优质磷酸二氢钾溶液;幼果膨大期至采收前喷施 0.3%～0.5%的优质硝酸钙溶。

③化肥分 3～4 次施用,第 1 次在秋季施基肥,应在上年 9 月中旬到 10 月中旬(晚熟品种采果后尽早施用),在有机肥基础上施用 20%氮肥、20%磷肥、20%钾肥;第 2 次在 4 月中旬进行,以氮磷肥为主,施用 20%氮肥、20%磷肥、10%钾肥;第 3 次在 6 月初果实套袋前后进行,根据留果情况氮磷钾配合施用,施用 40%氮肥、40%磷肥、20%钾肥;第 4 次在 7 月下旬到 8 月中旬,施用 20%氮肥、20%磷肥、50%钾肥,根据降雨、树势和产量情况采取少量多次的方法进行,以钾肥为主,配合少量氮磷肥。

④采用水肥一体化栽培管理的高产葡萄园,萌芽到开花前,每次追施氮(N)、磷(P₂O₅)、钾(K₂O)各为 1.2～1.5 kg/亩,每 10 d 追肥一次;开花期追肥一次,追施氮(N)0.9～1.2 kg/亩、磷(P₂O₅)0.9～1.2 kg/亩、钾(K₂O)0.45～0.55 kg/亩,辅以叶面喷施硼、钙、镁肥;果实膨大期着重追施氮肥和钾肥,每次追施氮(N)2.2～2.5 kg/亩、磷(P₂O₅)1.4～1.6 kg/亩、钾(K₂O)3～3.2 kg/亩,每 10～12 d 追肥一次;着色期追施高钾型复合肥,每次追施氮(N)0.4～0.5 kg/亩、磷(P₂O₅)0.4～0.5 kg/亩、钾(K₂O)1.3～1.5 kg/亩,每 7 d 追肥一次,叶面喷施补充中微量元素。

项目三 主要蔬菜施肥技术

一、大白菜施肥技术

大白菜,又称结球白菜、包心白菜,属十字花科,起源于我国,具有悠久的栽培历史。大白菜营养丰富,柔嫩适口,品质佳,耐贮存,我国南北方都有大白菜栽培,特别是北方栽培量很大。大白菜是秋季生产、冬季上市最主要的蔬菜种类,因此大白菜有"菜中之王"的美称。

(一)大白菜的需肥规律

大白菜是一种产量较高的蔬菜,每亩产量高的可达 1 万多千克。形成这样高的生物产量需要充足的营养物质来保证。据一些资料报道:平均单株一生需要吸收氮(N)6.46～8.65 g、磷(P₂O₅)2.77～3.69 g、钾(K₂O)11.03～16.73 g,每生产 1 000 kg 的大白菜需氮(N)1.8～2.6 kg、磷(P₂O₅)0.9～1.1 kg、钾(K₂O)2～3.7 kg,其比例约为 1：0.45：1.57,钾的需要量明显地高于氮和磷。氮、磷、钾的需要量在不同生育期差异明显,且有前期吸收少,后期剧增的特点,即幼苗对氮、磷、钾的吸收占全生育期的吸收量很低,莲座期吸收量急剧上升,结球期达到峰值。

大白菜氮、磷、钾的吸收量是随着不同生长时期而变化的,生长量越大,吸收量越多。对大白菜不同供肥条件下的养分吸收动态的研究表明:在土壤为中等肥力的基础上(土壤有机质18.2 g/kg、全氮 0.96 g/kg 全磷 0.8 g/kg、速效磷 26.18 mg/kg、速效钾 163.36 mg/kg),施用不同量的氮、钾或肥料三要素肥料,甚至不供肥,大白菜吸收氮、磷的消长变化规律几乎是一致的,只是吸收量上有着较大的差别。从每亩单施氮素 15 kg 和在施氮素基础上配施 7.5 kg 磷素和 7.5 kg 钾素的条件下,大白菜生物增长量与吸收氮、磷、钾量增长趋势一致。各生育期养分吸收与生物产量的增长有如下特点。

在苗期阶段,自播种起约 31 d 内,生物量仅占生物总产量的 3.1%～5.4%。在此阶段吸收的氮素仅占整个生育期吸收氮总量的 5.1%～7.8%,平均单株每日吸收氮素量为 7.3～24.2 mg;吸收的磷素占整个生育期吸收磷总量的 3.24%～5.29%,平均单株每日吸收磷(P)量为 1.48～2.84 mg;吸收钾量占整个生育期吸收钾总量的 3.56%～7.02%,平均单株每日吸收钾 12.87～18.59 mg。

进入莲座期,自播种 31～50 d 的 19 d 内,生长速度快,生物量猛增,生物量约占生物总产量的 29.18%～39.54%。养分吸收明显加快吸收的氮素占整个生育期吸收氮总量的 27.51%～40.10%,平均单株日吸收 51.28～149.94 mg;吸收的磷素占整个生育期吸收磷总量的 29.10%～45.03%,平均单株日吸收磷 26.9～60.43 mg;吸收的钾量占整个生育期吸收钾总量的 34.61%～54.04%,平均单株日吸收钾(K)135.97～352.05 mg。

在包心初期到中期,占播种 50～69 d 共 19 d 内,生物量有更多增长,占生物总产量的 44.36%～56.44%,这一时期的增重量是决定总产量高低及大白菜品质的关键时期。吸收的氮素占整个生育期吸收氮总量的 30%～52%,平均单株日吸收 94～212 mg;吸收的磷素占整个生育期吸收磷总量的 32%～51%,平均单株日吸收磷 18.02～43.79 mg;吸收的钾素占整个生育期吸收钾总量的 44%～51%,平均单株日吸收钾 203.37～343.67 mg。

在包心后期至收获期,自播种起 69～88 d 共 19 d,生物量增长速度下降,相应养分吸收也减少,此一阶段生物量占生物总产量的 10%～15%。吸收的氮素占整个生育期吸收氮总量的 11%～26%,平均单株日吸收氮 22.1～110 mg;吸收的磷素占整个生育期吸收磷总量的 16%～24%,平均单株日吸收磷 8.16～17.2 mg,吸收的钾素一般不到整个生育期吸收钾总量的 10%,平均单株日吸收钾 34.03～142.78 mg。

上述结果表明,大白菜需肥最多的时期是莲座期及包心初期,而且在这两个时期对养分的吸收速率最快,容易造成土壤养分亏缺,使地上部表现出营养不足。因此,莲座期和包心初期要特别注意养分的供应。

(二)大白菜常见的缺素症及补救

1. 缺氮

氮肥过多,叶色浓绿,生长旺盛,往往外叶多,净菜率降低,纤维素减少,使植株整体变软,不耐贮藏。早期缺氮,植株矮小,叶片小而薄,叶色发黄,茎部细长,生长缓慢。中后期缺氮,叶球不充实,包心期延迟,叶片纤维增加,品质降低。

2. 缺磷

当磷肥施用过量时,使植株体内吸收的磷过多,下部叶片易出现黄化症状,形成许多小斑点。同时,磷过多还能响锌、铁、钙的吸收。

缺磷植株叶色变深、变紫,叶小而厚,毛刺变硬扎手,其后叶色变黄,植株矮小,缺磷第 12 d 时,第 1～2 片叶大部分黄化,而内部叶片为深绿色。缺磷对生殖生长影响最大,延迟开花,种子产量降低。

3. 缺钾

当钾肥过多时,易使氮、磷的比例失调,叶缘部向上反卷,也易诱发缺钙症状。缺钾时,水分平衡紊乱,外叶的边缘先出现黄色,渐向内发展,然后叶缘枯脆易碎(即枯尖),这种现象在结球中后期发生最多。与缺氮、磷相比,缺钾对叶面积的影响相对较小。

4. 缺钙

当钙过剩时,易使土壤呈碱性,影响大白菜的正常生长,钙的过剩还易造成锰、锌、铁、硼等元素的缺乏症状。缺钙时心叶边缘不均匀褪绿,逐渐变黄、变褐直至干边,被称为"干烧心"。缺钙根系变小,根尖停止生长,发生的根毛少,且很快死亡。当缺钙时,顶端优势被削弱,阻碍顶端分生组织的分裂活动,严重时,生长点甚至死亡,易引起侧芽蘖生。

5. 缺镁

当镁过剩时,根系发育受阻,叶色变浓,叶脉黄化,下部叶易成杯状,影响木质部的发育,叶组织细胞体积增大,而数目减少;缺镁时,植株矮小,与缺氮相反,叶片从下至上出现界限不明显的黄化,老叶叶脉间也表现黄化。

6. 缺硫

缺硫与缺氮的结果大致相似,但失绿黄化先从新叶开始,表现为植株矮小,新叶变黄,叶绿素含量降低,并累及叶脉,目前大白菜缺硫的现象还不多见。

7. 缺铁

当铁过多时,叶片易出现茶褐色斑点,植株生长不良,并影响磷、锰的吸收和运转。大白菜对缺铁反应敏感,短暂的缺铁就能表现出症状,心叶显著变黄,特别是叶脉间黄化,严重时时片变白,叶脉褪绿,株型变小,这是缺铁的典型特征。

8. 缺硼

大白菜对低浓度和高浓度硼的耐性都较强。需求量随生长而增长,当硼过剩时,叶缘发黄,并逐渐变褐,叶缘部分形成不整齐的斑点,严重时,叶片尖端部分枯死。在生长盛期缺硼生长紊乱,有时分生组织坏死,常在叶柄内侧出现木栓化组织,由褐色变为黑褐色,叶片周边枯死,叶片皱缩,严重时由黄变褐,直到腐烂。缺硼根系分枝减少,结球不良。

(三)大白菜的养分管理技术

20 世纪 50 年代和 60 年代,大白菜的施肥以有机肥为主。目前,以化肥为主。对大白菜的优质高产化肥施用技术,各地均做了大量的研究工作。各地应根据当地的地力情况,参照别人经验,进行合理施肥。

1. 基肥

基肥也称底肥,应以有机肥为主,并配施适量化肥。一般每公顷施腐熟有机肥应不少于 75 t,高产地块应达到 112.5 t/hm²,可以撒施,也可按行距开沟条施。耕地前先将 60% 的有机肥撒在地表,深翻入土耙地前再将剩余有机肥撒在地表,耙入浅土中,然后起垄。基肥施化肥,一般磷钾和微量元素肥料全部基施,氮肥的基施量占全生育期施肥量的30%~50%。化肥基施应在翻地前撒施,与耕层腐土充分混匀,避免不匀而烧苗的现象。化肥可施用单质化肥、大白菜专用肥或复合肥,如使用单质化肥,一般每公顷尿素300 kg,磷酸二铵150 kg,硫酸钾225 kg;如使用45%大白菜专用肥或复合肥,每公顷用量为525~675 kg。

2. 种肥

大白菜使用的种肥一般为速效氮肥,种肥的施用方法以沟施为主,即先开沟,撒入种肥,然后再播种,最后覆土、浇水。施用量应适宜,不能过多或过少,过少增产作用不明显,过多容易烧胚根而影响出苗。一般种肥不为人们重视,但在播期较晚,土地贫瘠的情况下,种肥促进早发的作用非常显著。

3. 追肥

追肥分2~4次进行,掌握"前轻后重"的原则。

(1)幼苗期追"提苗肥"　幼苗期生长速度较快是根和叶细胞及组织分化最快的时期,如缺肥对以后产量影响较大。所以,定苗后每公顷应追施尿素75 kg,可促进幼苗生长,并使小苗、弱苗向壮苗发展。

(2)莲座期重点追肥　莲座期生长的莲座叶是将来在结球期大量制造光合产物的器官,充分施肥、浇水是保证莲座叶强壮生长的关键,但同时还要注意防止莲座叶徒长而导致延迟结球。结球期制造养分的叶片在此期基本长成,所以,莲座期的旺盛生长对叶球的生长有决定性作用。此期养分供给多少与是否丰产有直接关系。莲座期每公顷追施尿素112.5 kg、33%硫酸钾75 kg,可促进外叶生长,为包心奠定良好基础。

(3)结球期(包心期)追肥　结球期是大白菜包心形成的关键时期。根系发展达到最大限度,是产品器官形成期。此期心叶猛长,需要供给充足养分。如此期脱肥,直接影响心叶抱合生长,降低包心紧实度,影响产量和品质。可选用高氮、高钾、低磷速效复合肥,每公顷用量为225 kg左右,分结球初期和中期2次施用。结球期是形成产品的时期,同化作用最旺盛,因此,需肥水量较大,又称"灌心肥"。结球前期靠近心叶的外叶继续生长,也是1~5片心叶生长最快时期。由于外叶铺满地面,地表产生大量须根,使根系吸收营养能力达到高峰,第1次每公顷追施速效肥料150 kg。结球中期外叶几乎不再生长,1~5片心叶生长,6~10片心叶生长旺盛。第2次每公顷追施速效肥料75 kg,结球后期由于光照短、温度低,植株生长缓慢,吸收营养少,追肥效果不明显,因此可以少追或不追肥。

(4)追施微肥　大白菜是一种喜钙作物,如缺钙易引起干烧心病,严重影响大白菜品质。但土壤施钙往往效果不好,应采取叶面补充。可用0.3%~0.5%氯化钙或硝酸钙叶面喷施,隔7 d喷一次,连喷2~3次即可见效。由于钙在植物体内移动性较差,在喷钙时加入萘乙酸(NAA),可改善对钙的吸收。大白菜也是一种需硼较多的作物,对缺硼的土壤,应施用硼肥。硼肥可作基肥,每公顷施硼砂15 kg,与其他肥料混合拌匀,施入土中。也可在莲座期至结球期用0.1%~0.2%硼砂溶液进行喷施,隔6~7 d喷一次,连喷2次,效果较好。

4. 根外追肥

大白菜生产中,根外追肥一般没能引起人们的重视。但在植株长势弱,或者移栽后缓苗期,结合喷药进行根外追肥,能够为植株快速补充营养,提苗迅速,对提高大白菜的产量有重要作用,提苗以喷施0.5%的尿素效果为好。

二、茄子施肥技术

茄子属茄科双子叶浆果类蔬菜,起源于亚洲东南部热带地区,早在 4～5 世纪就传入我国南方,至今已有 1 000 多年的栽培历史。茄子在世界各地均有栽培,以亚洲最多。茄子果形有长形、圆形和卵圆形。东北、华南、华东地区以长形茄栽培为主;华北、西北地区以圆茄栽培为主。

茄子喜温不耐寒,传统栽培多为露地种植,供应时间短,产量低。北方一般只能在夏季上市。随着保护地及其栽培技术的不断发展,茄子生产也由原来单一的露地生产、夏季供应、发展为露地与多种保护地栽培方式相结合,实现了周年生产、周年供应,极大地促进了茄子的生产发展。目前,茄子保护地栽培面积已与黄瓜、番茄等蔬菜不相上下。

(一)茄子的需肥规律

茄子单位产量从土壤中吸收的营养元素数量因品种、栽培条件、土壤供肥性能等因素的不同而有所差异。据试验研究,每生产 1 000 kg 茄子需从土壤中吸收氮 2.6～3.0 kg、磷 0.7～1.0 g、钾 3.1～5.5 kg、钙 2.67～3.04 kg、镁 1.14～1.25 kg。

茄子幼苗定植于大田后,开始对各养分的吸收量较少,至开花期各养分的吸收量都只占总吸收量的 10% 以下;进入结果期后,吸收量大量增加;结果盛期到拔秆期,茄子对各养分的吸收量达到最大值。茄子对氮、钾、钙的吸收量远高于镁、磷,茄子对氮、钾的吸收量从采果初期至采果盛期是一个直线上升过程,以后上升趋势逐渐缓慢;对钙的吸收从采果初期至拔秆期是一个直线增长过程,而对磷的吸收虽然亦呈上升趋势,但速度比较缓慢。

由于栽培方式不同,茄子生产中各营养元素的平均吸收强度不同。经试验,覆膜栽培茄子一生中各营养元素吸收强度高于露地栽培,但不同生长期各元素的吸收强度也有所不同。覆膜栽培各营养的吸收强度除钾、镁外,初果期前高于露地栽培;采果初期至采果盛期两种栽培方式均出现全生育期的吸收高峰;采果盛期至拔秆期 5 种营养元素的吸收强度急剧下降,覆膜栽培低于露地栽培。

不同栽培方式条件下,氮、磷、钾、钙、镁等 5 种营养元素在不同器官中分配有很大差别。覆膜栽培和露地栽培两种栽培方式各器官对氮、磷、钾养分的分配比例均为果>叶>茎>根,而且分配在果实和叶片的氮、磷、钾均占总量的 86%～88%。钙和镁的分配不同于氮、磷、钾,两种栽培方式中钙的分配比例为叶>茎>果>根;镁在茎、叶、果中分配比例基本差不多,各占总吸收量的 30% 左右。由于生长期不同,养分在各器官中的分配比例也各异,初果前的营养生长,氮、磷、钾、镁主要分配在茎和叶中,随着果实形成和膨大,分配到果实中逐渐增多,至采收盛期可占 55%～70%。而钙分配始终是叶片最多,开花期可占同期总吸收量的 80% 以上,至拔秆期所占比率有所下降,但仍占同期总吸收量的 60% 以上。

(二)茄子常见的缺素症及补救

1. 缺氮

当茄子缺氮时,叶色变淡,老叶黄化,严重时干枯脱落,花蕾停止发育并变黄,心叶变小。当发现植株缺氮时,及时追施尿素、碳铵等速效氮肥或人粪尿,也可叶面喷施 0.3%～0.5% 的尿素溶液。氮充足,幼苗茎粗壮,叶片肥厚;氮素过多,枝叶增多、徒长,开花少,坐果率低,果实畸形,果实着色不良,品质低劣。施氮过多,还易导致植株体内养分不平衡,容易诱发钾、钙、硼等元素的缺乏。植株过多吸收氮素,体内容易积累氨,从而造成氨中毒。

2. 缺磷

茄子缺磷时,茎秆细长,纤维发达,花芽分化和结果时期延长,叶片变小,颜色变深,叶脉发红。磷可促进花芽分化,特别对前期的花芽分化起着良好作用。磷充足,茄苗生育旺盛,花芽分化提早,着花节位降低,花芽分化数增多。发现植株缺磷时,用0.2％的磷酸二氢钾溶液或0.5％的过磷酸钙浸出液叶面喷施。

3. 缺钾

当发现植株缺钾时,及时增施钾肥和有机肥,一般每亩可用硫酸钾或氧化钾10～15 kg,在植株两侧开沟追施;用0.2％～0.3％的磷酸二氢钾溶液或10％的草木灰浸出液叶面喷施。钾可以使幼苗生长健壮。茄子缺钾时,初期心叶变小,生长较慢,叶色变淡;后期叶脉间失绿,出现黄白色斑块,叶尖叶缘渐干枯。

4. 缺钙

钙可以与茄子植株体内的有机酸结合形成盐,防止植株受伤害,并调节体内的酸碱度。钙对防止茄子发生真菌病害也有一定的作用。茄子缺钙时,植株生长缓慢,生长点畸形,幼叶叶缘失绿,叶片的网状叶脉变褐色,呈铁锈状叶。发现植株缺钙时,及时补施钙肥或用0.2％的氯化钙溶液叶面喷施,每隔5 d喷一次,连喷2～3次。

5. 缺镁

茄子缺镁时,叶脉附近特别是主叶脉附近组织变黄,叶片失绿,果实变小,发育不良。生产上,茄子的缺镁症状较为多见。发现植株缺镁时,增施含镁肥料,如硫酸镁、氯化镁、硝酸镁等,这些肥料均溶于水,易被吸收利用。也可用1％～3％的硫酸镁溶液或1％的硝酸镁溶液叶面喷施。镁充足,有利于叶绿素的形成,提高蔬菜的光合作用能力。

6. 缺铁

当茄子缺铁时,幼叶和新叶呈黄白色,叶脉残留绿色。在土壤呈酸性、多肥、高湿的条件下常会发生缺铁症。发现植株缺铁时,用0.5％～1％的硫酸亚铁溶液叶面喷施。

7. 缺硼

当硼过剩时,从下部叶的叶脉间发生褐色的坏死小斑点,逐渐往上部叶发展。当茄子缺硼时,自顶叶向下黄化、凋萎,顶端茎及叶柄折断,内部变黑,茎上有木栓状龟裂。当发现植株缺硼时,及时用0.05％～0.2％的硼砂溶液或硼酸溶液叶面喷施。

8. 缺锰

锰是维持叶绿体正常结构和功能的必需元素之一。当锰过剩时,下部叶的叶脉呈褐色,沿叶脉发生褐色斑点。当茄子缺锰时,新叶叶脉间呈黄绿色,不久变褐色,叶脉仍保持绿色。发现植株缺锰时,用1％的硫酸锰溶液叶面喷施。

9. 缺锌

锌影响叶绿素前期的转化,从而间接影响叶绿素的形成。当锌过剩时,生长发育受阻,上部叶易诱发缺铁症。当茄子缺锌时,叶小呈丛生状,新叶上发生黄斑,逐渐向叶缘发展,致全叶黄化。发现植株缺锌时,用0.1％的硫酸锌溶液叶面喷施。

(三)茄子的施肥技术

1. 苗期追肥

苗床施肥的目的主要是培育壮苗，促进花芽分化，为丰产打下可靠的基础。据试验，每 $10~m^2$ 苗床施磷 $0.15\sim0.25~kg$、钾 $0.25~kg$，一般可提早开花 $2\sim3~d$，氮、磷、钾配合使用，其增产幅度可达 20% 以上，所以茄子应重视在苗床施用磷、钾肥。如果严格按照床土配制方法配制苗床土，床土中的各种养分可以满足苗期的需要，一般不需要再施用肥料。若后期出现养分不足，可以叶面喷施 0.2% 的磷酸二氢钾，补充养分。

2. 基肥

施入足量的基肥，是茄子夺得高产的基础。基肥一般以优质的有机肥为主，配合施入速效氮、磷、钾化肥。一般每亩施用有机肥 $5~000~kg$。磷肥全部作为底肥施入。每亩可再加入硫酸铵 $10~kg$、硫酸钾 $10~kg$，随有机肥一次施入、深耕，也可将 2/3 的基肥先施一层，深翻作畦，再将另外的 1/3 施入定植沟内，有利发苗。

3. 定植后的追肥

茄子定植后，到门茄坐住，幼果的直径当 $3\sim4~cm$ 时，进行第 1 次追肥。一般每亩施入硫酸铵 $15\sim20~kg$，在根际处开沟或开穴施入。如果施入尿素，则需 $8\sim10~kg$，施后当天不浇水，待 $2\sim3~d$ 尿素转化为植株可吸收状态再浇水，肥效快而且流失少。门茄采收，对茄果实长到 $4\sim5~cm$ 时，进行第二次追肥。施用量为硫酸铵 $20~kg$，或尿素 $10~kg$，硫酸钾 $5~kg$。可以沟施或穴施。当四门斗茄已长到 $4\sim5~cm$ 时，进行第三次追肥。这次追肥量应以茄子的生长状况而定。如果植株长势旺盛，结果多，可施入硫酸铵 $20~kg$ 左右，一般情况，施入硫酸铵 $15~kg$ 即可。这时茄秧分枝增多，早已封垄，进入沟施或穴施都会对植株有伤害，通常顺水追施。如天气干旱雨水较少的情况下，一般每隔 $5\sim7~d$ 浇一次水，每次浇水时最好随水追施少量粪稀，量不要多，这样可以保证植株的旺盛生长和果实的正常膨大。

三、芹菜施肥技术

 芹菜属伞形花科芹属，二年生草本植物，别名芹、旱芹、药芹菜、野莞蔓等。芹菜在我国栽培历史悠久，种植分布广泛。我国北方夏季不太炎热，冬季严寒，适宜芹菜露地栽培的季节为春、夏、秋三季，冬季可利用日光温室进行保护地生产。由于芹菜适应性较广，基本上可以做到全年供应。

(一)芹菜的需肥规律

芹菜的吸肥力弱，但其耐肥力强，一般施肥量都大大超过其吸收量的 $2\sim3$ 倍，其根系只有在土壤高浓度状态下，才能够大量吸收肥料。芹菜的食用器官是营养体，其需肥量是随着生育期的推进而逐渐加大。

芹菜在幼苗期，要保证氮、磷的吸收，从而提高其光合作用的能力，旺盛地进行干物质生产和扩大叶面积，所以必须在肥沃、有机质丰富的土壤上育苗。定植以后，叶片的分化旺盛，根系发达，吸收肥水能力逐渐增强，叶片中氮的浓度提高。到生育前期，叶片的分化和发育最旺盛，是增加叶片重量的时期。由于叶面积的扩大，维持了光合作用的能力，提高了干物质生产，并增加了其向地上部分配，促使叶片分化，同时向根部分配的干物质也增多。此期土壤中不可缺肥,可适当追加氮肥,以增加根系吸肥水的能力,提高叶片中氮素的浓度,使叶片的分化和发育更加旺盛,为以后产量的增加打好基础。到生育中期,芹菜对养分的吸收急剧增加,但从以氮、磷为主变为以氮、钾为主。此期地上部、地下部增长快,叶面积达到最适叶面积指数,同化产物增加并充分地向地上部和地下部分配,促进心叶的发育。到生育后期,吸肥力偏向氮/钾平衡的钾一侧,干物质向心叶分配的多,从而构成了芹菜的产量。

(二)芹菜常见的缺素症及补救

1. 缺氮

当芹菜缺氮素时,植株生长缓慢,老叶变黄,干枯或脱落。新叶变小。可叶面喷施0.2%~0.5%尿素液,另外,缺氮时及时补充碳铵、尿素等速效氮肥,一次施肥量不宜过大。

2. 缺磷

植株生长缓慢,叶片变小但不失绿,外部叶逐渐开始变黄,但嫩叶的叶色与缺氮症相比,显得更浓些,叶脉发红,叶柄变细,纤维发达,下部叶片后期出现红色斑点或紫色斑点,并出现坏死斑点。可增施磷肥,在芹菜生长期间也可叶面喷施0.3%~0.5%的磷酸二氢钾。

3. 缺钾

外部叶缘开始变黄的同时,叶脉间产生褐小斑点,初期新叶变小,生长慢,叶色变淡。后期叶脉间失绿,出现黄白色斑块,叶尖叶缘渐干枯,然后老叶出现白色或黄色斑点,斑点后期坏死。出现缺钾症状时,应立即追施硫酸钾等速效肥,也可进行叶面喷施1%~2%的磷酸二氢钾水溶液2~3次。

4. 缺钙

植株缺钙时生长点的生长发育受阻,中心幼叶枯死,外叶深绿。土壤钙不足,增施含钙肥料;调整土壤中各元素的含量,适时浇水均衡施肥;也可叶面喷施1%的过磷酸钙。

5. 缺镁

叶脉黄化,且从植株下部向上发展,外部叶叶脉间的绿色渐渐地变白,进一步发展,除了叶脉、叶缘残留点绿色外,叶脉间均黄白化。嫩叶色淡绿。栽培前要施用足够的含镁肥料,缺镁时可喷施0.5%的硫酸镁溶液,1周1次。

6. 缺锌

叶易上外侧卷,茎秆上可发现色素。可平衡施肥,缺锌时可以施用硫酸锌,每亩用1~1.5 kg,也可用硫酸锌0.1%~0.2%水溶液喷洒叶面。

7. 缺硼

缺硼时芹菜叶柄异常肥大、短缩,茎叶部有许多裂纹,心叶的生长发育受阻,畸形,生长差。可施用硼肥,合理浇水,均衡使用氮、磷、钾肥。

(三)芹菜的施肥技术

1. 苗期施肥

芹菜可直播也可育苗移栽。因其种子发芽出苗困难,幼苗生长缓慢,苗期长,多采用育苗移栽。育苗畦施肥时,可先起出畦面表土,再施入基肥。每100 m² 苗床撒石灰25 kg左右、腐熟有机肥30~40 kg,复合肥料20~25 kg,然后浅挖土12~15 cm,将肥料与土壤充分混匀、耙细、整平后即可播种。出苗后,根据天气和幼苗生长情况及时浇水,一般2~3 d浇1次,每次必须浇透，以利长根。出苗后约 10 d，追 1 次 0.5% 的尿素，当长出 3～4 片真叶时，追 1 次 2.5% 过磷酸钙液，到苗高 6～10 cm 时定植。

2. 基肥的施用

定植地深翻 30 cm 左右，烤晒过白，每亩菜田撒石灰 40～60 kg，再施腐熟有机肥 3 000～4 000 kg、鸡粪 100～200 kg、复合肥料 100 kg、硼砂 0.5～1.0 kg，一次施入土中作为基肥，将肥料与土壤拌和均匀，耙平畦面，开浅沟定植。

3. 追肥的施用

由于芹菜根系浅，而且栽培密度大，除在定植前施足基肥外，在追肥上应勤施、薄施。一般在定植后的缓苗期间不追肥，缓苗后植株生长很缓慢，为了促进新根和叶片的生长，可施一次据苗肥，每亩随水追施 10 kg 硫酸铵，或腐熟的人粪尿 500～600 kg。

当新叶大部分展出，标志植株进入旺盛生长期，叶面积迅速扩大，叶柄迅速伸长，叶柄中薄壁组织增生，芹菜生长茂盛是养分最大效率期，这时要多次追施肥料。第 1 次每亩追施硫酸钱 15～20 kg，10～15 d 后施腐熟的人粪尿 700～800 kg，再经 10～15 d 后，可追施 1 次硫酸铵，每亩施 15～20 kg。除施用氮肥外，还要配合钾肥，每亩施硫酸二氢钾 10 kg，随水浇施，使心叶柔嫩多汁，有机物质充分转运积累。如发现心腐病，可用 0.3%～0.5% 硝酸钙或氯化钙进行叶面喷洒。

有的芹菜栽培正值高温多雨季节，追肥要施用氮素化肥，多用尿素，少用铵态氮肥，以免硝态盐在芹菜中积累，对人体产生危害。高温多雨季节不宜用人粪尿追肥，以免烂根。追肥一定要分多次施用，每次不宜太多。若施肥不当，如氮、钾肥过多、土壤干燥等，会影响硼、钙的吸收，造成芹菜心叶幼嫩组织变褐干边，严重时会枯死。所以要控制氮肥和钾肥的用量，增加硼肥和钙肥的施用，保持土壤湿润。叶面喷施硼肥可在一定程度上避免茎裂的发生。每次每亩施 0.2% 硼砂或硼酸溶液 40～75 kg。应选择在阴天或晴天无风的下午进行，以茎叶都能沾湿为度，并且叶背也要喷到。

四、黄瓜施肥技术

黄瓜又名王瓜、胡瓜，是葫芦科黄瓜属的一年生草本植物。黄瓜为我国北方重要蔬菜，栽培地域广，品种多，按栽培季节可将其分为春、夏、秋 3 种类型。

(一)黄瓜的需肥规律

黄瓜植株自定植以后到采收盛期直至拉秧期，其生长量是不断增大的，对干物质的积累量不断增加。露地栽培的黄瓜定植至初花期每亩干物质积累量只有 22.8 kg，平均积累速度每日每亩为 1.23 kg 以后根系生长随条件改善逐渐旺盛，营养生长和生殖生长同时进行，干物质积累速度明显加快，到采收期，每亩干物质积累量是定植至初花的 5.8 倍。随着黄瓜生育期的推进，其生长量越来越大，采收始期到采收盛期和采收盛期到拉秧期，每亩干物质积累量分别达到 322.9 kg 和 555.2 kg，相应的积累速度每日每亩分别为 10.93 kg 和 17.86 kg。统计分析表明，黄瓜不同生育期对养分的吸收量与干物质的增长量成正相关，其中氮、磷、钾达到显著水平，钙、镁不显著。

　　初花期以前黄瓜对氮的吸收量很小,18 d每亩吸收量只有0.86 kg,占全生育期总吸收量的6.5%,吸收强度每日每亩为46.1 g;随着生育期的推进,对氮的吸收逐渐增多,到采收始期每亩累积吸收量达到4.6 kg,占总吸收量的35.6%,吸收强度每日每亩为26.4 g;采收始期以后对氮的吸收速度有所降低,采收盛期以后又有所回升,并逐步达到整个生育期的最高峰。

　　黄瓜前期对磷的吸收量较小,随着生育期的推进逐渐增大,最大吸收量出现在拉秧期。全生育期对磷的平均吸收速度每日每亩为207.38 g。

　　黄瓜对钾的吸收也是前期较小,以后渐大,其最大吸收量出现在采收盛期,累积达到总吸收量的70.0%,吸收速度每日每亩为426.7 g,是整个生育期平均吸收速度的1.5倍。

　　黄瓜对钙的吸收同样是前期较小,以后递增。从不同元素吸收量来讲,钙的吸收量在黄瓜整个生育期内始终处于最大,特别是采收盛期至拉秧期,13 d每亩吸收钙量就高达14.64 kg,为同期氮、磷、钾吸收量的2.6~3.1倍。

　　黄瓜对镁的吸收量在以上5种营养元素中始终处于最小,整个生育期的平均吸收速度每日每亩为100.8 g,不同生育期对镁的吸收过程与钾相近。

　　综合国内相关资料可以得出,每生产1 000 kg黄瓜需要的各种养分量分别为氮2.8~3.2 kg、磷0.8~1.8 kg、钾3.0~4.4 kg、钙5.0~5.9 kg、镁0.8~1.2 kg。

　　研究表明,在初花期以前,黄瓜所吸收的养分主要分配于茎叶,其中叶片中养分吸收率最大的是钙,其次是镁、氮、磷,钾最小;茎中养分吸收率正好相反,钾最大,磷次之,氮、镁、钙、次减少。在采收始期,茎叶中各营养元素吸收率大小顺序与初花期基本相同,只是根的吸收率明显减少。同时,伴随着果实的形成和膨大,各养分不同程度地向果实转运,但不同元素间差别很大。以后,随着果实的分期采收和黄落叶的出现,黄瓜不同器官的养分吸收率发生了相应的变化。在拉秧期,根对各营养元素的吸收率大小的顺序为磷>钾>氮>镁>钙,茎为钾>磷>氮>钙,绿叶为钙>镁>磷>氰>钾,果实为氮>钾>磷>镁>钙,黄落叶为镁>钙>磷>钾>氮。

　　从各种矿质元素在各器官中的分配规律可以看出,氮、钾元素在植株体内移动性较大,分配于果实中的较多,因此,在黄瓜营养生长与生殖生长并行的阶段,要及时补充氮、钾肥料,这是黄瓜高产的保证。磷、钾在根中积累相对较多,是促进根系形成,维持根系活动的主要营养元素,因此,生产上要求在黄瓜生长前期应施足磷、钾肥,特别是磷肥。从中还可以看出,钾茎中最多,钙、镁直接参与组织的构成,移动性很小,在叶中含量最多。

(二)黄瓜常见的缺素症及补救

1. 缺氮

从下位叶到上位叶逐渐变小、变黄;开始叶脉间黄化,叶脉凸出可见,最后全叶变黄;坐瓜少,瓜果生长发育不良。

2. 缺磷

叶片小,叶色浓绿,发硬,矮化,稍微向上挺;果实成熟晚。

3. 缺钾

在黄瓜生长早期,叶缘出现轻微黄化,先是叶缘,后是叶脉间黄化,顺序非常明显;在生育的中、后期,中位附近出现和上述相同的症状;叶缘枯死,随着叶片不断生长,叶向外侧卷曲;叶片稍有硬化;瓜条稍短,膨大不良。

4. 缺钙

上位叶形状稍小,向内侧或向外侧卷曲;在长时间连续低温、日照不足、高温的情况下易出现缺钙,生长点附近的叶片叶缘卷曲枯死,呈降落伞状;上位叶的叶脉间黄化,叶片变小。

5. 缺镁

黄瓜生育期提前,果实开始膨大并进入盛期的时候,下位叶叶脉间的绿色渐渐变黄,进一步发展,除了叶脉、叶缘残留点绿色外,时脉间全部黄白化。

6. 缺硫

整株植物生长无异常,但中、上位叶变谈、黄化。

7. 缺锌

从中位叶开始褪色,与健康叶比较,叶脉清晰可见,随着叶脉间逐渐褪色,叶缘从黄化到变成褐色;因叶缘枯死,叶片向外侧稍微卷曲;生长点附近的节间缩短;新叶不黄化。

8. 缺硼

生长点附近的节间显著缩短;上位叶向外侧卷曲,叶缘部分变褐色;仔细观察上位叶叶脉时,有萎缩现象;果实上有污点;果实表皮出现木质化。

9. 缺铁

植株新叶除了叶脉全部黄白化,渐渐地叶脉也失绿;腋芽出现同样的症状。

(三)黄瓜的施肥技术

1. 苗床施肥

苗床施肥主要根据黄瓜幼苗生长需要及根系发育特点来进行。黄瓜苗期生长量小,需肥绝对量小,但苗期是生长发育的关键时期,各种营养元素必须全面合理供应。幼苗根系主要分布在 10 cm 内土层内,需氧量高,吸肥能力差。因此,育苗时一定要配制肥沃且透气性良好的营养土,才能培育出壮苗。营养土一般由菜地土壤或草炭土、有机肥和少量速效化肥 3 部分混合而成。

草炭营养土配方(体积比):底层草炭 60%,腐熟堆肥 20%,鲜牛粪 5%,肥沃土 10%,锯末 5%。由于草炭有效养分含量不高,需加入一定量的肥沃土及适量的有机肥和化肥,以满足幼苗对速效养分的要求。加入少量牛粪可起黏结作用。最好将草炭、厩肥(堆肥)、肥土等按上述比例混匀后进行短期堆返,在播前按每立方米加入硝酸铵 1.5 kg、过磷酸钙 1 kg、氯化钾 0.5~0.8 kg。在没有草炭资源的地区可采用混合营养土育苗。混合营养土配比,一般为肥沃土壤 6 份,腐熟厩肥 4 份,混匀过筛,再在每立方营养土中加入腐熟细碎的鸡粪 15 kg、过磷酸钙 2 kg、草木灰 10 kg,50%多菌灵可湿性粉剂 80 g,充分混匀。营养土铺于床内,或制成营养钵、土块囤于床内,然后灌透水,待水下渗后按(7~8)cm×9 cm 株距,或每钵(块)播种 1 粒,并按粒堆覆细土。

2. 本田施肥

(1)施足基肥　黄瓜根系浅,吸收能力比较弱,但生长快,结果多,加之栽培密度大,故必须大量供应水肥,使之充分吸收。其主要技术是:①基肥多施热性的有机肥料(如骡马粪堆肥等),使土壤温暖疏松、透气、保水、保肥,以满足根系对环境条件的要求,使根生长茂密,从而扩大其吸收面和吸收量;②基肥普施与集中施用相结合,畦面施与畦埂施相结合,使根系吸收面深广,以满足对水肥条件的要求。一般黄瓜丰产田每亩施优质厩肥、堆肥等 7 500 kg 左右;保护地每亩施腐熟的优质农家肥 10 000 kg 以上,同时配施过磷酸钙 35～50 kg,硫酸钾 15 kg,三要素的大致比例是 1：0.6：0.8,基肥的施用方法为:大部普施,随深耕翻入土内,留少部分定植时集中条施于沟内。

(2)瓜期追肥　初花期黄瓜的水肥管理主要在于"控",目的是防止茎叶徒长引起"化瓜",加强中耕蹲苗,促进根系生长,但控制要适当。结瓜期的管理特点在于"促",目的是促进生殖生长,提高产量。促的原则是"先轻促,中大促,后小促"。具体说,根瓜生育期植株生长量和结瓜数还不多,水肥需要不太多,浇水保持地面见干见湿即可;腰瓜生育期气温升高,植株生长和结瓜均逐渐达到极盛阶段,需要水肥的数量大大增加,故必须大量追肥浇水,每 1～2 d 浇 1次;顶瓜生育期植株进入衰老阶段,仍需加强肥水的供应管理,争取茎叶不早衰,延长结瓜期,增加产量。

追肥的原则是薄施、勤施、少量多施。一般结合浇催瓜水,大量施用有机肥料(如粪稀、粪干、厩肥、堆肥等),兼施一些化肥。一般每亩施入粪尿或优质腐熟厩肥 1 000 kg、硝铵 8～10 kg、过磷酸钙 10～15 kg、氯化钾 5～10 kg,根瓜收摘后,瓜秧逐渐繁茂,一般采用顺水追肥。原则上每隔 1 次浇水,顺水追肥 1 次。每次浇水不宜过大。在追肥时,最好是化肥与人粪尿相间施用,并增加磷、钾成分。

其化肥施用量为:尿素每次 10～13 kg/亩,或碳铵 25～30 kg/亩,人粪尿每次 800～1 000 kg/亩、过磷酸钙 10～15 kg/亩、氯化钾每次 5～10 kg/亩。伴随结瓜期的旺盛生育,逐渐增加浇水和追肥次数。

采取这种少量多次的追肥方法,能满足黄瓜营养生长和生殖生长对养分的需要,使之生长协调,避免"化瓜",获得较高的产量。

(3)保护地施肥　在保护地栽培黄瓜时应施足基肥,基肥施氮量应占总施氮量的 1/3,追肥占 2/3,追施化肥时,高畦栽培的黄瓜可撒在沟中,平畦栽培的黄瓜要避开根际,均匀撒施,每次每亩不超过 4.5 kg,应掌握多次少量的原则,结合灌水进行追肥。

五、菜豆施肥技术

菜豆,别名四季豆、芸豆、扁豆、玉豆、京豆等,豆科菜豆属年生缠绕性草本植物。菜豆起源于美洲中部和南部,16 世纪初传入欧洲,16 世纪由西班牙人和葡萄牙人把它带到非洲、印度和中国。

(一)菜豆的需肥规律

菜豆的吸钾量最多,尤其是生长初期吸收最快,其次是氮和钙。每生产 1 000 kg 菜豆需氮 3.37 kg、磷 2.26 kg、钾 5.93 kg。不同品种养分需要量有区别,一般蔓生型品种的养分吸收量比矮生型多,2 种类型的菜豆对不同营养元素的吸收动态不同。蔓生菜豆根瘤不发达,从生育初期到开始采摘对氮素的吸收量近乎等于直线增加,以后的吸收量处于稳定,合理施氮有利增产和改进品质,但氮过多会引起落花和延迟成熟。植株总吸收磷量从生育初期到生育后期也一直在缓慢增加,但吸收量低于氮和钾;荚中磷的积累量一直在升高,后期增加减缓;茎叶中磷的吸收量生育前期较高,以后呈明显降低趋势。钾的总吸收量和荚果的吸收量从生育初期开始逐渐增加,种子膨大期以后逐渐降低;在开花前,茎叶中钾的吸收量逐渐增加,开花后急剧降低。从生育初期到果荚开始,钙的吸收量伸长呈直线增加,而果荚伸长后,钙的吸收量趋于稳定;钙在茎叶中的含量比荚果中高。矮生菜豆的根瘤较蔓生菜豆发达,生育期也短,各种养分的吸收规律与蔓生菜豆略有不同,生育初期茎叶的含氮量高,随着生长,茎叶中的含氮量迅速减少,到种子膨大期,荚中的含氮量又有增加。生长初期对磷的吸收量缓慢增加,到种子膨大期磷的吸收量增加明显。

菜豆容易受铵盐毒害。据研究,当土壤中的硝态氮含量降低到速效氮总量的 30% 时,虽然植株有分枝和花蕾,但叶片生长失常呈浓绿色。如果土壤硝态氮降至氮总量的 10% 或全部都是铵态氮时,则很快会出现除叶脉附近残留一些绿色外,整个叶面都褪绿的现象。此外,菜豆对缺镁敏感,容易出现缺镁症。一般在播种后 1 个月,在初生叶上,叶脉间黄化褪绿,逐渐由下部叶片向上部叶片发展,持续 7 d 左右便开始落叶,此时如果不增施镁肥而施钾肥,则缺镁症会加重。植株体内钾/镁比值维持在 2 以下,则可防止缺镁症发生。

(二)菜豆常见的缺素症及补救

1. 缺氮

植株生长差,叶色淡绿,叶小,下部叶片先老化变黄甚至脱落,后逐渐上移,遍及全株;坐荚少,荚果生长发育不良。其防治方法:施用氮肥或完全腐熟的堆肥。其应急措施:可叶面喷施 0.2%~0.5% 尿素液。

2. 缺磷

苗期叶色浓绿、发硬、矮化;结荚期下部叶黄化,上部叶叶片小,稍微向上挺。因此,苗期特别需要磷,要特别注意增施磷肥;施足堆肥等有机质肥料。

3. 缺钾

在豆角生长早期,叶缘出现轻微黄化,在次序上先是叶缘,然后是叶脉间黄化,顺序明显;叶缘枯死,随着叶片不断生长,叶向外侧卷曲;叶片稍有硬化;荚果稍短。应施用足够的钾肥,特别是在生育的中、后期不能缺钾;出现缺钾症状时,应立即追施硫酸钾等速效肥,亦可进行叶面喷施 0.3% 的磷酸二氢钾水溶液 2~3 次。

4. 缺钙

植株矮小,未老先衰,茎端营养生长缓慢;侧根尖部死亡,呈瘤状突起;顶叶的叶脉间淡绿或黄色,幼叶卷曲,叶缘变黄失绿后从叶尖和叶缘向内死亡;植株顶芽坏死,但老叶仍绿。土壤钙不足,可增施含钙肥料;避免一次用大量钾肥和氮肥;要适时浇水,保证水分充足。应急措施:用 0.3% 的氯化钙水溶液喷洒叶面。

5. 缺镁

豆角在生长发育过程中下部叶叶脉间的绿色渐渐变黄,进一步发展,除了叶脉、叶缘残留点绿色外,叶脉间均黄白化。土壤诊断若缺镁,在栽培前要施用足够的含镁肥料;避免一次施用过量、阻碍对镁吸收的钾、氮等肥料。应急措施:用 0.1%~0.2% 硫酸镁水溶液喷洒叶面。

6. 缺锌

从中部叶开始褪色,与健康叶比较,叶脉清晰可见;随着叶脉间逐渐褪色,叶缘从黄化到变成褐色;节间变短,茎顶簇生小叶,株型丛状,叶片向外侧稍微卷曲,不开花结荚。不要过量使用磷肥;缺锌时可施硫酸锌 1~1.5 kg/亩。应急措施:用 0.1~0.2% 硫酸锌水溶液,喷洒叶面。

7. 缺硼

生长点萎缩变褐、干枯。新形成的叶芽和叶柄色浅、发硬、易折；上部叶向外侧卷曲，叶缘部分变褐色；当仔细观察上部叶叶脉时，有萎缩现象；荚果表皮出现木质化。土壤缺硼，预先施用硼肥；要适时浇水，防止土壤干燥；多施腐熟的有机肥，提高土壤肥力。应急措施：用0.12%～0.25%的硼砂或硼酸水溶液喷洒叶面。

8. 缺铁

幼叶叶脉间褪绿，呈黄白色，严重时全叶变黄白色、干枯，但不表现坏死斑，也不出现死亡。尽量少用碱性肥料，防止土壤呈碱性，土壤 pH 保持在 6～6.5；注意土壤水分管理，防止土壤过干、过湿。应急措施：用硫酸亚铁 0.1%～0.5% 水溶液或柠檬酸铁 100 mg/kg 水溶液喷洒叶面。

(三) 菜豆的施肥技术

1. 蔓生菜豆的施肥技术

蔓生菜豆生育期和豆荚的采收期都较长，消耗的养分比较多，因此，必须在施足基肥的基础上，在各个生育期，根据生长需要进行追肥。

菜豆的根瘤菌不如大豆、豌豆发达，尤其是幼苗期固氮能力弱，所以施足基肥非常重要。厩肥、堆肥、过磷酸钙、草木灰等对菜豆反应良好。基肥一般结合整地作畦施用。先撒施肥料，然后翻土。一般施腐熟有机肥 3 000～4 000 kg/亩，过磷酸钙 50～60 kg/亩，硫酸钾 30 kg/亩或草木灰 150 kg/亩。在基肥中适当施用速效氮肥，可以促使植株主茎基部 1～3 节发生分枝，并在这些分枝上分化花芽，减少落花，提早开花结果。

一般来说，菜豆在苗期不需要追肥。但是若土壤中速效氮含量较低，幼苗生长不良，则可以适当追施氮肥来促进幼苗生长，可以穴施 1% 尿素水，水渗后覆土封穴。菜豆从花芽分化到结荚期间，对氮、磷、钾的吸收量明显比苗期增加。在这一时期，氮肥供应充足，可以促使植株生长，增加花数，提高结荚数量。但是应当注意，在初花期使用氮肥及浇水过多，容易造成植株徒长，引起落花，影响产量。因此，应根据菜豆各生育期对养分的要求进行合理追肥。一般在复叶出现时，第 1 次追肥，施用腐熟的人粪尿 800～1 000 kg/亩，以促使植株多发侧枝，增加花数，提早结荚。第 2 次追肥在嫩荚坐住后，追施催荚肥，施三元复合肥 15 kg/亩，腐熟人粪尿 1 000 kg/亩。在收获的中后期进行第 3 次追肥，施用尿素 10～15 kg/亩，以促使植株发生更多的新侧枝，防止植株早衰，促使主蔓顶端潜伏的花芽开花结荚，提高菜豆产量，此外，在此期叶面喷施 2% 过磷酸钙液 1～2 次，也可增加后期产量。

2. 矮生菜豆的施肥技术

相对于蔓生菜豆，矮生菜豆的生长期短，采收期集中，施肥方法与蔓生菜豆有所不同。首先施足基肥，一般施土杂肥 4 000～5 000 kg/亩、三元复合肥 30 kg/亩、尿素 15 kg/亩、草木灰 150 kg/亩、过磷酸钙 50 kg/亩。其具体施肥方法同蔓生菜豆。矮生菜豆结荚早，不易徒长，应在结荚前早施追肥，促进植株生长发育，提高产量。据试验，结荚前喷 0.5% 尿素与代森锌的混合液，可使矮生菜豆的生长量增加 77%～84%。

3. 接种根瘤的作用及方法

根瘤菌在豆类作物生长中起着重要作用，但菜豆根瘤菌不仅形成较晚，而且数量也较少，因此，为使根系提早形成更多的根瘤，可以进行人工接种根瘤菌，其具体方法如下。

　　第一步,制备根瘤菌菌剂。在头年或上茬收完豆荚拉秧时,选取根瘤菌大而多的根株,将根瘤带部分根一起剪下,装入袋中。在无光处用清水洗净,置于30℃左右的无光暗室内阴干。干燥后,将其捣碎成粉末状,即成为根瘤菌菌剂,放在干燥阴凉处贮藏备用。其有效期只能维持1年左右。

　　第二步,接种根瘤菌。在播种前,首先,将经过精选的种子消毒处理。其次,喷上少量清水,使种子表面湿润,再将菌剂喷水湿润,使菌剂的含水量达到35%左右。最后,将两者混合拌匀,即完成接种。菌剂用量以50 g/亩左右为宜。注意,拌好菌剂的种子需当天播完。

【模块小结】

　　本模块讲授了主要粮食作物、果树、蔬菜施肥技术。粮食作物施肥主要从小麦、水稻、春玉米、大豆和马铃薯的需肥特点与常见缺素症入手,讲授了小麦、水稻、春玉米、大豆和马铃薯的施肥管理原则及水稻、春玉米、大豆、马铃薯的施肥建议。果树施肥技术主要从苹果、梨、桃和葡萄的需肥特点与常见缺素症入手,讲授了苹果、梨、桃和葡萄的施肥管理原则及苹果、梨、桃和葡萄的施肥建议。蔬菜施肥技术主要从大白菜、茄子、芹菜、黄瓜和菜豆的需肥特点与常见缺素症入手,讲授了大白菜、茄子、芹菜、黄瓜和菜豆的施肥技术。

【模块巩固】

　　1. 水稻需肥有哪些特点?

　　2. 玉米需肥有哪些特点?

　　3. 水稻有哪些常见缺素症?

　　4. 春玉米有哪些常见缺素症?

　　5. 大豆需肥有哪些特点?

　　6. 大豆有哪些常见缺素症状?

　　7. 马铃薯需肥有哪些特点?

　　8. 马铃薯有哪些常见缺素症?

附表 1

测土配方施肥＿＿＿＿（作物名）田间试验结果汇总表

编号：＿＿＿＿

地点：＿＿省＿＿＿＿地市＿＿＿＿县＿＿＿＿（乡村农户地块名）邮编：＿＿＿＿东经：＿＿度＿＿分＿＿秒 北纬：＿＿度＿＿分＿＿秒 海拔＿＿＿＿m

灌溉能力＿＿＿＿ 耕层厚度＿＿cm 地形部位及农田建设：＿＿＿＿ 肥力等级＿＿＿＿ 代表面积＿＿＿＿亩；取土时期：＿＿年＿＿月＿＿日

土壤测试结果

取样层次/cm	有机质/(g/kg)	全氮/(g/kg)	碱解氮/(mg/kg)	全磷/(g/kg)	有效磷/(mg/kg)	全钾/(g/kg)	缓效钾/(mg/kg)	速效钾/(mg/kg)	交换量/[cmol(+)/kg]	碳酸钙/(g/kg)	pH	国际制质地	容重/(g/cm³)	土壤结构	有效微量元素/(mg/kg)										其他/(mg/kg)
															Fe	Mn	Cu	Zn	B	Mo	Ca	Mg	S	Si	
0—																									
—																									

一、试验目的、原理和方法

二、供试作物品种、名称及特征描述（田间生长期：＿＿年＿＿月＿＿日—＿＿年＿＿月＿＿日）

三、田间操作、天气及灾害情况

	日期		合计
灌溉 cm³/亩			
其他	月.日		
农事活动及灾害	活动现象		

		生长季 降水量/mm	合计	年降水总量
	日期 月.日			无霜期
≥10℃积温	生长季			℃
	全年			℃

四、试验设计与结果

处理	序号	1	2	3	4	5	6	7	8	9	10	11	12	13	14	15	16	17	18
	代码	$N_0P_0K_0$	$N_0P_2K_2$	$N_1P_2K_2$	$N_2P_0K_2$	$N_2P_1K_2$	$N_2P_2K_2$	$N_2P_3K_2$	$N_2P_2K_0$	$N_2P_2K_1$	$N_2P_2K_3$	$N_3P_2K_2$	$N_1P_1K_2$	$N_1P_2K_1$	$N_2P_1K_1$				
	重复Ⅰ																		
	重复Ⅱ																		
	重复Ⅲ																		
亩产 kg																			

注:1. 处理序号须与方案中的编号一致　　　　　　2. 本次试验是否代表常年情况:

2. 前季作物:名称:　　　品种:　　　施肥量(kg/亩):N:　　　　　　　本次试验是否代表常年:

3. 前季作物:名称:　　　品种:　　　　　　　　　　　　　P_2O_5:　　　 K_2O:　　　是否代表常年:

4. 试验 2 水平处理的肥量/(kg/亩):N:　　　　　　K_2O:　　　其他(注明元素及用量):

填报单位:　　　　　　邮编:　　　电话:　　　　传真:　　　联系人:　　　填报时间:

* 土壤测试需注明具体测试方法(测试方法参照本规范),养分以单质表示。注意编号与附表 3 和附表 9 一致。

附表 2

土壤采样标签(式样)

统一编号:(和农户调查表编号一致)   邮编:

采样时间: 年   月   日   时

采样地点: 省   地   县   乡(镇)   村   地块   农户名:

地块在村的(中部、东部、南部、西部、北部、东南、西南、东北、西北)

采样深度:①0~20 cm   ②_____cm(不是①的,在②填写)   该土样由_____点混合(规范要求 15~20 点)

经度:____度____分____秒   纬度:____度____分____秒

采样人: 联系电话:

附表 3

测土配方施肥采样地块基本情况调查表

统一编号：_____ 调查组号：_____ 采样序号：_____

采样目的： 采样日期： 上次采样日期：

地理位置	省(市)名称		地(市)名称		县(旗)名称	
	乡(镇)名称		村组名称		邮政编码	
	农户名称		地块名称		电话号码	
	地块位置		距村距离/m		/	/
	纬度/(°∶′∶″)		经度/(°∶′∶″)		海拔高度/m	
自然条件	地貌类型		地形部位		/	/
	地面坡度/°		田面坡度/°		坡向	
	通常地下水位/m		最高地下水位/m		最深地下水位/m	
	常年降水量/mm		常年有效积温/℃		常年无霜期/d	
生产条件	农田基础设施		排水能力		灌溉能力	
	水源条件		输水方式		灌溉方式	
	熟制		典型种植制度		常年产量水平/(kg/亩)	
土壤情况	土类		亚类		土属	
	土种		俗名		/	/
	成土母质		剖面构型		土壤质地(手测)	
	土壤结构		障碍因素		侵蚀程度	
	耕层厚度/cm		采样深度/cm		/	/
	田块面积/亩		代表面积/亩		/	/
来年种植意向	茬口	第一季	第二季	第三季	第四季	第五季
	作物名称					
	品种名称					
	目标产量					
采样调查单位	单位名称				联系人	
	地址				邮政编码	
	电话		传真		采样调查人	
	E-Mail					

说明：每一取样地块一张表。与附表 7 联合使用，编号一致。

附表 4

测土配方施肥建议卡

农户姓名：_____　_____省　_____地(市)　_____县　_____乡(镇)　_____村　编号_____

地块面积：_____亩　地块位置：_____　距村距离：_____

	测试项目	测试值	丰缺指标	养分水平评价		
				偏低	适宜	偏高
土壤测试数据	全氮/(g/kg)					
	碱解氮/(mg/kg)					
	有效磷/(mg/kg)					
	速效钾/(mg/kg)					
	缓效钾/(mg/kg)					
	有机质/(g/kg)					
	pH					
	有效铁/(mg/kg)					
	有效锰/(mg/kg)					
	有效铜/(mg/kg)					
	有效锌/(mg/kg)					
	有效硼/(mg/kg)					
	有效钼/(mg/kg)					
	交换性钙/(mg/kg)					
	交换性镁/(mg/kg)					
	有效硫/(mg/kg)					
	有效硅/(mg/kg)					

作物名称			作物品种		目标产量/(kg/亩)	
		肥料配方	用量/(kg/亩)	施肥时间	施肥方式	施肥方法
推荐方案一	基肥					
	追肥					
推荐方案二	基肥					
	追肥					

技术指导单位：_____　联系方式：_____　联系人：_____　日期：_____

附表 5

测土配方施肥　　　　（作物名）田间试验结果汇总表

编号：_____

地点：_____省_____地市_____县_____（乡村农户地块名），邮编：_____；东经_____°_____′_____″，北纬_____°_____′_____″；海拔_____m

灌溉能力_____　耕层厚度_____cm　地形部位及农田建设：_____　侵蚀程度_____　肥力程度_____；代表面积_____亩；取土年月日_____

土壤测试结果*

取样层次/cm	有机质/(g/kg)	全氮/(g/kg)	碱解氮/(mg/kg)	全磷/(g/kg)	有效磷/(mg/kg)	全钾/(g/kg)	缓效钾/(mg/kg)	速效钾/(mg/kg)	交换量[cmol(+)/kg]	碳酸钙/(g/kg)	pH	国际制质地	容重/(g/cm³)	土壤结构	有效微量元素/(mg/kg)										其他/(mg/kg)
															Fe	Mn	Cu	Zn	B	Mo	Ca	Mg	S	Si	
0~																									
~																									

示范结果

	生长日期		产量 kg/亩	化肥用量(kg/亩)			有机肥用量(kg/亩)	有机肥		有机肥养分折纯(kg/亩)			降水量/mm		灌溉/(cm³/亩)		面积/亩	作物品种
	年月日-年月日	d		N	P₂O₅	K₂O	kg/亩	品种	有机质	N	P₂O₅	K₂O	次数	总量	次数	总量		
配方施肥区																		
农民常规区																		
空白处理区																		

施肥推荐方法：_____

填报单位：_____，不正常情况及备注：_____

邮编：_____　电话：_____　传真：_____　联系人：_____

填报时间：_____

* 土壤测试需注明具体测试方法（测试方法参照本规范，养分以单质表示。注意编号与附表3一致。

附表6

农户测土配方施肥准确度评价统计表

_____年_____县_____作物农户测土配方施肥执行情况对比表

配方状况	样本数	施氮量/(kg/亩)		施磷量/(kg/亩)		施钾量/(kg/亩)		养分比例	
		平均	标准差	平均	标准差	平均	标准差	氮磷比	氮钾比
配方推荐									
实际执行									
差值(与推荐比)									

_____年_____县_____作物测土配方施肥执行效果对比表

配方状况	样本数	施肥成本/(元/亩)		产量/(kg/亩)		效益/(元/亩)		配方施肥增加/%	
		平均	标准差	平均	标准差	平均	标准差	产量	效益
配方推荐									
实际执行									
差值(与推荐比)									

附表 7

农户施肥情况调查表

统一编号：

施肥相关情况	生长季节			作物名称				品种名称		
	播种季节			收获日期				产量水平		
	生长期内降水次数			生长期内降水总量				/		/
	生长期内灌水次数			生长期内灌水总量				灾害情况		

推荐施肥情况	是否推荐施肥指导			推荐单位性质				推荐单位名称		
	配方内容	目标产量/（kg/亩）	推荐肥料成本/（元/亩）	化肥（kg/亩）					有机肥/（kg/亩）	
				大量元素			其他元素		肥料名称	实物量
				N	P₂O₅	K₂O	养分名称	养分用量		

实际施肥总体情况	实际产量（kg/亩）	实际肥料成本（元/亩）	化肥/（kg/亩）					有机肥/（kg/亩）	
			大量元素			其他元素		肥料名称	实物量
			N	P₂O₅	K₂O	养分名称	养分用量		

汇总

实际施肥明细	施肥明细	施肥序次	施肥时期	项目			施肥情况					
							第1次	第2次	第3次	第4次	第5次	第6次
		第1次		肥料种类								
				肥料名称								
				养分含量情况/%	大量元素	N						
						P₂O₅						
						K₂O						
					其他元素	养分名称						
						养分含量						
				实物量（kg/亩）								
		第2次		肥料种类								
				肥料名称								
				养分含量情况/%	大量元素	N						
						P₂O₅						
						K₂O						
					其他元素	养分名称						
						养分含量						
				实物量（kg/亩）								
		第..次		肥料种类								
				肥料名称								
				养分含量情况/%	大量元素	N						
						P₂O₅						
						K₂O						
					其他元素	养分名称						
						养分含量						
				实物量/（kg/亩）								
		第6次		肥料种类								
				肥料名称								
				养分含量情况/%	大量元素	N						
						P₂O₅						
						K₂O						
					其他元素	养分名称						
						养分含量						
				实物量（kg/亩）								

说明：每一季作物一张表，请填写齐全采样前一个年度的每季作物。农户调查点必须填写完"实际施肥明细"，其他点必须填写完"实际施肥总体情况"及以上部分。该附表与附表3联合使用，编号一致。

附表 8

测土配方施肥土壤测试结果汇总表

编号_____，地点：_____

省_____地市_____县_____乡村_____农户_____地块名,邮编：_____

取样层次 cm	质地 国际制	容重/(g/cm³)	土壤水分/%		pH	交换性酸/[cmol(+)/kg]	阳离子交换量/[cmol(+)/kg]	电导率/(S/m)	水溶性盐总量/(g/kg)	水溶性阴离子/(g/kg)			氧化还原电位/mV
			自然含水量	田间持水量						CO₃²⁻+HCO₃⁻	Cl⁻	SO₄²⁻	

取样层次 cm	自然含水量	田间持水量
0～		
～		

有机质/(g/kg)	全氮/(g/kg)	水解氮/(mg/kg)	铵态氮/(mg/kg)	硝态氮/(mg/kg)	全磷/(g/kg)	有效磷/(mg/kg)	全钾/(g/kg)	缓效钾/(mg/kg)	速效钾/(mg/kg)	交换性钙镁/(mg/kg)		中微量元素/(mg/kg)							
										Ca	Mg	Fe	Mn	Cu	Zn	B	Mo	S	Si

注意：编号与附表 3、附表 7 一致。

参考文献

1. 宋志伟,张爱中.农作物实用测土配方施肥技术.北京:中国农业出版社,2014.

2. 杨首乐,李平,黎涛.测土配方施肥技术及应用.北京:中国农业出版社,2016.

3. 黄凌云,黄锦法.测土配方施肥实用技术.北京:中国农业出版社,2014.

4. 姜佰文,戴建军.土壤肥料学实验.北京:北京大学出版社,2013.

5. 劳秀荣,魏志强,郝艳茹.测土配方施肥.北京:中国农业出版社,2011.

6. 鲁剑巍.测土配方与作物配方施肥技术.北京:金盾出版社,2006.

7. 高祥照,马常宝,杜森.测土配方施肥技术.北京:中国农业出版社,2005.

8. 张福锁.测土配方施肥技术要览.北京:中国农业大学出版社,2006.

9. 谭金芳.作物施肥原理与技术.2版.北京:中国农业大学出版社,2011.

10. 雷恩春.作物营养与施肥.北京:化学工业出版社,2014.

11. 梁新华,王亮军,赵明双.测土配方施肥新技术.北京:中国林业出版社,2016.

12. 金为民,宋志伟.土壤肥料.2版.北京:中国农业出版社,2009.

13. 宋志伟,等.粮经作物测土配方与营养套餐施肥技术.北京:中国农业出版社,2016.